机械加工技术训练与管理研究

刘相龙 著

中国商业出版社

图书在版编目（CIP）数据

机械加工技术训练与管理研究 / 刘相龙著. -- 北京：中国商业出版社，2023.12

ISBN 978-7-5208-2861-1

Ⅰ. ①机… Ⅱ. ①刘… Ⅲ. ①金属切削—研究 Ⅳ. ①TG5

中国国家版本馆 CIP 数据核字（2023）第 247367 号

责任编辑：袁开春
策划编辑：黄世嘉

中国商业出版社出版发行
（www.zgsycb.com 100053 北京广安门内报国寺 1 号）
总编室：010-63180647 编辑室：010-63033100
发行部：010-83120835/8286
新华书店经销
北京虎彩文化传播有限公司印刷

*

787 毫米 ×1092 毫米 16 开 15 印张 302 千字
2023 年 12 月第 1 版 2023 年 12 月第 1 次印刷
定价：58.00 元

* * * *

（如有印装质量问题可更换）

前言

现代制造业是为国民经济发展和国防建设提供技术装备的基础性产业，其发展水平在一定程度上集中体现了一个国家的综合实力，也为产业升级和技术进步提供了重要保障。随着科学技术进步，信息技术的发展，企业之间的竞争不断向高层次发展，现代制造业机械加工技术正向着高质量、高效率和低成本的方向快速发展。随着数控加工能力的提高，生产自动化的进程加快，越来越多的产品改变了传统的制造工艺，大幅度提高了工作效率。机械加工技术是现代制造业持续进步的基石。制造业作为我国的重工业，强有力地推动着我国国民经济的发展。要想有效地提高我国的机械化水平，就要重视计算机技术的作用，将数控技术引入机械加工中，提高机械设备加工效率。当前数控技术已在机械加工的诸多领域有所运用，其具有精准加工的特点，并有效地提高了机械加工业的经济效益。

本书是机械加工技术训练与管理研究方向的著作。本书简要介绍了机械加工基础知识、机械加工安全及设备、机械加工工艺规程、数控车削加工技术、数控铣削加工技术等相关内容，对机械制造企业项目管理与现代机械制造工艺及管理进行了研究和分析。通过本书的学习，使读者了解车削加工、铣削加工、磨削加工基本技能训练所属的相关基础知识，掌握基本技能操作的工艺要求，能够按照安全操作规程，正确使用相关机床设备，掌握现代化企业项目管理的要求，积极探索机械加工技术训练与管理的新方法，从而促进机械加工业的现代化水平。

本书在写作的过程中参考了大量的文献资料，在此向参考文献的作者表示崇高的敬意。由于水平有限，书中难免存在不足之处，恳请各位专家和读者提出宝贵意见，以便进一步改正，使之更加完善。

刘相龙

2023年7月

目 录

第一章　机械加工基础知识

第一节　机械加工基本概念

一、基本概念

（一）生产过程和生产系统

生产过程是指将原材料转变为产品的全过程。对机械制造行业而言，生产过程包括下列几个方面：第一，生产技术准备过程，如市场需求情况的预测、产品的开发和设计、工艺设计、专用工艺装备的设计和制造、生产资料的准备、生产计划的编制等；第二，毛坯制造过程，如铸造、锻造、冲压和焊接等；第三，零件的各种加工过程，如机械加工、热处理、焊接和其他表面处理等；第四，产品的装配过程，如部装、总装、调试和油漆等；第五，生产服务过程，如原材料、工具、协作件和配套件的订购、供应、运输、保管、试验与化验，以及产品的包装、销售、发运和售后服务等。

现代机械工业的发展趋势是组织专业化生产，即一种产品的生产是分散在若干个专业化企业进行，最后集中由一个企业组装成完整的机械产品。

系统是指事物由数个相互作用和互相依赖的部分组成的有机整体，并具有特定的功能。若以整个机械制造企业为整体，除上述的生产过程外，还必须把技术信息、经营管理、劳动力调配、资源和能源利用、环境保护、市场动态、经济政策、社会问题和国际因素等信息作为影响系统效果的重要要素来考虑。所有这些生产活动的总和，用系统的观点来看，就是一个具有输入和输出的生产系统。用系统工程学的原理和方法组织和指导生产，能使企业的生产和管理科学化；能使企业按照市场动态，及时地改进和调节生产，不断更新产品以满足社会的需要；能使产品质量更好、周期更短、成本更低。

（二）工艺过程的组成和基本要求

1. 工艺过程的组成

在生产过程中，改变生产对象的形状、尺寸、相对位置和性质等，使其成为成品或半成品的过程称为工艺过程。采用机械加工的方法，直接改变毛坯的形状、尺寸和表面质量等，使其成为零件的过程称为机械加工工艺过程（以下简称为“工艺过程”）。

工艺过程是由一个或若干个顺序排列的工序组成的，而工序又可分为安装、工位、工步和进给（走刀）。毛坯依次通过这些过程就成为成品。

（1）工序

一个或一组工人在一个工作地对一个或同时对几个工件所连续完成的那一部分工艺过程称为工序。划分工序的主要依据是工作地是否变动或工作是否连续。例如，阶梯轴工艺过程，当加工数量较少时，其工序划分如表 1-1 所示；当加工数量较大时，其工序划分如表 1-2 所示。

表 1-1　阶梯轴工艺过程（加工数量较少时）

工序号	工序内容	设备
1	车端面，钻中心孔	车床
2	车外圆，车槽和倒角	车床
3	铣键槽，去毛刺	铣床
4	磨外圆	磨床

表 1-2　阶梯轴工艺过程（加工数量较大时）

工序号	工序内容	设备
1	两端同时铣端面，钻中心孔	铣端面、钻中心孔机床
2	车一端外圆，车槽和倒角	车床
3	车另一端外圆，车槽和倒角	车床
4	铣键槽	铣床
5	去毛刺	钳工台
6	磨外圆	磨床

在表 1-1 的工序 2 中，先车一个工件的一端，然后掉头装夹，再车另一端。如果先车好一批工件的一端，然后掉头再车这批工件的另一端，这时对每个工件来说，两端的加工已不连续，所以即使在同一台车床加工也应算作两道工序。

（2）安装

工件经一次装夹后所完成的那一部分工序称为安装。在一道工序中，工件可能被装夹一次或多次，才能完成加工。如表 1-1 所示的工序 1 要进行两次装夹：先装夹工件的一端，车端面、钻中心孔，称为安装 1；再掉头装夹，车另一端面、钻中心孔，称为安装 2。

工件在加工中，应尽量减少装夹次数，因为多一次装夹，就会增加装夹的时间，还会增加装夹误差。

（3）工位

为了完成一定的工序内容，一次装夹工件后，工件与夹具或设备的可动部分一起相对刀具或设备的固定部分所占据的每一个位置，称为工位。

（4）工步

在加工表面、切削用量和加工工具不变的情况下，所连续完成的那一部分工序称为工步。

为了提高生产率，用几把刀具同时加工几个表面的工步称为复合工步。在工艺规程上把复合工步看作一个工步。

（5）进给

（走刀）有些工步由于加工余量较大或其他原因，需要同一把刀具及同一切削用量对同一表面进行多次切削。这样，刀具对工件的每一次切削就称为一次进给（走刀）。

2. 对工艺过程的基本要求

设计工艺过程的基本要求是在具体生产条件下工艺过程必须满足优质、高产、低消耗的要求。

质量和产量的矛盾反映在生产中，往往表现为新的生产任务同现有设备能力之间的矛盾，或新的生产任务同操作技术水平之间的矛盾。解决这些矛盾从技术方面来说主要是采用新工艺、新设备，挖掘现有设备的潜力，进行技术革新和技术革命。

（三）生产类型及其工艺特征

1. 生产纲领

企业在计划期内应当生产的产品产量和进度计划称为生产纲领。产品的生产纲领确定后，就可以根据各种零件在该产品中的数量、备品及允许的废品率来确定零件的生产纲领。根据车间具体情况，每次投入或产出的产品（或零件）数量，称为生产批量。

生产纲领的大小对加工过程和生产组织起着重要的作用，它决定了各个工序所需的专业化和自动化的程度，决定了所选用的工艺方法和机床设备。

零件的生产纲领可按下式计算：

$$N = Qn(1+\alpha+\beta) \tag{1-1}$$

式中：

N——零件的年产量，单位为件／年；

Q——产品的年产量，单位为台／年；

n——每台产品中，该零件的数量，单位为件／台；

α——备品的百分率；

β——废品的百分率。

2. 生产类型

生产类型是指企业生产专业化程度的分类。一般分为单件小批生产、中批生产和大批大量生产。

（1）单件小批生产

产品品种很多，同一产品的产量很少，各个工作地的加工对象经常改变，而且很少重复生产。例如，新产品试制，工、夹、模具制造，重型机械制造，专用设备制造都属于这种类型。

（2）中批生产

周期地成批生产，每种产品均有一定的数量，工作地的加工对象呈周期性的重复。例如，机床、机车、电机的制造属于成批生产。

（3）大批大量生产

产品产量很大，大多数工作地按照一定的生产节拍（在流水生产中，相继完成两件制品之间的时间间隔）进行某种零件的某道工序的重复加工。例如，汽车、拖拉机、自行车、手表的制造属于大量生产。

生产类型的划分，可根据生产纲领及零件的特征，参考表 1-3 确定。

表 1-3 中的轻型零件、中型零件和重型零件可参考表 1-4 所列数据确定。

表 1-3　生产类型和生产纲领的关系（台／年或件／年）

生产类型	生产纲领		
	小型机械或轻型零件	中型机械或中型零件	重型机械或重型零件
单件生产	≤ 100	≤ 10	≤ 5
小批生产	100 ～ 500	10 ～ 150	5 ～ 100
中批生产	500 ～ 5000	150 ～ 500	100 ～ 300
大批生产	5000 ～ 50000	500 ～ 500	300 ～ 1000
大量生产	＞ 50000	＞ 5000	＞ 1000

注：小型机械、中型机械和重型机械可分别以缝纫机、机床和轧钢机为代表。

表 1-4　不同机械产品的零件质量型别

机械产品类别	零件的质量（Kg）		
	轻型零件	中型零件	重型零件
电子机械	≤ 4	4 ～ 30	＞ 30
机床	≤ 15	15 ～ 50	＞ 50
重型机械	≤ 100	100 ～ 2000	＞ 2000

3. 工艺特征

生产类型不同，产品和零件的制造工艺、所用设备及工艺装备、采取的技术措施、达到的技术经济效果也不同。各种生产类型的工艺特征可归纳成表 1-5。在制定零件机械加工工艺规程时，先确定生产类型，再分析该生产类型的工艺特征，以使所制定的工艺规程正确合理。

表 1-5　各种生产类型的工艺特征

工艺特征	生产类型		
	单件小批	中批	大批大量
零件的互换性	用修配法，钳工修配，缺乏互换性	大部分具有互换性。装配精度高时，灵活应用分组装配法和调整法，同时还保留某些修配法	具有广泛的互换性。少数装配精度较高的，采用分组装配法和调整法
毛坯的制造方法与加工余量	木模手工造型或自由锻造。毛坯精度低，加工余量大	部分采用金属模铸造或模锻。毛坯精度和加工余量中等	广泛采用金属模机器造型、模锻或其他高效方法。毛坯精度高，加工余量小
机床设备及其布置形式	通用机床。按机床类别采用机群式布置	部分通用机床和高效机床。按工件类别分工段排列设备	广泛采用高效专用机床及自动机床。按流水线和自动线排列设备
工艺装备	大多采用通用夹具、标准附件、通用刀具和万能量具。靠画线和试切法达到精度要求	广泛采用夹具，部分靠找正装夹达到精度要求。较多采用专用刀具和量具	广泛采用专用高效夹具、复合刀具、专用量具或自动检验装置。靠调整法达到精度要求

续表

工艺特征	生产类型		
	单件小批	中批	大批大量
对工人的技术要求	需技术水平较高的工人	需一定技术水平的工人	对调整工的技术水平要求高，对操作工的技术水平要求较低
工艺文件	有工艺过程卡，关键工序要工序卡	有工艺过程卡，关键零件要工序卡	有工艺过程卡和工序卡，关键工序要调整卡和检验卡
成本	较高	中等	较低

随着科学技术的进步和人们生活水平的不断提高，产品更新换代的周期越来越短，产品的品种规格不断增加。因此，多品种、小批量生产在今后不仅不会减少，而且还有增长的趋势。这就要求机械制造业能寻找到既能高效生产又能快速转产的“柔性”制造方法；寻找到把多品种小批量生产组织成大批量生产的生产技术。数控加工技术和成组技术就是为了满足这种需要而发展起来的。

（四）工艺系统的组成

在机械加工过程中，一个零件的加工要经过多道工序、多种加工方法才能完成。加工过程中的被加工对象称为工件，工件在每道工序上加工时，总是通过夹具被安装在机床上。要保证工件的加工尺寸精度和相互位置精度，必须保证机床、刀具、工件和夹具各环节之间具有正确的几何位置。由机床、刀具、工件和夹具组成的系统称为机械加工工艺系统，简称为工艺系统。

机床向机械加工过程提供刀具与工件之间的相对位置和相对运动，提供工件表面成形所需的成形运动。

在机械加工过程中，刀具直接参与切削过程，从工件上切除多余金属层。它对保证加工质量，提高劳动生产率起着重要的作用。

工件是工艺系统的核心。各种加工方法都是根据工件的被加工表面类型、材料和技术要求等确定的。

夹具是一种工艺装备。夹具具有两个方面的作用：一是保证工件相对于机床和刀具具有正确的位置，这一过程称为“定位”；二是要保证工件在外力的作用下仍能保持正确位置，这一过程称为“夹紧”。

要保证工艺系统各环节之间正确的几何位置，应保证工件在夹具中有正确的定位、夹具对机床具有正确的相互位置关系和夹具对刀具的正确调整。

二、基准

基准是指用来确定生产对象上几何要素间的几何关系所依据的那些点、线、面。一个几何关系就有一个基准。任何零件都是由若干个表面组成的，它们之间有一定的相互位置和距离尺寸的要求，即位置尺寸与公差。所谓“基准”就是“依据”的意思。根据基准的作用的不同，基准分为设计基准和工艺基准两大类。

(一)设计基准

设计基准是设计图样上所采用的基准，常指零件图样上的基准。

(二)工艺基准

工艺基准是在工艺过程中所采用的基准。它主要包括以下几个内容。

1. 工序基准

在工序图上用来确定本工序加工表面的尺寸、形状、位置的基准。

2. 定位基准

在加工中用作定位的基准。工件在机床上或夹具中装夹时，定位基准就是工件上直接与机床或夹具的定位元件相接触的点、线、面。

定位基准又可分为粗基准和精基准。粗基准用作定位基准的表面，如果是没有加工过的毛坯面，则称为粗基准。精基准用作定位基准的表面，如果是已加工过的，则称为精基准。

3. 测量基准

工件在测量、检验时所使用的基准。

4. 装配基准

在装配时用来确定零件、组件及部件等相对位置所采用的基准。

(三)基准之间的相互关系

分析基准时应注意以下两点。

1. 基准要客观存在

基准是客观存在的，因为不存在的东西是不能作依据的。有时，基准是轮廓要素，如圆柱面、平面等，这些基准比较直观，也易直接接触到。有时，基准是中心要素，如球心、轴线、中心平面等，它们不像轮廓要素摸得着、看得见，但它们是客观存在的。随着测量技术的发展，总会把那些中心要素反映出来。

2. 基准要确切

要分清基准是圆柱面还是圆柱面的轴线，两者有所不同。为了使用上的方便，有时可以相互替代（不是体现），但应引入替代后的误差。还要分清轴线的区段，如阶梯轴的轴线必须说清哪段阶梯的轴线。

第二节 尺寸链及时间定额

一、尺寸链

在加工过程中，工件的尺寸在不断地变化，由毛坯尺寸到工序尺寸，最后达到设计要求的尺寸。这些尺寸之间存在一定的联系，应用尺寸链理论去揭示它们之间的内在关系，掌握它们的变化规律是合理确定工序尺寸及其公差和计算各种工艺尺寸的基础，这也是工艺人员工作中的重要内容之一。

(一)尺寸链概念

1. 尺寸链的定义

在零件加工或机器装配过程中，由相互连接的尺寸形成封闭的尺寸组称为尺寸链。

2. 尺寸链的组成

（1）环

尺寸链中的每一个尺寸均称为尺寸链中的环。

（2）封闭环

尺寸链中在加工过程或装配过程间接获得或间接保证的一环。

（3）组成环

尺寸链中在加工过程或装配过程直接获得，并且对封闭环有影响的全部环。这些环中任一环的变动必然引起封闭环的变动。

（4）增环

尺寸链中的组成环，由于该环的变动引起封闭环同向变动。同向变动是指该环增大时封闭环也增大，该环减小时封闭环也减小。

（5）减环

尺寸链中的组成环，由于该环的变动引起封闭环反向变动。反向变动是指该环增大时封闭环减小，该环减小时封闭环增大。

（6）补偿环

尺寸链中预先选定的某一组成环，可以通过改变其大小或位置，使封闭环达到规定要求。补偿环将在装配尺寸链中用到。

3. 尺寸链的特性

（1）封闭性

由于尺寸链是封闭的尺寸组，因而它是由一个封闭环和若干个相互连接的组成环所构成的封闭图形，不封闭就不成为尺寸链。

（2）关联性

由于尺寸链具有封闭性，所以尺寸链中的封闭环随任一组成环变动而变动。

4. 尺寸链图

将尺寸链中各相应的环，用尺寸或符号标注在示意图上（零件图样或装配图样），或将其单独表示出来，此时只需按大致比例依次画出相应的环，这些尺寸图称为尺寸链图。为了能迅速判别组成环的性质（即判别增减环），可在绘制尺寸链图时，用首尾相接的单箭头顺序表示各环。其中，凡与封闭环箭头方向相同的环即为减环；与封闭环箭头方向相反的环即为增环。

5. 尺寸链形式

（1）按环的几何特征划分

①长度尺寸链：全部环为长度尺寸的尺寸链。

②角度尺寸链：全部环为角度尺寸的尺寸链。

③组合形式的尺寸链：兼有长度尺寸和角度尺寸的尺寸链。

（2）按其应用场合划分

①零件尺寸链：全部组成环为同一零件设计尺寸所形成的尺寸链。

②工艺尺寸链：全部组成环为同一零件工艺尺寸所形成的尺寸链。

③装配尺寸链：全部组成环为不同零件设计尺寸所形成的尺寸链。

设计尺寸是指零件图样上标注的尺寸，必须注意到零件图样上的尺寸不能标注成封闭的尺寸，即零件尺寸链中的封闭环（与工艺尺寸链的封闭环不是一个）不应标注在零件上。工艺尺寸是指工序尺寸、定位尺寸和基准尺寸等。在装配尺寸链的尺寸中，有一个尺寸是自然形成的，它在部件装配完成时才具有完全一定的值，它的大小随尺寸链其余尺寸的变动而变动，这就是封闭环。

（3）按各环所处空间位置划分

①直线尺寸链：全部组成环平行于封闭环的尺寸链。

②平面尺寸链：全部组成环位于一个或几个平行平面内，但某些组成环不平行于封闭环的尺寸链。

③空间尺寸链：组成环位于几个不平行平面内的尺寸链。

（二）尺寸链计算公式

尺寸链的计算是指计算封闭环与组成环的基本尺寸、公差及极限偏差之间的关系。计算方法分为极值法和统计（概率）法两类。极值法与统计法相比，计算结果简单可靠，在生产中应用广泛，下面介绍极值法的计算方法。

1. 各环基本尺寸的计算

尺寸链计算所用符号如表 1-6 所示。

表 1-6　尺寸链计算所用符号

环名	基本尺寸	最大尺寸	最小尺寸	上偏差	下偏差	公差	平均尺寸	平均偏差
封闭环	A_Σ	$A_{\Sigma\max}$	$A_{\Sigma\min}$	B_sA_Σ	$B_i\mathrm{s}A_\Sigma$	$\mathrm{T}\Sigma$	$A_{\Sigma M}$	B_MA_Σ
增环	$\vec{A}$	$\vec{A}_{\max}$	$\vec{A}_{\min}$	$B_s\vec{A}$	$B_i\vec{A}$	T_i	$\vec{A}_M$	$B_M\vec{A}$
减环	$\overleftarrow{A}$	$\overleftarrow{A}_{\max}$	$\overleftarrow{A}_{\min}$	$B_s\overleftarrow{A}$	$B_i\overleftarrow{A}$	T_i	$\overleftarrow{A}_M$	$B_M\overleftarrow{A}$

$$A_\Sigma=\sum_{i=1}^{m}\vec{A}_i-\sum_{i=m+1}^{n-1}\overleftarrow{A}_i \tag{1-2}$$

式中：

n——包括封闭环在内的总环数；

m——增环的数目；

$n-1$——组成环（包括增环与减环）的数目。

2. 各环极限尺寸的计算

$$A_{\Sigma\max}=\sum_{i=1}^{m}\vec{A}_{i\max}-\sum_{i=m+1}^{n-1}\overleftarrow{A}_{i\min} \tag{1-3}$$

$$A_{\Sigma\min}=\sum_{i=1}^{m}\vec{A}_{i\min}-\sum_{i=m+1}^{n-1}\overleftarrow{A}_{i\max} \tag{1-4}$$

3. 各环上、下偏差的计算

$$B_S A_\Sigma = \sum_{i=1}^{m} B_S \vec{A}_i - \sum_{i=m+1}^{n-1} B_i \overleftarrow{A}_i \tag{1-5}$$

$$B_S A_\Sigma = \sum_{i=1}^{m} B_i \vec{A}_i - \sum_{i=m+1}^{n-1} B_s \overleftarrow{A}_i \tag{1-6}$$

4. 各环公差的计算

$$T_\Sigma = \sum_{i=1}^{n-1} T_i \tag{1-7}$$

5. 各环平均尺寸的计算

$$A_{\Sigma M} = \sum_{i=1}^{m} \vec{A}_{iM} - \sum_{i=m+1}^{n-1} \overleftarrow{A}_{iM} \tag{1-8}$$

式中各组成环平均尺寸按下式计算

$$A_{iM} = \frac{A_{i\max} + A_{i\min}}{2} \tag{1-9}$$

6. 各环平均偏差的计算

$$B_M A_\Sigma = \sum_{i=1}^{m} B_M \vec{A}_i - \sum_{i=m+1}^{n-1} B_M \overleftarrow{A}_i \tag{1-10}$$

式中各组成环平均偏差按下式计算

$$\begin{aligned} B_M A_i &= A_{iM} - A_i \\ &= \frac{A_{i\max} + A_{i\min}}{2} - A_i \\ &= \frac{(A_{i\max} - A_i) + (A_{i\min} - A_i)}{2} \end{aligned} \tag{1-11}$$

（三）尺寸链的计算形式

计算尺寸链时，会遇到下面三种形式。

1. 正计算形式

已知各组成环的基本尺寸、公差及极限偏差，求封闭环的基本尺寸、公差及极限偏差。它的计算结果是唯一的。产品设计的校验工作常遇到此形式。

2. 反计算形式

已知封闭环的基本尺寸、公差及极限偏差，求各组成环的基本尺寸、公差及极限偏差。由于组成环有若干个，所以反计算形式是将封闭环的公差值合理地分配给各组成环，以求得最佳分配方案。产品设计工作常遇到此形式。

3. 中间计算形式

已知封闭环和部分组成环的基本尺寸、公差及极限偏差，求其余组成环的基本尺寸、公差及极限偏差。工艺尺寸链多属于此种计算形式。

（四）工艺尺寸链的建立

应用工艺尺寸链解决实际问题的关键是找出工艺尺寸之间的内在联系，确定封闭环和组成环即建立工艺尺寸链。建立了工艺尺寸链后，就能运用尺寸链的计算公式进行计算。下面，分析工艺尺寸链的建立方法。

1. 封闭环的确定

在工艺尺寸链的建立中，首先要正确地确定封闭环。封闭环的特性在于：它不是在加工中直接控制的，而是通过保证其他工序尺寸而间接获得的。工艺尺寸链中封闭环的确定，比装配、设计尺寸链中确定封闭环困难，因为它是随着零件的加工方案在变化。因此，在确定封闭环时，既要抓住“间接获得”这一要领，又要联系零件加工的具体方案。

2. 组成环的查找

封闭环确定后接着要查找各个组成环。为了顺利而正确地找出各组成环，首先要认清组成环的基本特点是加工过程中直接获得且对封闭环有影响，然后再仔细分析零件加工过程中有关尺寸的加工方法、加工顺序以及基准转换等情况。

查找组成环并建立工艺尺寸链的规则如下。

从构成封闭环的两表面同时开始，同步循着工艺过程的顺序，分别向前查找各表面最近一次加工的加工尺寸，之后再进一步向前查找此加工尺寸的工序基准的最近一次加工时的加工尺寸，如此继续向前查找，直至两条路线最后得到的加工尺寸的工序基准重合（即两者的工序基准为同一表面）。至此上述尺寸系统即形成封闭轮廓，从而构成工艺尺寸链。

二、时间定额

（一）时间定额的内容

时间定额就是完成一个工序所需要的时间，它是劳动生产率指标。根据时间定额可以安排生产作业计划，进行成本核算，确定设备数量和人员编制，规划生产面积。因此，时间定额是工艺规程中的重要组成部分。

确定时间定额应根据本企业的生产技术条件，使大多数工人经过努力都能达到，部分先进工人可以超过，少数工人经过努力可以达到或接近的平均先进水平。合理的时间定额能调动工人的积极性，促进工人技术水平的提高，从而不断提高劳动生产率。随着企业生产技术条件的不断改善，时间定额应定期进行修订，以保持定额的平均先进水平。

时间定额通常通过以下方式确定：一是由定额员、工艺人员和工人相结合，通过总结过去的经验，并参考有关的技术资料直接估计确定的；二是以同类产品的工件或工序的时间定额为依据进行对比分析后推算出来的；三是可通过对实际操作时间的测定和分析后确定。

为了正确地确定时间定额，通常把工艺消耗的单件时间 T_p，分为基本时间 T_b、辅助时间 T_a、布置工作地时间 T_s、休息与生理需要时间 T_r 和准备与终结时间 T_e 等。

1. 基本时间 T_b

基本时间是直接改变生产对象的尺寸、形状、相对位置、表面状态或材料性质等工艺过程所消耗的时间。对机械加工而言，就是直接切除工序余量所消耗的时间（包括刀具的切入和切出时间）。基本时间可用计算方法确定。

2. 辅助时间 T_a

辅助时间是为实现工艺过程所必需进行的各种辅助动作所消耗的时间。它包括装卸工件、开停机床、引进或退出刀具、改变切削用量、试切和测量工件等所消耗的时间。

辅助时间的确定方法随生产类型而定。大批大量生产时，为使辅助时间确定得合理，须将辅助动作进行分解，再分别确定各分解动作的时间，最后予以综合；中批生产则可以根据以往的统计资料来确定；单件小批生产则常用基本时间的百分比进行估算。

基本时间和辅助时间的总和称为作业时间 T_B，它是直接用于制造产品或零、部件所消耗的时间。

3. 布置工作地时间 T_s

布置工作地时间是为使加工正常进行，工人照管工作地（如更换刀具、润滑机床、清理切屑、收拾工具等）所消耗的时间。T_s 不是直接消耗在每个工件上的，而是消耗在一个工作班内的时间，再折算到每个工件上的。一般按作业时间的 2%～7% 计算。

4. 休息与生理需要时间 T_r

休息与生理需要时间是工人在工作班内为恢复体力和满足生理上的需要所消耗的时间。T_r 也是按一个工作班为计算单位，再折算到每个工件上的。对由工人操作的机床加工工序，一般按作业时间的 2%～4% 计算。

5. 准备与终结时间（以下简称准终时间）T_e

准终时间是工人为了生产一批产品或零、部件，进行准备和结束工作所消耗的时间。例如，在单件或成批生产中，每当开始加工一批工件时，工人需要熟悉工艺文件，领取毛坯、材料，工艺装备，安装刀具和夹具，调整机床和其他工艺装备等所消耗的时间；加工一批工件结束后，须拆下和归还工艺装备，送交成品等所消耗的时间。T_e既不是直接消耗在每个工件上，也不是消耗在一个工作班内的时间，而是消耗在一批工件上的时间，因而分摊到每个工件上的时间为T_e / n，其中n为批量。

（二）时间定额的计算

将上面所列的各项时间组合起来，就可以得到各种时间定额：

作业时间

$$T_B = T_b + T_a \tag{1-12}$$

单件时间

$$T_p = T_B + T_s + T_r \tag{1-13}$$

单件计算时间

$$T_C = T_p + T_e / n \tag{1-14}$$

准终时间随批量大小而不同，批量越大，每一零件的准终时间越少。在大量生产中，产品终年不变，可不计准终时间。

第三节 机械加工精度

一、加工精度的概念

加工精度是指零件加工后的实际几何参数（尺寸、形状和位置）与理想几何参数的符合程度。加工精度包括尺寸精度、形状精度和位置精度三个方面。

（一）尺寸精度

尺寸精度是指加工后零件表面本身或表面之间的实际尺寸与理想尺寸之间的符合程度。这里所说的理想尺寸是指零件图上所标注的有关尺寸的平均值。

（二）形状精度

形状精度是指加工后零件各表面的实际形状与表面理想形状之间的符合程度。这里所说的表面理想形状是指绝对准确的表面形状，如平面、圆柱面、球面、螺旋面等。

（三）位置精度

位置精度是指加工后零件表面之间的实际位置与表面之间理想位置的符合程度。这里所说的表面之间理想位置是绝对准确的表面之间位置，如两平面平行、两平面垂直、两圆柱面同轴等。

对于任何一个零件来说，其实际加工后的尺寸、形状和位置误差，若在零件图所规定的公差范围内，则在机械加工精度这个质量要求方面能够满足要求，即是合格品；若有其中任何一项超出公差范围，则是不合格品。

二、加工误差的概念

（一）加工误差

加工误差是指零件加工后的实际几何参数与理想几何参数的偏离程度。无论是用试切法加工一个零件，还是用调整法加工一批零件，加工后都会发现可能有很多零件在尺寸、形状或位置方面与理想零件有所不同，它们之间的差值分别称为尺寸、形状和位置误差。

（二）原始误差

造成零件加工后在尺寸、形状或位置加工误差的工艺因素称为原始误差。在零件加工中，造成加工误差的主要原始误差大致可划分为以下两个方面。

1. 工艺系统的原有误差

在工件未进行正式切削加工以前，加工方法本身存在着加工原理误差或由机床、夹具、刀具、量具和工件所组成的工艺系统本身就存在某些误差因素，它们将在不同程度上以不同的形式反映到被加工的零件上去，造成加工误差。工艺系统原有的原始误差主要有加工原理误差、机床误差、夹具和刀具误差、工件误差、测量误差以及定位和安装调整误差等。

2. 加工过程中的其他因素

在零件的加工过程中，在力、热和磨损等因素的影响下，破坏了工艺系统的原有精度，使工艺系统有关组成部分产生新的原始误差，从而进一步造成加工误差。加工过程中其他造成原始误差的因素，主要有工艺系统的受力变形、工艺系统热变形、工艺系统磨损和工艺系统残余应力等。

三、加工精度的获取方法

在机械加工中，根据生产批量和生产条件的不同，可采用如下获得加工精度的方法。

（一）尺寸精度的获取方法

在机械加工中，获得尺寸精度的方法主要有下述四种。

1. 试切法

它是获得零件尺寸精度最早采用的加工方法，同时也是目前常用的能获得高精度尺寸的主要方法之一。所谓试切法，是在工件加工过程中不断对已加工表面的尺寸进行测量，并调整刀具相对工件加工表面的位置进行试切，直至达到尺寸精度要求的加工方法。工件上轴颈尺寸的试切车削加工、轴颈尺寸的在线测量磨削、箱体零件孔系的试镗加工及精密量块的手工精研等，都是采用试切法加工的。

2. 调整法

它是在成批生产条件下采用的一种加工方法。所谓调整法，即按试切好的工件尺寸、标准件或对刀块等调整确定刀具相对工件定位基准的准确位置，并在保持此准确位置不变的条件下，对一批工件进行加工的方法。例如，在多刀车床或六角自动车床上加工轴类零件、在铣床上铣槽、在无心磨床上磨削外圆及在摇臂钻床上用钻床夹具加工孔系等。

3. 定尺寸刀具法

它是在加工过程中采用具有一定尺寸的刀具或组合刀具，以保证被加工零件尺寸精度的一种方法。例如，用方形拉刀拉方孔，用钻头、扩孔钻、铰刀或镗刀块加工内孔，及用组合铣刀铣工件两侧面和槽面等。

4. 自动控制法

在加工过程中，通过由尺寸测量装置、动力进给装置和控制机构等组成的自动控制系统，使加工过程中的尺寸测量、刀具的补偿调整和切削加工等一系列工作自动完成，从而自动获得所要求尺寸精度的一种加工方法。例如，在无心磨床上磨削轴承圈外圆时，通过测量装置控制导轮架进行微量的补偿进给，从而保证工件的尺寸精度；在数控机床上，通过数控装置、测量装置及伺服驱动机构，控制刀具在加工时应具有的准确位置，从而保证零件的尺寸精度。

（二）形状精度的获取方法

在机械加工中，获得形状精度的方法主要有以下两种。

1. 成形运动法

以刀具的刀尖作为一个点相对工件做有规律的切削成形运动，从而使加工表面获得所要求形状的加工方法。此时，刀具相对工件运动的切削成形面即是工件的加工表面。机器上的零件虽然种类很多，但它们的表面不外乎由几种简单的几何形面所组成。例如，常见的零件表面有圆柱面、圆锥面、平面、球面、螺旋面和渐开线面等，这些几何形面均可通过成形运动法加工出来。

在生产中，为了提高效率，往往不是使用刀具刃口上的一个点，而是采用刀具的整个切削刃口（即线工具）加工工件。例如，采用拉刀、成形车刀及宽砂轮等对工件进行加工，这时由于制造刀具刃口的成形运动已在刀具的制造和刃磨过程中完成，故可明显简化零件加工过程中的成形运动。宽砂轮横进给磨削、成形车刀切削及螺纹表面的车削加工等，都是这方面的实例。

在采用成形刀具的条件下，通过它相对工件所做的展成啮合运动，还可以加工出形状更为复杂的几何形面。例如，各种花键表面和齿形表面的加工，就常常采用这种方法，此时，刀具相对工件做展成啮合的成形运动，其加工后的几何形面即是刀刃在成形运动中的包络面。

2. 非成形运动法

零件表面形状精度的获得不是靠刀具相对工件的准确成形运动，而是靠在加工过程中对加工表面形状的不断检验和工人对其进行精细修整加工的方法。

非成形运动法虽然是获得零件表面形状精度最原始的加工方法，但直到目前为止，某些复杂的形状表面和形状精度要求很高的表面仍然适用。例如，具有较复杂空间型面锻模的精加工，高精度测量平台和平尺的精密刮研加工，以及精密丝杠的手工研磨加工等。

（三）位置精度的获取方法

在机械加工中，获得位置精度的方法主要有以下两种。

1. 一次装夹获得法

零件有关表面间的位置精度是直接在工件的同一次装夹中，由各有关刀具相对工件的成形运动之间的位置关系保证的。例如，轴类零件外圆与端面、轴肩的垂直度，箱体孔系加工中各孔之间的同轴度、平行度和垂直度等，均可采用一次装夹获得法。

2. 多次装夹获得法

零件有关表面间的位置精度是由刀具相对工件的成形运动与工件定位基准面（亦是工件在前几次装夹时的加工面）之间的位置关系保证的。例如，轴类零件上键槽对外圆表面的对称度，箱体平面与平面之间的平行度、垂直度，箱体孔与平面之间的平行度和垂直度等，均可采用多次装夹获得法。在多次装夹获得法中，又可根据工件的不同装夹方式划分为直接装夹法、找正装夹法和夹具装夹法。

四、影响机械加工精度的原始误差因素

零件的加工过程中可能出现种种的原始误差，它们会引起工艺系统各环节相互位置关系的变化而造成加工误差。下面我们以活塞加工中精镗销孔工序的加工过程为例，分析影响工件和刀具间相互位置的种种因素，以使我们对工艺系统的各种原始误差有一个初步的了解。

（一）装夹

活塞以止口及其端面为定位基准，在夹具中定位，并用菱形销插入经半精镗的销孔中做周向定位。固定活塞的夹紧力作用在活塞的顶部，这时就产生了由于设计基准（顶面）与定位基准（止口端面）不重合，以及定位止口与夹具上凸台、菱形销与销孔的配合间隙而引起的定位误差，还存在由于夹紧力过大而引起的夹紧误差，这两项原始误差统称为工件装夹误差。

（二）调整

装夹工件前后必须对机床、刀具和夹具进行调整，并在试切几个工件后再进行精确微调，才能使工件和刀具之间保持正确的相对位置。例如，本例须进行夹具在工作台上的调整，菱形销与主轴同轴度的调整，以及对刀调整（调整镗刀刀刃的伸出长度以保证镗孔直径）等。由于调整不可能绝对精确，因而会产生调整误差。另外，机床、刀具及夹具本身的制造误差在加工前就已经存在了，这类原始误差称为工艺系统的几何误差。

（三）加工

由于在加工过程中产生了切削力、切削热和摩擦，它们将引起工艺系统的受力变形、受热变形和磨损，这些都会影响在调整时所获得的工件与刀具之间的相对位置，造成种种加工误差。这类在加工过程中产生的原始误差称为工艺系统的动误差。

在加工过程中，还必须对工件进行测量，才能确定加工是否合格，工艺系统是否需要重新调整。任何测量方法和量具、量仪也不可能绝对准确，因此，测量误差是一项不容忽视的原始误差。

此外，工件在毛坯制造（铸、锻、焊、轧制）、切削加工、热处理时的力和热的作用下产生的内应力，将会引起工件变形而产生加工误差。有时由于采用了近似的成形方法进行加工，还会造成加工原理误差。因此，工件内应力引起的变形及原理误差也是原始误差。

为清晰起见，可将加工过程中可能出现的种种原始误差归纳如下。

原始误差分为与工艺系统初始状态有关的原始误差（几何误差）和与工艺过程有关

的原始误差（动误差）。其中，几何误差包括原理误差、定位误差、调整误差、刀具误差、夹具误差（工件相对于刀具在静止状态下已存在的误差）和机床主轴回转误差、机床导轨导向误差、机床传动误差（工件相对于刀具在运动状态下已存在的误差）；动态误差包括工艺系统受力变形（包括夹紧变形）、工艺系统受热变形、刀具磨损、测量误差、工件残余应力引起变形等。

五、原始误差与加工误差的关系

在切削加工过程中，由于各种原始误差的影响，会使刀具和工件间的正确几何关系遭到破坏，引起加工误差。通常各种原始误差的大小和方向是各不相同的，而加工误差则必须在工序尺寸方向度量，因此，不同的原始误差对加工精度有不同的影响。当原始误差的方向与工序尺寸方向一致时，其对加工精度的影响最大。

第四节 工艺系统对加工精度的影响

一、工艺系统的几何精度对加工精度的影响

（一）机床制造误差及磨损

机床的制造误差、安装误差以及使用中的磨损，都直接影响工件的加工精度，其中主要是机床主轴回转运动误差、机床导轨直线运动误差和机床传动链误差。

1. 机床主轴回转运动误差

（1）主轴回转运动误差的概念与形式

机床主轴的回转运动误差，直接影响被加工工件的加工精度，尤其是在精加工时，机床主轴的回转误差往往是影响工件圆度误差的主要因素。例如，坐标镗床、精密车床和精密磨床，都要求主轴有较高的回转精度。

机床主轴做回转运动时，主轴的各个截面必然有它的回转中心。在主轴的任一截面上，主轴回转时若只有一点速度始终为零，则这一点即为理想回转中心。但在主轴的实际回转过程中，理想的回转中心是不存在的，而存在一个其位置时刻变动的回转中心，此中心称为瞬时回转中心，主轴各截面瞬时回转中心的连线叫瞬时回转轴线。所谓主轴的回转运动误差，是指主轴的瞬时回转轴线相对其平均回转轴线（瞬时回转轴线的对称

中心）在规定测量平面内的变动量。变动量越小，主轴回转精度越高；反之，越低。

主轴回转运动误差可分解为端面圆跳动、径向圆跳动、角度摆动三种基本形式。

①端面圆跳动。瞬时回转轴线沿平均回转轴线方向的轴向运动，它主要影响端面形状和轴向尺寸精度。

②径向圆跳动。瞬时回转轴线始终平行于平均回转轴线方向的径向运动，它主要影响圆柱面的精度。

③角度摆动。瞬时回转轴线与平均回转轴线呈一倾斜角度，但其交点位置固定不变的运动。在不同横截面内，轴心运动误差轨迹相似，它影响圆柱面与端面加工精度。

上述是指单纯的主轴回转运动误差，实际中常是上述几种运动的合成运动。

（2）主轴回转运动误差的影响因素

影响主轴回转运动误差的主要因素是主轴的误差、轴承的误差、轴承的间隙与轴承配合零件的误差及主轴系统的径向不等刚度和热变形等。对于不同类型的机床，其影响因素也各不相同。例如，对工件回转类机床（如车床、外圆磨床），因切削力的方向不变，主轴回转时作用在支承上的作用力方向也不变。此时，主轴的支承轴颈的圆度误差影响较大，而轴承孔圆度误差影响较小。对于刀具回转类机床（如钻、铣镗床），切削力方向随旋转方向而改变。此时，主轴支承轴颈的圆度误差影响较小，而轴承孔的圆度误差影响较大。

（3）主轴回转精度的测量

千分表测量法（径向、轴向）。生产现场常用的方法是心棒检测法，将精密心棒插入主轴锥孔，在其圆周表面和端部用千分表测量。此法简单易行，但不能反映主轴工作转速下的回转精度，也不能区分产生误差的因素。例如，在测量的径向圆跳动中，既包含主轴回转轴线的圆跳动，又含有主轴锥孔相对回转轴线的同轴度误差所引起的径向圆跳动。

（4）提高主轴回转精度的措施

①提高主轴部件的制造精度。首先，应提高轴承的回转精度，可选用高精度的滚动轴承，或采用高精度的多油楔动压轴承和静压轴承；其次，应提高箱体支承孔、主轴颈和与轴承相配合表面的加工精度。

②对滚动轴承进行预紧。对滚动轴承适当预紧以消除间隙，甚至产生微量过盈。由于轴承内、外圈和滚动体弹性变形的相互制约，既增加了轴承刚度，又对轴承内、外圈滚道和滚动体的误差起均化作用，因而可提高主轴的回转精度。

③采用两个固定顶尖支承。可采取措施使主轴的回转精度不反映到工件上去，常采

用两个固定顶尖支承，主轴只起传动作用。工件的回转精度完全取决于顶尖和中心孔的形状误差和同轴度误差，而提高顶尖和中心孔的精度要比提高主轴部件的精度容易且经济得多。例如，外圆磨床磨削外圆柱面时，就采用固定顶尖支承。

2. 机床导轨直线运动误差

机床导轨是实现直线运动的主要部件，其制造和装配精度是影响直线运动的主要因素，直接影响工件的加工质量。

机床的安装对导轨的原有精度影响也很大，尤其是刚性较差的长床身，在自重的作用下容易产生变形。因此，安装地基和安装方法如何，都将直接影响导轨的变形，产生工件的加工误差。

3. 机床传动链误差

（1）传动链误差的概念

在螺纹加工或用展成法加工齿轮等工件时，必须保证工件与刀具间有严格的运动关系，例如在滚齿机上用单头滚刀加工直齿轮时，要求滚刀与工件之间具有严格的运动关系，滚刀转一转，工件转过一个齿。这种运动关系是由刀具与工件间的传动链来保证的。

传动链中的各传动元件，如齿轮、蜗轮、蜗杆等，因有制造误差（主要是影响运动精度的误差）、装配误差（主要是装配偏心）和磨损而破坏正常的运动关系，使工件产生误差。

传动链误差是指内联系的传动链中首末两端传动元件之间相对运动的误差。它是按展成原理加工工件（如螺纹、齿轮、蜗轮以及其他零件）时，影响加工精度的主要因素。

（2）减少传动链误差的措施

①尽可能缩短传动链（减少传动元件数量）。

②减少各传动元件装配时的几何偏心，提高装配精度。

③提高传动链末端元件的制造精度。在一般的降速传动链中，末端元件的误差影响最大，因此，末端元件（如滚齿机的分度蜗轮、螺纹加工机床的母丝杠等）的精度就应最高。

④在传动链中按降速比递增的原则分配各传动副的传动比。传动链末端传动副的降速比取得越大，则传动链中其余各传动元件误差的影响就越小。为此，分度蜗轮的齿数应取得较多，母丝杠蜗杆副的螺距也应较大，这有利于减少传动链误差。

⑤采用校正装置。校正装置的实质是在原传动链中人为地加入一误差，其大小与传动链本身的误差相等而方向相反，从而使之相互抵消。

（二）其他几何误差

1. 原理误差

原理误差是由于采用了近似的成形运动或近似的刀刃轮廓所产生的误差。一般情况下，为了获得规定的加工表面，刀具和工件之间必须做相对准确的成形运动。例如，车削螺纹时，必须使刀具和工件间完成准确的螺旋运动（成形运动）；滚切齿轮时，必须使滚刀和工件间有准确的展成运动。机械加工中这种相对的成形运动称为加工原理。当然也可以用成形刀具直接加工出成形表面。从理论上讲应该采用理想的加工原理和完全准确的成形运动以获得精确的零件表面，但在实践中，由于采用理论上完全准确的加工原理，有时会使机床或刀具的结构极为复杂，造成制造上的困难，或由于结构环节多，机床传动误差增加，反而得不到高的加工精度。因此，在这种情况下，常常采用近似的加工原理以获得较高的加工精度，同时还可以提高加工效率，使加工过程更为经济。

2. 刀具误差

机械加工中常用的刀具主要有一般刀具、定尺寸刀具和成形刀具。

一般刀具（如普通车刀、单刃镗刀和平面铣刀等）的制造误差，对加工精度没有直接影响。

定尺寸刀具（如钻头、铰刀、拉刀等）的尺寸误差直接影响加工工件的尺寸精度。刀具在安装使用中不当将产生跳动，也将影响加工精度。

成形刀具（如成形车刀、成形铣刀及齿轮刀具等）的制造误差和磨损，主要影响被加工表面的形状精度。

3. 工件的装夹误差与夹具磨损

工件装夹误差是指定位误差和夹紧误差。此外，夹具在长期使用过程中工作表面的磨损，也直接影响工件的加工精度。

二、工艺系统受热变形对加工精度的影响

（一）工艺系统的热源

工艺系统热源分为内部热源和外部热源。内部热源包括切削热和摩擦热；外部热源包括环境热源和热辐射。

1. 内部热源

（1）切削热

在热切削过程中，消耗于切削层金属的弹性、塑性变形以及刀具与工件、切屑间的摩擦能量，绝大部分转化为切削热。切削热的大小与切削力的大小以及切削速度的高低

有关，一般按下式估算：

$$Q = F_c v_c \tag{1-15}$$

（2）摩擦热

机床中各运动副在相对运动时产生的摩擦力转化为摩擦热而形成热源。

2. 外部热源

工艺系统的外部热源主要是环境温度与热辐射。

（二）工艺系统热变形对加工精度的影响

1. 机床受热变形产生的加工误差

机床受内、外热源的影响，各部分的温度将发生变化而引起变形。机床的热变形中对加工精度影响较大的主要是主轴系统和机床导轨两部分的变形。主轴系统的变形表现为主轴的位移与倾斜，影响工件的尺寸精度和几何形状精度，有时也影响位置精度；导轨的变形一般为中凹或中凸，影响工件的形状精度。

2. 工件热变形引起的加工误差

在磨削或铣削薄片状零件时，由于工件单边受热，工件两边受热不均匀而产生翘曲。

在加工轴类零件的外圆时，切削热传入工件，可以认为在全长及其圆周方向上热量分布较均匀，主要引起工件直径和长度的变化。变形量为：

直径上的热膨胀：

$$\Delta D = \alpha \Delta T_p D \tag{1-16}$$

长度上的热伸长：

$$\Delta L = \alpha \Delta T_p L \tag{1-17}$$

式中：D和L——工件的直径和长度（mm）；ΔT_p——工件在加工前后的平均温度差（℃）；α——工件材料的热膨胀系数（1/℃）。

加工工件的长度大而精度要求又很高时，工件的热变形对于加工精度的影响是很大的。例如磨削长为 3000mm 的丝杠，磨削后温度升高 3℃，丝杠的伸长量为：

$$\Delta L = 3000 \times 1.17 \times 10^{-5} \times 3 = 0.1(\text{mm}) \tag{1-18}$$

而 6 级丝杠的螺距误差在全长上不允许超过 0.02mm。

3. 刀具热变形引起的加工误差

刀具的热变形主要由切削热引起，因刀具体积小，热容量小，所以刀具的温升可能非常高。刀具的热伸长一般在被加工工件的误差敏感方向上，其变形对加工精度的影响有时是不可忽视的。

在车床上加工长轴，刀具连续工作时间长，随着切削时间的增加，刀具受热伸长，使工件产生圆柱度误差；在立车上加工大端面，刀具热伸长，使工件产生平面度误差。

（三）减小工艺系统热变形的措施

减小工艺系统热变形的主要措施如下：一是减少热源产生的热量，如减小切削热或磨削热通过控制切削或磨削的用量，合理选用刀具来减小切削热，减少机床各运动副的摩擦热；二是分离、隔离热源；三是加强冷却；四是保持工艺系统的热平衡；五是控制环境温度。

三、保证和提高加工精度的途径

（一）误差预防技术

1. 合理采用先进工艺与设备

合理采用先进工艺与设备，是保证和提高加工精度的主要途径。

2. 直接减少原始误差

首先查明影响加工精度的主要原始误差因素，然后将其消除或减少。

3. 转移原始误差

将影响加工精度的原始误差转移到误差的非敏感方向上，可以提高加工精度。

4. 就地加工法

牛头刨床、龙门刨床为了使其工作台面对滑枕、横梁保持平行的位置关系，装配后在自身机床上进行“自刨自”的精加工。车床为了保证三爪卡盘卡爪的装夹面与主轴回转轴线同轴，也常采用“就地加工”的方法，对卡爪的装夹面进行就地车削（对于软爪）或就地磨削（需在溜板箱上装磨头）。

5. 均化原始误差法

例如研磨时，研具的精度并不很高，分布在研具上的磨料粒度大小也可能不一样。但由于研磨时工件和研具间有复杂的相对运动轨迹，使工件上各点均有机会与研具的各点相互接触并受到均匀的微量切削。同时，工件和研具相互修整，精度也共同逐步提高，进一步使误差均化，因此，可获得精度高于研具原始精度的加工表面。用易位法加工精密分度蜗轮也是均化原始误差的一个例子。

6. 控制加工过程中温升

大型精密丝杠加工中，需要严格控制机床和工件在加工过程中的温度变化，可采取如下措施：母丝杠采用空心结构，通入恒温油使母丝杠保持恒温，或采用淋浴的方法使工件保持恒温。

(二)误差补偿技术

1. 在线自动补偿

在加工中随时测量工件的实际尺寸（形状、位置精度），根据测量结果按一定的模型或算法，实时给刀具以附加的补偿量，从而控制刀具和工件间的相对位置，使工件尺寸的变动范围始终在自动控制之中。

2. 配对加工

这种方法是将互配件中的一个零件作为基准，去控制另一个零件的加工精度。在加工过程中自动测量工件的实际尺寸，并和基准件的尺寸比较，直至达到规定的差值时机床就自动停止加工。柴油机高压油泵柱塞的自动配磨采用的就是这种形式。

第五节 机械加工的经济性分析

一、生产类型与经济性

生产的增长有两条途径：一是增加劳动量；二是提高劳动生产率。前者是实行劳动密集型生产，会导致国家经济发展迟缓；后者是技术密集型生产，是世界上先进工业国家高速发展经济的主要途径。零件制造工艺过程必须符合优质、高产和低消耗的要求。在生产过程中，劳动生产率的提高和生产经济性的改善，必须以保证质量为前提，尽量节省人力和物力。

劳动生产率是指每个工人在单位时间（每小时或每班）内所生产的合格产品的数量。劳动生产率的提高表示生产该产品劳动工时耗费降低，工时耗费的降低即是节约了劳动力。

经济性一般是指生产成本的高低。生产成本不仅要计算工人直接参加产品生产所消耗的劳动，而且还要计算设备、工具、材料、动力等的消耗。生产类型不同，产品制造的工艺方法、所用的设备和工艺装备以及生产的组织均不相同，因此，经济性也不相同。

从各种生产类型的工艺特征可知，在大批大量生产中，从毛坯制造到机械加工，广泛采用了高生产率的毛坯制造方法，高生产率的专用机床、自动机床和专用工艺装备。由于生产量大，加工的零件品种单一，不需多品种适应性，工艺稳定和生产效率高，因此，生产成本较低，具有较好的经济性。但设备的投资大。

单件小批生产中所用的设备，除了有特殊技术要求的工作外，绝大多数采用通用设备和通用的工艺装备，一般利用画线和试切方法加工零件。零件的加工质量和生产率主要取决于操作工人技术水平的高低，受人为因素的影响较大。另外，还由于生产计划、组织管理较复杂，生产准备工作量大，零件从投料至加工成成品的生产周期较长等因素的影响，使单件小批生产的生产成本较高，经济性较差。

中批生产的经济性介于大批大量生产和单件小批生产之间。

二、机械加工的经济精度

为了正确选择加工方法，应了解各种加工方法的特点和掌握加工经济精度的概念。

加工过程中影响精度的因素很多，同一种加工方法在不同的工作条件下所能达到的精度会有所不同。任何一种加工方法，如果细心操作、精心调整、选择合适的切削用量，就会得到较高的精度。但是，这样就会花费较多的时间，降低了生产率，增加了成本，因此，提出了经济精度的问题。

经济精度是在正常生产条件下，能较经济地达到的加工精度范围。所谓正常的生产条件，是指设备完好、使用必要的刀具和夹具、操作工人具有熟练的技术、规定合理的工时定额等。经济加工精度，包括尺寸的经济精度、几何形状的经济精度、相互位置的经济精度和加工表面的粗糙度。

不同的加工方法，其经济精度不同，可根据具体情况加以比较，从中选择最合适的加工方法。

需要指出的是，经济粗糙度的概念类同于经济精度的概念。

三、车间技术经济指标

（一）车间技术经济指标的内容

在车间经济核算中，要通过一系列技术经济指标对车间生产的成果和耗费进行全面、正确的反映。这些指标构成车间经济核算的指标体系。车间技术经济指标一般包括如下内容。

第一，产量指标即以实物量、定额工时或金额表示的车间产品数量。

第二，质量指标如产品合格率、产品等级率、废品率、加工装配返修率等。

第三，劳动指标如劳动生产率、出勤率、工时利用率、定额工时完成率等。

第四，成本指标如车间总成本、主要产品单位车间成本、可比产品成本降低额和降低率、各种生产费用指标等。

第五，资金占用指标如流动资金平均占用额、流动资金周转天数、百元产值占用流动资金金额、固定资金利润率、流动资金利润率等。

第六，设备利用指标如设备利用率、设备台时利用率等。

第七，利润指标严格地讲，车间核算没有利润指标。有条件的可以考核特定意义下的车间利润指标。但它同企业利润完全是两个不同的概念。车间利润是按厂内价格计算的车间向厂内提供的产品和劳务的总价值扣除车间成本之后的余额。

（二）车间技术经济指标的选择

车间经济核算所用的指标是根据车间的生产特点设置的，不能千篇一律。在指标的选择上一般应注意以下几个问题。

第一，指标的选择要充分体现全面反映车间生产耗费和生产成果的原则。

第二，尽量选用综合性的指标。

第三，所选指标要便于分解，要与车间内班组经济核算的实际状况相适应，以便更好地调动车间全体员工的积极性。

四、工艺过程的技术经济评定

同一种机械产品（零件）的生产，在制定机械加工工艺规程时，往往可以用几种不同的工艺方案来完成。不同的工艺方案取得的经济效益和消耗的劳动不相同。这就需要对工艺方案进行全面的技术经济分析，以选出既符合技术标准要求又具有较好技术经济效果的最佳工艺方案。

工艺过程的技术经济分析有两种方法：一是对不同的工艺过程进行工艺成本的分析和评比；二是按相对技术经济指标进行宏观比较。

（一）工艺成本的分析和评比

零件的实际生产成本是制造零件所必需的一切费用的总和。工艺成本是指生产成本中与工艺过程有关的那一部分成本，如毛坯或原材料费用，生产工人的工资，机床电费（设备的使用费）、折旧费和维修费，工艺装备的折旧费和修理费，车间和企业的管理费等。与工艺过程无关的那部分成本，如行政总务人员的工资、厂房折旧和维修费、照明取暖费等在不同方案的分析和评比中均是相等的，因而可以略去。

1. 工艺成本的组成

工艺成本按照与年产量的关系，分为可变费用（V）和不变费用（S）两部分。

（1）可变费用

它是与年产量直接有关，即随年产量的增减而成比例变动的费用。它包括材料和毛坯费、操作工人的工资、机床电费、通用机床的折旧费和维修费，以及通用工装（夹具、刀具和辅具）的折旧费和维修费等。可变费用的单位是元 / 件。

（2）不变费用

它是与年产量无直接关系，不随年产量的增减而变化的费用。它包括调整工人的工资、专用机床的折旧费和维修费以及专用工装的折旧费和维修费等。不变费用的单位是元 / 年。

2. 工艺成本的评比

工艺过程的不同方案进行评比时，常用零件的全年工艺成本进行比较，这是因为全年工艺成本与年产量呈线性关系，容易比较。

设两种不同方案分别为Ⅰ和Ⅱ，它们的全年工艺成本分别为：

$$E_1 = V_1 N + S_1 \tag{1-19}$$

$$E_2 = V_2 N + S_2 \tag{1-20}$$

两种方案评比时，往往是一种方案的可变费用较大，另一种方案的不变费用就会较大。如果某方案的可变费用和不变费用均较大，那么该方案在经济上是不可取的。

（二）相对技术经济指标的评比

当对工艺路线的不同方案进行宏观比较时，常用相对技术经济指标进行评比。

技术经济指标反映工艺过程中劳动的耗费、设备的特征和利用程度、工艺装备需要量以及各种材料和电力的消耗等情况。常用的技术经济指标有：每个生产工人的平均年产量（单位为件 / 人），每台机床的平均年产量（单位为件 / 台），每平方米生产面积的平均年产量（单位为件 /m^2），以及设备利用率、材料利用率和工艺装备系数等。利用这些指标能方便地进行技术经济评比。

第二章 机械加工安全及设备

第一节 生产场所的安全要求

一、采光

良好的采光是生产场所的必备条件。如果在采光不良的环境下长期作业，容易使操作者眼睛疲劳，视力下降，产生误操作甚至发生意外伤亡事故。同时，合理采光对提高生产效率和保证产品质量都有直接的影响。因此，生产场所必须具备良好的采光，以保证安全生产的正常进行。生产场所的采光要求如下。

（一）采光的一般要求

生产场所一般白天采用自然光，在阴雨天及夜间则采用照明灯照明。

（二）照明要求

生产场所内照明应满足《工业企业照明设计标准》要求。

（三）厂房一般照明的光窗设置要求

厂房跨度大于 12m 时，单跨厂房的两边应有采光侧窗，窗户的宽度应不小于开间长度的 1/2；多跨厂房相连，相连各跨应有天窗，跨与跨之间不得有墙封死。车间通道照明灯要覆盖所有通道，覆盖长度应大于车间安全通道长度的 90%。

二、通道要求

生产场所通道包括厂区主干道和车间安全通道。厂区主干道是指汽车可以通行的道路，是保证厂内车辆行驶、人员流动以及消防、救灾的主要通道。车间安全通道是指为了保证职工通行安全和运送材料、工件安全而设置的通道。

（一）厂区主干道的路面要求

车辆双向行驶的主干道，宽度不小于 5m；有单向行驶标志的主干道，宽度不小于 3m。进出厂区门口、危险地段须设置限速牌、指示牌和警示牌。

（二）车间安全通道要求

通行汽车，宽度大于 3m；通行电瓶车、铲车，宽度大于 1.8m；通行手推车、三轮车，宽度大于 1.5m；一般人行通道，宽度大于 1m。

（三）通道的一般要求

通道标记应醒目，画出边沿标记、转弯处不能形成直角。通道路面应平整、无台阶、无坑沟。道路土建施工时应有警示牌或护栏，夜间要有红灯警示。

三、设备布局

车间生产设备设施的摆放，设备设施相互之间的距离，设备设施与墙、柱之间的距离，操作者的活动空间，高空运输线的防护罩网，这些都与操作人员的安全有很大关系。如果设备布局错误或不合理，操作空间窄小，当工件、材料等掉落或飞出时，容易造成设备乃至人身伤害意外事故。因此，车间生产设备布局应按以下规定执行。

（一）设备划分规定

1. 按设备管理条例分类

按设备管理条例规定，将标准设备分为大型、中型、小型三种类型。

2. 特异或非标准设备按外形最大尺寸分类

大型，长度大于 12m；中型，长度为 6 ～ 12m；小型，长度小于 6m。

（二）操作空间的规定

1. 设备间距（以活动机件达到的最大范围计算）

大型设备间距不小于 2m，中型设备间距不小于 1m，小型设备间距不小于 0.7m。如果在设备之间有操作工位，则计算时应将操作空间与设备间距一并计算。若不同大小设备同时存在，大、小设备间距按最大的尺寸要求计算。

2. 设备与墙、柱之间的距离（以活动机件的最大范围计算）

大型设备不小于 0.9m，中型设备不小于 0.8m，小型设备不小于 0.7m。在墙、柱与设备之间有人操作的，应满足设备与墙、柱之间和操作空间的最大距离要求。

3. 运输线的防护

高于 2m 的运输线要安装牢固的防护罩（网），网格大小应能防止所输送物件坠落至地面；对低于 2m 的运输线的起落段两侧应加设护栏，栏高 1.05m。

四、物料堆放

生产场所的工位器具、工件、材料摆放不当时，不仅妨碍操作，而且容易引起设备损坏和工伤事故。为此，应该做到以下几点。

(一)生产场所要划分区域

生产场所要划分区域，如毛坯区，成品、半成品区，工位器具区，废物垃圾区。原材料、半成品、成品应按操作顺序安放稳固且摆放整齐，一般摆放方位与墙或机床轴线平行，尽量堆垛成正方形。

(二)工具要放在指定位置

生产场所的工位器具、工具、模具、夹具要放在指定的位置，安全稳妥，防止坠落或倒塌伤人。

(三)产品坯料应限量存入

白班存放量为每班加工量的 1.5 倍，夜班存放量为每班加工量的 2.5 倍，但大件存放量不超过当班定额。

(四)工件、物料摆放不得超高

在垛底与垛高之比不超过 12m 的前提下，垛高不超出 2m（单件超高除外），砂箱堆垛不超过 3.5m。堆垛要做到支撑稳妥、堆垛间距合理、便于吊装，滚动物件应设垫块揳牢。

五、地面要求

生产场所地面平坦、清洁是确保物料运输、人员通行和操作安全的必备条件。为此，应该做到以下四点：一是人行道、车行道和宽度要符合规定的要求。二是为生产而设置的深大于 0.2m、宽大于 0.1m 的坑、壕、池应有可靠的防护栏或加装盖板。夜间应有指示照明。三是生产场所工业垃圾、废油、废水及废物应及时清理干净，以避免人员通行或操作时滑倒造成事故。四是产场所地面应平坦、无绊脚物。

第二节 机械加工安全技术操作规程

一、车削

（1）工作前必须束紧服装、套袖，戴好工作帽，严禁戴围巾、手套。

（2）开机前应检查各手柄位置的正确性，应使变换手柄保持在选定位置上。

（3）经常注意机床的润滑情况，机床各摩擦表面要全面定期进行润滑，油位要高于油标线的高度要求。

（4）工作中必须经常从油标中查看输往主轴轴承及床头箱的油是否畅通。

（5）不许在卡盘上、顶尖间及导轨上面敲打校直和修正工件。

（6）用卡盘卡紧工件及部件后，必须将扳手取下，方可开车。

（7）不许将加工工件、工具或其他金属物品放在床身导轨上。

（8）在工作中严禁开车测量工件尺寸，如要测量工件时，必须将车停稳，否则容易发生人身伤害事故和量具损坏。

（9）装卸花盘、卡盘和加工重大工件时，必须在床身面上垫上垫板，以免工件落下损坏机床。

（10）在加工钢件时，冷却液要倾注在产生铁屑的地方；使用锉刀时，应右手在前，左手在后，锉刀一定要安装手把。

（11）机床在加工偏心件时，要加均衡铁，将配重螺丝上紧，并用手扳动两三周，明确无障碍后，方可开车。

（12）切削脆性金属时，事先要擦净导轨面的润滑油，以防止切屑擦坏导轨面。

（13）车削螺纹时，首先检查机床正反车是否灵活，开合螺母手把提起是否可靠，必须注意不要使刀架与车头相撞，以免造成事故。

（14）工作中严禁用手清理铁屑，一定要用清理铁屑的专用工具，以免发生事故。

（15）严禁使用带有铁屑、铁末的脏棉纱揩擦机床，以免划伤机床导轨面。

（16）操作者在工作中禁止离开工作岗位，如需离开，无论时间长短，都应停车，以免发生事故。

二、铣削

（1）工作前必须束紧服装、套袖，戴好工作帽，检查各手柄位置是否适当；工作时严禁戴手套、围巾；高速铣削时应戴防护镜；工作台面应加防护装置，以防铁屑伤人。

（2）开车时，工作台上不得放置工具或其他无关物件，应注意不要使刀具撞击工作台。

（3）使用自动走刀时，应不接通手动操纵手轮，应注意不要使工作台走到丝杠两极端，以免把丝杠撞坏。

（4）铣刀必须夹紧，刀片的套箍一定要清洗干净，以免在夹紧时将刀杆别弯。在取下刀杆或换刀时，必须先松开锁紧螺母。

（5）更换刀杆时，应在刀杆的锥面上涂油，先停车，并将操纵变速机构扳至最低速度挡，然后将刀杆在横梁支架上定位，再锁紧螺母。

（6）变速时必须先停车，停车前先退刀。

（7）工作台与升降台移动前，必须将固定螺丝松开，不需要移动时应将固定螺丝拧紧。

(8)装卸大件、大平口钳及分度头等较重物件需多人搬运时,动作要协调,注意安全,以免发生事故。

（9）使用快速行程时，应将手柄位置对准并注意观察台面运动情况。

（10）装卸工作、测量对刀、紧固心轴螺母、变速及清扫机床时，必须停车进行。

（11）工件必须夹紧，垫铁必须垫平，以免松动发生事故。

（12）在工作中应详细检查安全装置（如限位挡铁）、限位开关是否灵活可靠，否则要给予调整，以免发生事故。

（13）不准使用钝的刀具，也不得采用过大的吃刀深度和进给速度进行加工。

（14）开车时不得用手试摸加工面和刀具，在清除铁屑时，应用刷子，不得用嘴吹或用棉纱擦。

（15）操作者在工作中不准离开工作岗位，如需要离开，无论时间长短都需停车，以免发生事故。

三、刨削

（1）工作前必须束紧服装、套袖，戴好工作帽，严禁戴围巾、手套操作。

（2）刨削前根据工件调试刨削行程，不得在开车时调整。

（3）刨刀须牢固地夹在刀架上，且悬出部分不宜过长。

（4）刨削过程中，一次吃刀量不宜过大，否则会损坏刨刀。当遇到刨削困难时，应立即停车，重新调整刨削深度。

（5）滑枕运动时不得用手触摸刨刀和工件，在刨刀的正面迎头方向不得站人。

（6）刨床上不准存放夹具、量具、工件及刀具等物品。

（7）不得擅自离开工作岗位。

四、磨削

（1）工作前必须束紧服装，戴好套袖、工作帽，严禁戴围巾、手套。

（2）砂轮安装前须经静平衡实验，未通过平衡实验的砂轮严禁使用。必须仔细检查砂轮规格是否符合机床转速要求，严禁使用有缺损或裂纹的砂轮。砂轮安装后应牢固平稳。

（3）启动前必须检查防护罩是否完好紧固，严禁使用没有防护装置的磨床。

（4）砂轮安装后要经过 5 ～ 10min 试运转，启动时不要过急，要点动检查。开车后，空转 1 ～ 2min，待机床及砂轮运转正常后再工作。

（5）磨床各油路系统必须通畅，主轴等转动部位绝不允许在缺乏润滑油的情况下运转。

（6）外圆磨床用顶针装夹时，顶针必须顶在顶针孔内。平面磨床加工高而狭窄或底部接触面积较小的工件时，工件周围必须使用挡铁，而且挡铁高度不得小于工件高度的 2/3，待工件装夹牢固后方可进行加工。

（7）将砂轮引向工件时应非常均匀和小心，避免撞击。

（8）行程定位块的位置必须正确可靠，并经常检查是否松动。

（9）操作者站在砂轮旋转方向的侧面，不得面对砂轮旋转方向。严禁手持工件进行磨削。

（10）砂轮快速行进时，位置必须适当，防止砂轮与工件相碰。

（11）干磨工件时要戴好口罩，湿磨的机床停车时先关闭冷却液，让砂轮空转 1 ～ 2min 进行脱水。

（12）停车时必须先将砂轮退离工件。装卸工件或附件时要小心，不要碰撞砂轮或工作台面。

五、钳工

（1）工作前必须束紧服装、套袖，戴好工作帽，严禁戴围巾、手套。

（2）工作前要认真检查工具是否符合安全检查要求，锤头和锤把要安装牢固，没有楔子不准使用，严禁使用无柄锉刀、铲刀、刮刀等。锤头和扁铲上不得有飞边、毛刺、碎顶，扳手要符合螺钉、螺母尺寸。

（3）虎钳夹持工件要牢靠，锤击、錾削时要注意周围环境，根据工作场所情况在工作前放安全网。锉削时锉刀在工件上不能推拉到两端。

（4）钳台上放置工件、工具等要放稳，不准露出台边，以防掉落伤人。

（5）禁止在扳手口内填加垫铁，不得任意接长扳手，装配时禁止手指伸进孔内，以防挤伤。

（6）平台要保持洁净，搬动时要防止平面滑伤，保持平台工作面的精度。

（7）划针用完后，划针要直立放置，针尖向下，以防伤人。

（8）使用手锯割料时，不可用力重压或扭转锯条。材料将断时，应轻轻锯割。

（9）铰孔或攻丝时，不要用力过猛，以免折断铰刀或丝锥。

（10）刮研时工件要轻拿轻放，刮研表面必须保持清洁。研磨时不要用力过猛，推拉时不得过长。

（11）拆修机器时，要切断电源，并在电闸上挂上“有人工作”的牌子，必要时可由专人看管电闸。

（12）只准用 36V 工作灯，禁止用高压手灯。

六、钻削

（1）工作前必须束紧服装、套袖，戴好工作帽，严禁戴围巾、手套。

（2）钻前工件一定要压紧工件（除钻小孔时用手能握紧的工作和在较大工件上钻小孔外），孔将钻穿时，必须减少进给量，以防轴向力突然减少使进给量增大，发生工件甩出事故。

（3）钻孔前，工作台面上不准放置刀具、量具及其他物品。钻通孔时要在工件下面垫上垫块或使钻头对准工件台的 T 形槽，以免损坏工作台。

（4）开动钻床前，应检查是否有钻夹头钥匙或斜铁插在钻床主轴上，停车后松紧钻夹头时必须用钥匙，不可敲打，钻头从钻套或主轴中退出时要用斜铁敲出。

（5）钻孔时不能用棉纱清除切屑或用嘴吹切屑，必须用钢丝刷清除；钻出长条卷屑时，要用铁钩钩断后除去。

（6）钻削过程中，操作者头不准与旋转的主轴靠得太近。

（7）停车时应让主轴自然停止，不可用手制动，也不能开倒车反转制动，以免发生机损人伤事故。

（8）变速前必须先停车，清扫钻床或加注润滑油时，必须关闭电动机。

（9）用钻床铰孔时，绝对不可倒转，否则铰刀和孔壁之间容易挤住刀屑，造成孔壁划伤或刀刃崩裂。

第三节 金属切削机床

切削加工是将金属毛坯加工成具有一定形状、尺寸和一定表面质量的零件的主要加工方法。金属切削机床（以下简称机床）是用切削的方法将金属毛坯加工成机器零件的设备，是制造机器的机器，所以又称工作母机或工具机。

一、金属切削机床的分类

机床的品种规格繁多，为便于区别、使用和管理，必须加以分类。对机床的分类方法有以下几种。

（一）按加工性质分类

根据我国机床的型号编制方法，目前将机床分为车床、钻床、镗床、特种加工机床等12类。在每一类机床中，又按加工工艺范围、布局形式和机构等的不同，分为10组，每一个组又分若干系。

（二）按通用性程度分类

可分为通用（万能）机床、专门化机床和专用机床。

1. 通用机床

可用于加工多种零件的不同工序，加工范围较广，通用性较大，但结构比较复杂。这种机床主要适用于单件、小批生产。

2. 专门化机床

加工工艺范围较窄，专门用于加工某一类或几类零件的某一道（或几道）特定工序。

3. 专用机床

加工工艺范围最窄，只能用于加工某一种零件的某一道特定工序，适用于大批量生产。

（三）按工作精度分类

可分为普通机床、精密机床和高精度机床。

(四)按重量和尺寸分类

可分为仪表机床、中型机床、大型机床、重型机床和超重型机床。

(五)按自动化程度分类

可分为手动机床、机动机床、半自动机床和自动机床。

(六)按主要工作部件的数目分类

可分为单轴机床、多轴机床、单刀机床和多刀机床。

通常，机床根据加工性质进行分类，再根据其某些特点进一步描述，如多刀半自动车床、高精度外圆磨床等。

二、机床型号的编制

机床的型号是机床产品的代号，用以简明地表示机床的类型、主要技术参数、性能和结构特点等。

机床类代号用大写汉语拼音声母第一个字母表示，具体见表 2-1。在机床的各分类中磨床有三个分类，分别为 M、2M、3M，其他类机床无分类。

表 2-1 机床类代号

类别	车床	钻床	镗床	磨床			齿轮加工机床	螺纹加工机床	铣床	刨插床	拉床	特种加工机床	锯床	其他机床
代号	C	Z	T	M	2M	3M	Y	S	X	B	L	D	G	Q
读音	车	钻	镗	磨	2 磨	3 磨	牙	丝	铣	刨	拉	电	割	其

机床的组别和系别代号用两位数字表示，每类机床按其结构性能和使用范围分为 10 组，用数字“0 ～ 9”表示，每组机床又分若干系，也用数字“0 ～ 9”表示，系的划分原则是：主参数相同，并按一定公比排列，工件和刀具的相对运动特点基本相同，且基本结构及布局形式相同的，分为同一系。

通用特性代号表示机床所具有的特殊性能，包括通用特性和结构特性，当某机床除有普通型外，还具有如表 2-2 所示的通用特性时，则在类代号之后加上相应的特性代号，如“CK”表示数控车床。当同时具有两种通用特性时，则可以用两个代号同时表示，如“MBG”为半自动高精度磨床。如果某类机床仅有某种通用特性，无普通型者，则通用特性不标，如 C1107 型单轴纵切自动车床，它没有非自动型，所以自动“Z”不标。

表 2-2 机床通用特性代号

通用特性	高精度	精密	自动	半自动	数控	加工中心	仿形	轻型	加重型	简式或经济型	柔性加工单元	数显	高速
代号	G	M	Z	B	K	H	F	Q	C	J	R	X	S
读音	高	密	自	半	控	换	仿	轻	重	简	柔	显	速

为了区分主参数相同而结构不同的机床，在型号中用结构特征代号表示。结构特征代号字母是根据各类机床的情况分别规定的，在不同类型的机床中意义不同。国家标准未对其作规定，能用做结构特性代号的字母有 A、D、E、L、N、P、R、S、T、U、V、W、X、Y，也可将上述字母中的两个组合来使用，如“AD”“AE”等。

（一）机床主参数和设计顺序号

机床型号中的主参数用折算值表示，位于组系代号之后。当折算值大于 1 时，取整数，前面不加“0”，当折算值小于 1 时，则以主参数值表示，并在前面加“0”。主参数的计算单位，尺寸单位为 mm；拉力单位为 kN；功率单位为 W；转矩单位为 N·m。

对于某些通用机床，当无法用一个主参数表示时，可在型号中用设计顺序号表示。设计顺序号由 1 开始，当设计顺序号小于 10 时，在设计顺序号之前加“0”。

（二）主轴数和第二主参数的表示方法

对于多轴机床应将其主轴数以实际数值列入型号，置于主参数之后，用“×”分开。

当机床的最大工件在长度、最大切削长度、工作台面长度、最大跨距等以长度单位表示的第二主参数的范围内变化时，将引起机床结构、性能发生较大变化，为了区分，可将第二主参数列入型号。凡属长度（包括跨距、行程等）的，采用“1/100”折算系数；凡属直径、深度、宽度的，则采用“1/10”的折算系数；如以厚度、模数作为第二主参数的则以实际数值列入型号。

（三）机床的重大改进顺序号

当机床的机构、性能有重大改进和提高，并按新产品重新设计、试制和鉴定时，按改进的先后顺序选用 A、B、C…汉语拼音字母加在基本部分的尾部，以区别原机床型号。

（四）其他特性代号

其他特性代号置于辅助部分之首。其中，同一型号的变型代号，一般应放在其他特性代号之首位。

其他特性代号主要用以反映各类机床的特性，如对于数控机床，可用来反映不同的控制系统；对于加工中心，可用来反映控制系统、自动交换主轴头、自动交换工作台等；对于一般机床可以反映同一型号机床的变型等。

其他特性代号可用汉语拼音字母表示（I、O 除外），也可将两个字母组合，也可用阿拉伯数字表示，还可以用数字与字母组合表示。

（五）企业代号及其表示法

企业代号包括机床生产厂及机床研究所单位代号，置于辅助部分尾部，用“—”分开，若辅助部分仅有企业代号，则可不加“—”。

第四节 机械加工刀具基础知识

一、刀具的相关概念

在机械加工过程中，刀具直接参与切削过程，从工件上切除多余的金属层，获得所需的工件表面。刀具种类繁多，形状各异。但就刀具切削部分而言，均可看作车刀的演变，因此车刀是最基本的切削刀具。

下面以车刀为例，介绍刀具的相关知识。

刀具由刀柄和刀体组成。刀具的夹持部分为刀柄；刀具上夹持或焊接刀条、刀片的部分，或由它形成切削刃的部分为刀体。刀体是刀具的切削部分，它由“三面两刃一尖”（即前刀面、主后刀面、副后刀面、主切削刃、副切削刃、刀尖）组成。根据刀柄与刀体连接的结构形式不同，刀具可分为整体刀具、焊接刀具、机夹刀具、可转位刀具和成形刀具。

在刀杆（一般用 45 钢制造）上焊接一块具有一定形状的硬质合金刀片而制成的刀具叫焊接式刀具。焊接刀具结构简单、紧凑、刚性好，可根据加工条件刃磨出合适的几何参数，故应用很普遍，但经过高温焊接，硬质合金刀片易产生热应力，严重时会出现裂纹，使硬质合金刀片的切削性能下降，对提高生产率不利。另外，当刀片用完或崩坏后刀杆也不能再用，造成很大浪费。

硬质合金刀片也可不焊接，而用机械夹固的方式压在刀杆上，制成机夹刀具。机夹刀具的刀片磨损后可进行重磨，刀片的利用率较高。此外，它还有下列几个特点。

（1）排除了刀片因焊接而产生裂纹的可能性。

（2）刀杆可重复使用，节省制造刀杆的钢材。

（3）可减少换刀时间，且刀具管理简便。

（4）机夹刀具的结构比较复杂，所以应用范围受到限制。

不论焊接或不焊接，这种刀片一般只使用一个刀尖，这是与可转位刀片的重要区别。

成形车刀又称为样板刀，是一种专用刀具，其刃形是根据工件要求的廓形设计的，主要用在普通车床、六角车床、半自动及自动车床上加工回转体内外成形表面。

刀体各组成部分的定义如下。

（1）前刀面——切屑沿其流出的表面。

（2）主后刀面——与工件过渡表面相对的面。

（3）副后刀面——与工件已加工表面相对的面。

（4）主切削刃——前刀面与主后刀面相交形成的刀刃。

（5）副切削刃——前刀面与副后刀面相交形成的刀刃。

（6）刀尖——主、副切削交会的一小段切削刃。

为了提高刀尖的强度和耐磨性，往往将刀尖磨成弧形或直线形的过渡刃。

刀具按工件加工表面的形式可分为以下四类。

（1）加工各种外表面的刀具，包括车刀、刨刀、铣刀、外表面拉刀和锉刀等。

（2）孔加工刀具，包括钻头、扩孔钻、镗刀、铰刀和内表面拉刀等；螺纹加工工具，包括丝锥、板牙、自动开合螺纹切头、螺纹车刀和螺纹铣刀等。

（3）齿轮加工刀具，包括滚刀、插齿刀、剃齿刀、锥齿轮加工刀具等。

（4）切断刀具，包括镶齿圆锯片、带锯、弓锯、切断车刀和锯片铣刀等。

刀具材料大致分如下几类：高速钢、硬质合金、金属陶瓷、陶瓷、聚晶立方氮化硼以及聚晶金刚石。由于机械相关信息零件的材质、形状、技术要求和加工工艺的多样性，客观上要求进行加工的刀具具有不同的结构和切削性能。

二、加工条件

选择适当的加工条件对于刀具的寿命有相当大的影响。

（1）切削方式（顺铣和逆铣），顺铣时的切削振动小于逆铣的切削振动。顺铣时的刀具切入厚度从最大减小到零，刀具切入工件后不会出现因切不下切屑而造成的弹刀现象，工艺系统的刚性好，切削振动小；逆铣时，刀具的切入厚度从零增加到最大，刀具切入初期因切削厚度小将在工件表面划擦一段路径，此时刃口如果遇到石墨材料中的硬质点或残留在工件表面的切屑颗粒，都将引起刀具的弹刀或颤振，因此逆铣的切削振动大。

（2）吹气（或吸尘）和浸渍电火花液加工，及时清理工件表面的石墨粉尘，有利于减小刀具二次磨损，延长刀具的使用寿命，减少石墨粉尘对机床丝杠和导轨的影响。

（3）选择合适的高转速及相应的大进给量。

综述以上几点，刀具的材料、几何角度、涂层、刃口的强化及机械加工条件，在刀具的使用寿命中扮演着不同的角色，是缺一不可，相辅相成的。一把好的石墨刀具，应具备流畅的石墨粉排屑槽、长的使用寿命、能够深雕刻加工、能节约加工成本。

三、加工原理

滚压刀能在常温下利用金属的塑性变形，使工件表面的微观不平度碾平从而达到改变表层结构、机械特性、形状和尺寸的目的。因此这种方法可同时达到光整加工及强化两种目的，是磨削、车削无法做到的。无论用何种金属加工刀具加工，在零件表面总会留下微细的凸凹不平的刀痕，出现交错起伏的峰谷现象，一定的压力，使工件表层金属产生塑性流动，填入原始残留的低凹波谷中，而使工件表面粗糙值降低。由于被滚压的表层金属塑性变形，使表层组织冷硬化和晶粒变细，形成致密的纤维状，并形成残余应力层，硬度和强度提高，从而改善了工件表面的耐磨性、耐蚀性和配合性。滚压是一种无切削的塑性加工方法。

第五节　刀具几何参数、刀具材料及典型表面加工刀具

一、刀具几何参数

（一）正交平面参考系

刀具几何角度是确定刀具切削部分几何形状的重要参数，其变化直接影响金属加工的质量。

刀具的几何角度是在一定的平面参考系中确定的，一般有正交平面参考系、法平面参考系和假定工作平面参考系。

（二）刀具的标注角度

这里所讲刀具的几何角度是在正交平面参考系里确定，是刀具工作图上标注的角度，亦称标注角度。

（三）刀具的工作角度

刀具在工作状态下的切削角度称为刀具的工作角度。刀具的工作角度是在刀具工作参考系下确定的。如工作正交参考系下的参考平面如下。

工作基面——过切削刃选定点与合成切削速度垂直的平面。

工作切削平面——过切削刃选定点与切削刃相切并垂直于工作基面的平面。

工作正交平面——过切削刃选定点并与工作基面和工作正交面都垂直的平面。

（四）刀具几何参数的合理选择

刀具几何参数的合理选择是指在保证加工质量的前提下，选择能提高切削效率，降低生产成本，获得最高刀具耐用度的刀具几何参数。

刀具几何参数包括刀具几何角度（如前角、后角、主偏角等）、刀面形式（如平面前刀面、倒棱前刀面等）和切削刃形状（直线形、圆弧形）等。

选择刀具考虑的因素很多，主要有工件材料、刀具材料、切削用量、工艺系统刚性等工艺条件以及机床功率。要合理选择刀具几何参数，必须在生产实践中不断摸索、总结、提炼。下面介绍在一定切削条件下的基本选择方法。

1. 前角的选择

刀具前角是一个重要的刀具几何参数。在选择刀具前角时，首先应保证刀刃锋利，同时也要兼顾刀刃的强度与耐用度。但两者又是一对矛盾，需要根据生产现场的条件，考虑各种因素，以达到一平衡点。

刀具前角增大，刀刃变锋利，可以减小切削的变形，减小切屑流出前刀面的摩擦阻力，从而减小切削力和切削功率，切削时产生的热量也减小，提高刀具耐用度。但由于刀刃锋利，刃角过小，刀刃的强度也自然会降低。当刀具前角增大到一定程度时，刀体散热体积减小，这种因素变大时，又将使切削温度升高，刀具耐用度降低。刀具前角的合理选择，主要由刀具材料和工件材料的种类与性质决定。

（1）前角刀具材料

由于刀具前角增大，将降低刀刃强度，因此，在选择刀具前角时，应考虑刀具材料的性质。刀具材料的不同，其强度和韧性也不同，强度和韧性大的刀具材料可以选择大的前角，而脆性大的刀具甚至取负的前角。如高速钢前角可比硬质合金刀具大5°～10°；陶瓷刀具，前角常取负值，其值一般在-15°～0°。

（2）工件材料

工件材料的性质也是前角选择考虑的因素之一。加工钢件等塑性材料时，切屑沿前刀面流出时和前刀面接触长度长，压力与摩擦较大，为减小变形和摩擦，一般选择大的前角。

加工脆性材料时，切屑为崩碎切屑，切屑与前刀面接触短，切削力主要集中在切削刃附近，受冲击时易产生崩刃，因此，刀具前角相对塑性材料取得小些或取负值，以提高刀刃的强度。如加工灰铸铁，取较小的正前角。加工淬火钢或冷硬铸铁等高硬度的难加工材料时，宜取负前角。一般用正前角的硬质合金刀具加工淬火钢时，会发生崩刃。

（3）前角加工条件

刀具前角选择与加工条件也有关系。粗加工时，因加工余量大，切削力大，一般取较小的前角；精加工时，宜取较大的前角，以减小工件变形与表面粗糙度；带有冲击性的断续切削比连续切削前角小。机床工艺系统好，功率大，可以取较大的前角。但用数控机床加工时，为使切削性能稳定，宜取较小的前角。

（4）其他刀具参数

前角的选择还与刀具其他参数和刀面形状有关系，特别是与刃倾角有关。如负倒棱的刀具可以取较大的前角。大前角的刀具常与负刃倾角相匹配，以保证切削刃的强度与抗冲击能力。一些先进的刀具就是针对某种加工条件而改进设计的。

总之，前角选择的原则是在满足刀具耐用度的前提下，尽量选取较大前角。

2. 前刀面形状、刃区形状及其参数的选择

（1）前刀面形状

前刀面形状的合理选择，对防止刀具崩刃、提高刀具耐用度和切削效率、降低生产成本都有重要意义。

正前角锋刃平面型特点是刃口较锋利，但强度差。主要用于高速钢刀具，精加工铸铁、青铜等脆性材料。

带倒棱的正前角平面型特点是切削刃强度及抗冲击能力强，同样条件下可以采用较大的前角，提高了刀具耐用度。主要用于硬质合金刀具和陶瓷刀具，加工铸铁等脆性材料。

负前角平面型特点是切削刃强度较好，但刀刃较钝，切削变形大。主要用于硬脆刀具材料，加工高强度高硬度材料，如淬火钢。

曲面型特点是有利于排屑、卷屑和断屑，而且前角较大，切削变形小，所受切削力也较小。在钻头、铣刀、拉刀等刀具上都有曲面前面。

钝圆切削刃型特点是切削刃强度和抗冲击能力增加，具有一定的消振作用。适用于陶瓷等脆性材料。

（2）刃区形状

以上可以看出，为了提高刀具性能，一些前刀面与倒棱和刃部形状相结合。

倒棱是提高刀刃强度的有效措施。倒棱是沿切削刃研磨出很窄的负前角棱面。当倒棱选择合理时，棱面将形成滞留金属三角区。切屑仍沿正前角面流出，切削力增大不明显，而切削刃加强并受到三角区滞留金属的保护，同时散热条件改善，刀具寿命明显延长。特别对于硬质合金和陶瓷等脆性刀具，粗加工时，效果更显著，可提高刀具耐用度1～5倍。另外，倒棱也使切削力的方向发生了变化，在一定程度上改善刀片的受力状况，减小对切削刃产生的弯曲应力分量，从而提高刀具耐用度。

倒棱参数的最佳值与进给量有密切关系。对于进给量很小的精加工刀具，为使切削刃锋利和减小刀刃钝圆半径，一般不磨倒棱。加工铸铁、铜合金等脆性材料的刀具，一般也不磨倒棱。

钝圆切削刃是在负倒棱的基础上进一步修磨而成，或直接钝化处理而成。切削刃钝圆半径比锋刃增大了一定的值，在切削刃强度方面获得与负倒棱一样的效果，但比负倒棱更有利于消除刃区微小裂纹，使刀具获得较高耐用度。而且刃部钝圆对加工表面有一定的整轧和消振作用，有利于提高加工表面的质量。

钝圆半径 r_n，有小型（r_n =0.025～0.05mm）、中型（r_n =0.05～0.1mm）和大型（r_n =0.1～0.15mm）三种。需要根据刀具材料、工件材料和切削条件三方面选择。

刀具材料强度和韧性影响钝圆半径选择。高速钢刀具一般采用正前角锋刃或小型切削刃，陶瓷刀片一般要求负倒棱且带大型钝圆切削刃。WC 基硬质合金刀具一般采用中型钝圆刀刃。TiC 基硬质合金刀具在中型与大型之间。

工件材料的性质也影响钝圆半径的选择。易切削金属的加工，一般采用锋刃或小型钝圆半径；切削灰铸铁和球墨铸铁等材质分布不均而容易产生冲击的加工材料，通常采用中型钝圆半径刀具加工；切削高硬度合金材料，一般采用中型或大型钝圆半径刀具加工。

3. 后角及后面形状的选择

（1）后角的选择

后角的作用是减少刀具与工件之间的摩擦和刀具磨损。后角越大，刃口就越锋利，从而减少主后刀面与工件摩擦；但后角过大，刀刃强度下降，散热条件差，磨损反而增大。

后角的选择主要考虑因素是切削厚度和工件材料。

（2）后面形状的选择

为减少刃磨后面的工作量，提高刃磨质量，在硬质合金刀具和陶瓷刀具上通常把后面做成双重后面。沿主切削刃和副切削刃磨出的窄棱面被称为刃带。对定尺寸刀具磨出刃带的作用是在制造刃磨刀具时有利于控制和保持尺寸精度，同时在切削时提高切削的平稳性和减小振动。一般刃带宽在 0.1 ～ 0.3mm 范围，超过一定值将增大摩擦，降低表面加工质量。

4. 刀尖形状的选择

主切削刃与负切削刃连接的地方称为刀尖。该处是刀具强度和散热条件都很差的地方。切削过程中，刀尖切削温度较高，非常容易磨损，因此，增强刀尖可以提高刀具耐用度。刀尖对已加工表面粗糙度有很大影响。

二、刀具材料

因为在金属切削加工中，刀具切削部分起主要作用，所以刀具材料一般指刀具切削部分材料。刀具材料决定了刀具的切削性能，直接影响加工效率、刀具耐用度和加工成本，刀具材料的合理选择是切削加工工艺一项重要内容。

（一）刀具材料的基本要求

金属加工时，刀具受到很大切削压力、摩擦力和冲击力，产生很高的切削温度，刀具在这种高温、高压和剧烈的摩擦环境下工作，刀具材料须满足一些基本要求。

1. 高硬度

刀具是从工件上去除材料，所以刀具材料的硬度必须高于工件材料的硬度。刀具材料最低硬度应在 60HRC 以上。在室温条件下，碳素工具钢硬度应在 62HRC 以上，高速钢硬度为 63 ～ 70HRC，硬质合金刀具硬度为 89 ～ 93HRC。

2. 高强度与强韧性

刀具材料在切削时受到很大的切削力与冲击力，如车削 45 钢，在背吃刀量 a_p =4mm，进给量 f =0.5mm/r 的条件下，刀片所承受的切削力达到 4000N。可见，刀具材料必须具有较高的强度和较强的韧性。一般刀具材料的韧性用冲击韧度 a_K 表示，反映刀具材料抗脆性和崩刃能力。

3. 较强的耐磨性和耐热性

刀具耐磨性是刀具抵抗磨损能力。一般刀具硬度越高，耐磨性越好。刀具金相组织中硬质点（如碳化物、氮化物等）越多，颗粒越小，分布越均匀，则刀具耐磨性越好。

刀具材料耐热性是衡量刀具切削性能的主要标志，通常用高温下保持高硬度的性能来衡量，也称热硬性。刀具材料高温硬度越高，则耐热性越好，在高温抗塑性变形能力、抗磨损能力越强。

4. 优良导热性

刀具导热性好，表示切削产生的热量容易传导出去，降低了刀具切削部分温度，减少刀具磨损。另外，刀具材料导热性好，其抗耐热冲击和抗热裂纹性能也强。

5. 良好的工艺性与经济性

刀具不但要有良好的切削性能，本身还应该易于制造，这要求刀具材料有较好的工艺性，如锻造、热处理、焊接、磨削、高温塑性变形等功能。此外，经济性也是刀具材料的重要指标之一，选择刀具时，要考虑经济效果，以降低生产成本。

（二）刀具材料的分类

当前所使用的刀具材料有许多，不过应用最多的还是工具钢（碳素工具钢、合金工具钢、高速钢）和硬质合金类普通刀具材料，以下对这些普通刀具材料分别介绍。

1. 高速钢

高速钢是一种含有钨、钼、铬、钒等合金元素较多的工具钢。高速钢具有良好的热稳定性，在 500 ～ 600℃的高温仍能切削，与碳素工具钢、合金工具钢相比较，切削速度提高 1 ～ 3 倍，刀具耐用度提高 10 ～ 40 倍。高速钢具有较高强度和韧性，如抗弯强度为一般硬质合金的 2 ～ 3 倍、陶瓷的 5 ～ 6 倍，且具有一定的硬度（63 ～ 70HRC）和耐磨性。

（1）普通高速钢

普通高速钢分为两种，钨系高速钢和钨钼系高速钢。

①钨系高速钢。这类钢的典型钢种为 W18Cr4V（以下简称 W18），它是应用最普遍的一种高速钢。这种钢磨削性能和综合性能好，通用性强。常温硬度 63 ～ 66HRC，600℃高温硬度 48.5HRC 左右。此类钢的缺点是碳化物分布常不均匀，强度与韧性不够强，热塑性差，不宜制造成大截面刀具。

②钨钼系高速钢。钨钼系高速钢是将一部分钨用钼代替所制成的钢。典型钢种为 W6Mo5Cr4V2（以下简称 M2）。此种钢的优点是减小了碳化物数量及分布的不均匀性，与 W18 钢相比 M2 抗弯强度提高 17%，抗冲击韧度提高 40% 以上，而且大截面刀具也具有同样的强度和韧性，它的性能也较好。此钢的缺点是高温切削性能与 W18 相比稍差。我国生产的另一种钨钼系高速钢为 W9Mo5Cr4V2（简称 W9），它的抗弯强度和冲击韧性都高于 M2，而且热塑性、刀具耐用度、磨削加工性和热处理时脱碳倾向性都比 M2 有所提高。

（2）高性能高速钢

此钢是在普通高速钢中增加碳、钒含量并添加钴、铝等合金元素而形成的新钢种。此类钢的优点是具有较强的耐热性，在 630 ～ 650℃高温下，仍可保持 60HRC 的高硬度，而且刀具耐用度是普通高速钢的 1.5 ～ 3 倍。它适合加工奥氏体不锈钢、高温合金、钛合金、超高强度钢等难加工材料。此类钢的缺点是强度和韧性较普通高速钢低，高钒高速钢磨削加工性差。典型的钢种有高碳高速钢 9W6Mo5Cr4V2、高钒高速钢 W6Mo5Cr4V3、钴高速钢 W6Mo5Cr4V2Co5 及超硬高速钢 W2Mo9Cr4VCo8、W6Mo5Cr4V2A1 等。

2. 硬质合金

硬质合金是由难熔金属碳化物（如 TiC、WC、NbC 等）和金属黏结剂（如 Co、Ni 等）经粉末冶金方法制成。

（1）硬质合金的性能特点

硬质合金中高熔点、高硬度碳化物含量高，因此硬质合金常温硬度很高，达到 78 ～ 82HRC，热熔性好，热硬性可达 800 ～ 1000℃，切削速度比高速钢提高 4 ～ 7 倍。

硬质合金缺点是脆性大，抗弯强度和抗冲击韧性不强。抗弯强度只有高速钢的 1/3 ～ 1/2，冲击韧性只有高速钢的 1/4 ～ 1/35。

硬质合金力学性能主要由组成硬质合金碳化物的种类、数量、粉末颗粒的粗细和黏结剂的含量决定。碳化物的硬度和熔点越高，硬质合金的热硬性也越好。黏结剂含量大，则强度和韧性好。而黏结剂含量一定，碳化物粉末越细，硬度越高。

（2）普通硬质合金的种类、牌号及适用范围

国产普通硬质合金按其化学成分的不同，可分为四类。

①钨钴类（WC+Co），合金代号为 YG，对应于国标 K 类。此合金钴含量越高，韧性越好，适于粗加工，钴含量低，适于精加工。

②钨钛钴类（WC+TiC+Co），合金代号为 YT，对应于国标 P 类。此类合金有较高的硬度和耐热性，主要用于加工切屑呈带状的钢件等塑性材料。合金中 TiC 含量高，则耐磨性和耐热性提高，但强度降低。因此粗加工一般选择 TiC 含量少的牌号，精加工选择 TiC 含量多的牌号。

③钨钛钽（铌）钴类［WC+TiC+TaC（Nb）+Co］，合金代号为 YW，对应于国标 M 类。此类硬质合金不但适用于加工冷硬铸铁、有色金属及合金半精加工，也能用于高锰钢、淬火钢、合金钢及耐热合金钢的半精加工和精加工。

④碳化钛基类（WC+TiC+Ni+Mo）。合金代号 YN，对应于国标 P01 类。一般用于精加工和半精加工，对于大长零件且加工精度较高的零件尤其适合，但不适于有冲击载荷

的粗加工和低速切削。

（3）超细晶粒硬质合金

超细晶粒硬质合金多用于 YG 类合金，它的硬度和耐磨性得到较大提高，抗弯强度和冲击韧度也得到提高，已接近高速钢。适合做小尺寸铣刀、钻头等，并可用于加工高硬度难加工材料。

3. 特殊刀具材料

（1）陶瓷刀具

陶瓷刀具材料的主要由硬度和熔点都很高的 Al_2O_3、Si_2N_4 等氧化物、氮化物组成，另外还有少量的金属碳化物、氧化物等添加剂，通过粉末冶金工艺方法制粉，再压制烧结而成。常用的陶瓷刀具有两种：Al_2O_3 基陶瓷和 Si_3N_4 基陶瓷。

陶瓷刀具具有以下优点：有很高的硬度和耐磨性，硬度达 91 ～ 95HRA，耐磨性是硬质合金的 5 倍；刀具寿命比硬质合金长；具有很好的热硬性，当切削温度 760℃时，具有 87HRA（相当于 66HRC）硬度，温度达 120℃时，仍能保持 80HRA 的硬度；摩擦因数低，切削力比硬质合金小，用该类刀具加工时能提高表面光洁度。

陶瓷刀具缺点是强度和韧性差，热导率低。陶瓷最大缺点是脆性大，抗冲击性能很差。

此类刀具一般用于高速精细加工硬材料。

（2）金刚石刀具

金刚石是碳的同素异构体，具有极高的硬度。现用的金刚石刀具有三类：天然金刚石刀具、人造聚晶金刚石刀具和复合聚晶金刚石刀具。

金刚石刀具具有如下优点：极高的硬度和耐磨性，人造金刚石硬度达 10000HV，耐磨性是硬质合金的 60 ～ 80 倍；切削刃锋利，能实现超精密微量加工和镜面加工；很高的导热性。

金刚石刀具缺点是耐热性差，强度低，脆性大，对振动很敏感。

此类刀具主要用于高速条件下精细加工有色金属及其合金和非金属材料。

（3）立方氮化硼刀具

立方氮化硼（以下简称 CBN）是由六方氮化硼为原料在高温高压下合成的。

CBN 刀具的主要优点是硬度高，硬度仅次于金刚石，热稳定性好，较高的导热性和较小的摩擦因数。缺点是强度和韧性较差，抗弯强度仅为陶瓷刀具的 1/5 ～ 1/2。

CBN 刀具适用于加工高硬度淬火钢、冷硬铸铁和高温合金材料。它不宜加工塑性大的钢件和镍基合金，也不适合加工铝合金和铜合金，通常采用负前角的高速切削。

（4）涂层刀具

涂层刀具是在韧性较好的硬质合金基体上或高速钢刀具基体上，涂覆一层耐磨性较高的难熔金属化合物而制成。

常用的涂层材料有 TiC、TiN、Al_2O_3 等。TiC 的硬度比 TiN 高，抗磨损性能好。不过 TiN 与金属亲和力小，在空气中抗氧化能力强。因此，对于磨擦剧烈的刀具，宜采用 TiC 涂层，而在容易产生黏结条件下，宜采用 TiN 涂层刀具。

涂层可以采用单涂层和复合涂层，如 TiC-TiN、TiC-Al_2O_3、TiC-TiN-Al_2O_3 等。涂层厚度一般在 5 ～ 8μm，它具有比基体高得多的硬度，表层硬度可达 2500 ～ 4200HV。

涂层刀具具有高的抗氧化性能和抗黏结性能，因此具有较高的耐磨性。涂层摩擦因数较低，可降低切削时的切削力和切削温度，提高刀具耐用度，高速钢基体涂层刀具耐用度可提高 2 ～ 10 倍，硬质合金基体刀具提高 1 ～ 3 倍。加工材料硬度愈高，涂层刀具效果愈好。

涂层刀具主要用于车削、铣削等加工，由于成本较高，还不能完全取代未涂层刀具的使用。硬质合金涂层刀具在涂覆后强度和韧性都有所降低，不适合受力大和冲击大的粗加工，也不适合高硬材料的加工。涂层刀具经过钝化处理，切削刃锋利程度减小，不适合进给量很小的精密切削。

三、典型表面加工刀具

（一）外圆表面加工刀具（车刀）

1. 车刀的种类

车刀可用于各种车床上。它可用来加工外圆、内孔、端面、螺纹，也用于切槽和切断等。外圆车刀可分直头和弯头两种，用于加工外圆柱面和外圆锥面。弯头车刀能车外圆、端面和倒角，通用性较好，但刀杆制造时比直头的麻烦。

外圆车刀又可分为粗车刀、精车刀和宽刃光刀。精车刀的刀尖圆弧半径较大，可使工件表面上的残留面积高度减小。

当外圆车刀的主偏角为 90° 时，又称为 90° 偏刀。它可用于车削阶梯轴、端面及刚度低的细长轴。

端面车刀用于车削端面，它工作时是横向进给。

内孔车刀用于车削内孔，有时也可称为镗孔刀。它的结构尺寸受到被加工孔的直径和长度的限制。当孔径小而轴向尺寸较大时，内孔刀必然伸出较长而刀杆截面尺寸也较小。这样，内孔刀刚度低，容易产生振动，且仅能承受较小的切削力。加工大孔时，为了减少刀具材料的消耗，可采用专用刀杆，在其上用螺钉夹固尺寸较小的刀头。

切断刀用于切下已加工好的工件，也可以切断某一长度的棒料，为下一道工序准备好长度一致的工件（毛坯）。切断刀的切削部分较窄，强度小，在排屑不好时极易折断，所以要特别注意其刃形、结构尺寸及几何参数的合理选择。

切槽刀用于车削沟槽，其外形和切断刀相似，刀头宽度和长度应根据沟槽尺寸而定。

根据结构形式的不同，车刀一般可分为：整体车刀、焊接式车刀、机械夹固式车刀和可转位刀片式车刀。

（1）整体车刀

整体车刀主要用于高速钢材料，截面多为正方形和矩形，俗称“白钢刀条”，使用时根据不同用途修磨成各种角度和形式。

（2）焊接式车刀

在刀杆（一般用 45 钢制造）上焊一块具有一定形状的硬质合金刀片制成的车刀叫焊接式车刀。它结构简单、紧凑、刚性好，可根据加工条件刃磨出合适的几何参数，故应用很普遍。但经过高温焊接，硬质合金刀片易产生热应力，严重时会出现裂纹，使硬质合金的切削性能下降，对提高生产率不利，另外，当刀片用完或崩坏后刀杆也不能再用，造成很大浪费。

焊接式车力质量的好坏，不仅与刀片材料厂的牌号、刀具的几何参数有关，还与刀片型号的选择、刀柄形状等有密切关系。

为了使硬质合金刀片与刀柄焊接牢固，在刀柄头部必须开出各种形状的刀槽来安装刀片，进行焊接槽。刀槽形状常用的有开口式、半封闭式、封闭式和切口式四种。开口式制造简单，焊接面积小、焊接应力也较小，适应于 C 型刀片。半封闭式焊接牢固，但焊接应力大，适用于 A、B 型刀片。封闭式焊接牢固，焊接应力大，刀槽制造困难，适应于 E 型刀片。切口式焊接牢固、刀槽制造困难，适应于 D 型刀片。

（3）机械夹固式车刀

机械夹固式车刀的刀片磨损后可进行重磨，刀片的利用率较高。此外，它还有下列几个特点。

①排除了刀片因焊接而产生裂纹的可能性。

②刀杆可重复使用，节省制造刀杆的钢材。

③可减少换刀时间，且刀具管理简便。

④机械夹固式车刀的结构比较复杂，所以应用范围受到限制。

机械夹固式车刀的刀片夹固方式很多，常用的有上压式、侧压式和切削力夹固式。

①上压式结构车刀，采用螺钉和压板从上面压紧刀片，通过调节螺钉来调节刀片位置。特点：结构简单，夹固牢靠，使用方便，刀片平装，用钝后重磨后面。上压式是加工中应用最多的一种。

②侧压式结构车刀，这种形式一般多利用刀片本身的斜面，由楔块和螺钉从刀片侧面来夹紧刀片。特点：刀片竖装，对刀槽制造精度的要求可适当降低，刀片用钝后重磨前面。

③切削力夹固式机械夹固式车刀，这种形式通常是指切削力自锁车刀，它是利用车刀车削过程中的切削力，将刀片夹紧在斜槽中。特点：结构简单，使用方便，但要求刀槽与刀片紧密配合，切削时无冲击振动。

（4）可转位刀片式车刀

将可转位刀片用机械夹固的方法装在刀杆上的车刀称为可转位刀片式车刀。可转位刀片为多边形（或圆形），有数个刀刃，当一个刀刃磨损后，只需将刀片转位就可继续使用，直到刀片上所有刀刃都用钝后，再更换新刀片。这种车刀称为机夹不重磨车刀，也可简称可转位车刀。

可转位车刀有以下几个优点。

①由于刀片不经高温焊接，避免了因焊接后内应力引起的裂纹及硬度下降等情况，对提高刀具的耐用度有利。

②由于刀片上制有各种类型的断屑槽，而且几何形状尺寸一致性好，只要合理选择刀片的型号就可达到稳定卷屑和断屑的目的，不致因断屑不稳定而停机。

③大大减少了刀杆的制造量，节省了刀具制造和管理费用，也缩短了工人装刀、卸刀及刃磨等所需的辅助时间。例如，某拖拉机厂每月要生产 1.9 万多把焊接刀具才能满足生产需要。而使用可转位刀片，每月制造 1000 多把车刀就足够了。另外，有些工厂因焊接产生裂纹等而报废的刀具往往约占车刀损耗量的 30%，可见其浪费是很可观的。

④刀杆可以多次使用，大大降低了刀杆材料的消耗量。一个中等机械厂每月消耗车刀至少 2000 把，因而刀杆钢材的消耗量是很可观的。

⑤近年来新型刀具材料（新型硬质合金、涂层硬质合金、新型陶瓷等）不断涌现。它们的耐用度较高，且多制成可转位刀片。为了使用新型刀具材料，不断提高我国的切削加工水平，推广使用可转位车刀是非常重要的。

⑥使用可转位刀片，由于刀片、刀杆标准化程度高，因此可简化工具的管理工作。

以上几点对自动线、数控机床相加工中心等自动化程度高的加工设备更为重要。

综上所述，可转位车刀的优越性是非常明显的，因而受到国内外机械加工行业的普遍重视。

2. 成形刀具

成形车刀是加工回转体成形表面的专用工具，它的切削刃形状是根据工件的轮廓设计的。用成形车刀加工，只要一次切削行程就能切出成形表面，操作简单，生产效率高，成形表面的精度与工人操作水平无关，主要取决于刀具切削刃的制造精度。它可以保证被加工工件表面形状和尺寸精度的一致性和互换性，加工精度可达 IT9 ～ IT10。成形车刀的可重磨次数多，使用寿命长，但是刀具的设计和制造较复杂，成本高，故主要用在小型零件的大批量生产中。由于成形车刀的刀刃形状复杂，用硬质合金作为刀具材料时制造比较困难，因此多用高速钢作为刀具的材料。

随着切削速度的提高和数控机床的广泛应用，成形车刀已基本不采用，而且成形车刀的设计和制造都比普通车刀复杂，成本也高。这使成形车刀越来越不被采用。

（1）成形车刀的特点

①加工质量稳定。成形车刀的刃形是根据工件轮廓形状设计的，这样保证了刃形与工件轮廓和尺寸相适应。另外，工件成形表面由成形车刀一次加工而成，能得到较高的工件表面尺寸和形状位置精度及较高的表面粗糙度。

②生产效率高。成形车刀同时参与切削的刀刃长度较长，且一次切削成形，减少了复杂的工艺过程，节约了时间。

③刀具寿命长。成形车刀可多次重磨，仍能保持刃形不变。

④刀具成本较高。成形车刀的设计和制造较复杂，导致成本较高。

（2）成形车刀的种类

成形车刀按其结构形状可分为平体、棱体和圆体三种。

①平体成形车刀。其外形为平条状，与普通车刀相似，刃形具有一定的廓形，结构简单，容易制造，成本低。但可重磨次数不多。用于加工简单的外成形表面，如螺纹车刀和铲制成形铣刀的铲刀等。

②棱体成形车刀。棱柱体的刀头和刀杆分开制作，大大增加了沿前刀面的重磨次数，刀体刚性好，但比圆体成形车刀制造工艺复杂，刃磨次数少，且只能加工外成形表面。

③圆体成形车刀。它好似由长长的棱体车刀包在一个圆柱面上而形成。它允许重磨的次数最多，制造也比棱体成形车刀容易，且可加工零件上的内、外成形表面。

（3）成形车刀的装夹

棱体成形车刀是以燕尾作为定位基准，配装在刀夹的燕尾槽内。刀具燕尾的后平面是夹固基准。安装时，刀体竖立并倾斜角，刀夹下端的螺钉可将计算基准点的位置调整与工件中心等高后用螺栓夹紧，同时下端螺钉可以承受部分切削力，以增强刀具的刚性。

圆体成形车刀以圆柱孔作为定位基准，套装在刀夹的螺杆上。成形车刀借助于销子与端面齿块相连，端面齿块与扇形齿相啮合，以防止成形车刀工作时受力面转动，同时可以粗调圆体成形车刀基准点的高低位置。用扇形齿块与蜗杆来微调基准点的高度。调整好后，旋紧螺母，即可将成形车刀夹固在刀夹中。

（4）成形车刀的刃磨

棱体成形车刀的刃磨比较简单，只要在工具磨床上使用一简单的双向万能刃磨夹具，将刀具后刀面与砂轮表面的垂线装成（$\gamma_f+\alpha_f$）的角度即可刃磨。

圆体成形车刀的端面刻有磨刀检验圆时，在端面上涂一层红粉油料，用划钉划一条检验圆的切线，然后把刀具装在心轴上，将检验圆的切线调整至与砂轮的工作表面重合即可刃磨。

（二）孔加工刀具

1. 孔加工刀具特点

（1）孔加工刀具多为定尺寸刀具，如钻头、铰刀等，在加工过程中，刀具磨损造成的形状和尺寸的变化会直接影响被加工孔的精度。

（2）由于受被加工孔直径大小的限制，切削速度很难提高，影响加工效率和加工表面质量，尤其是在对较小的孔进行精密加工时，为达到所需的速度，必须使用专门的装置，对机床的性能也提出了很高的要求。

（3）刀具的结构受孔的直径和长度的限制，刚性较差。在加工时，由于轴向力的影响，容易产生弯曲变形和振动，孔的长径比（孔深度与直径之比）越大，刀具刚性对加工精度的影响就越大。

（4）孔加工时，刀具一般是在半封闭的空间工作，切屑排除困难；冷却液难以进入加工区域，散热条件不好。切削区热量集中，温度较高，影响刀具的耐用度和钻削加工质量。

2. 麻花钻

钻孔最常用的刀具是麻花钻，用麻花钻钻孔的尺寸精度为IT13～IT11，表面粗糙度*Ra*值为50～12.5μm，属于粗加工。钻孔主要用于质量要求不高的孔的终加工，例如螺栓孔、油孔等，也可作为质量要求较高孔的预加工。

麻花钻由工具厂专业生产，其常备规格为φ0.1～φ80。麻花钻主要由柄部、颈部及工作部分组成。

柄部是钻头的夹持部分，用以传递扭矩和轴向力。柄部有直柄和锥柄两种形式，钻头直径小于12mm时制成直柄；钻头直径大于12mm时制成莫氏锥度的圆锥柄。锥柄后端的扁尾可插入钻床主轴的长方孔中，以传递较大的扭矩。颈部是柄部和工作部分的连接部分，是磨削柄部时砂轮的退刀槽，也是打印商标和钻头规格的地方。直柄钻头一般不制有颈部。钻头的工作部分包括切削部分和导向部分。切削部分担负主要切削工作，切削部分由两条主切削刃、两条副切削刃和一条横刃及两个前刀面和两个后刀面组成。螺旋槽的一部分为前刀面，钻头的顶锥面为主后刀面。导向部分的作用是当切削部分切入工件后起导向作用，也是切削部分的后备部分。导向部分有两条螺旋槽和两条棱边，螺旋槽起排屑和输送切削液作用，棱边起导向、修光孔壁作用。导向部分有微小的倒锥度，即从切削部分向柄部每100mm长度上钻头直径d_0减少0.03～0.12mm，以减少与孔壁的摩擦。

麻花钻的主要几何角度有顶角2φ，螺旋角士前角β，后角α_o和横刃斜角ψ等。这些几何角度对钻削加工的性能、切削力大小，排屑情况等都有直接的影响，使用时要根据不同加工材料和切削要求来选取。

麻花钻虽然是孔加工的主要刀具，长期以来一直被广泛使用，但是由于麻花钻在结构上存在着比较严重的缺陷，致使钻孔的质量和生产率受到很大影响，这主要表现在以下几个方面。

（1）钻头主切削刃上各点的前角变化很大，钻孔时，外缘处的切削速度最大，而该处的前角最大，刀刃强度最小，因此钻头在外缘处的磨损特别严重。

（2）钻头横刃较长，横刃及其附近的前角为负值，达-55°～-60°。钻孔时，横刃处于挤刮状态，轴向抗力较大。同时横刃过长，不利于钻头定心，易产生引偏，致使加工孔的孔径增大，孔不圆或孔的轴线歪斜等。

（3）钻削加工过程是半封闭加工。钻孔时，主切削刃全长同时参加切削，切削刃长，切屑宽，而各点切屑的流出方向和速度各异，切屑呈螺卷状，而容屑槽又受钻头本身尺寸的限制，因而排屑困难，切削液也不易注入切削区域，冷却和散热不良，大大缩短了钻头的使用寿命。

针对标准高速钢麻花钻存在的缺陷，在实践中采取多种措施修磨麻花钻的结构。如修磨横刃，减少横刃长度，增大横刃前角，减小轴向受力状况；修磨前刀面，增大钻芯处前角；修磨主切削刃，改善散热条件；在主切削刃后面磨出分屑槽，利于排屑和切削液注入，改善切削条件等。用麻花钻综合修磨而成的新型钻头，即“群钻”。

3. 深孔钻

对于孔的深度与直径之比l/d=5～10的普通深孔，可以用接长麻花钻加工；对于孔的深度与直径之比l/d>5～10的深孔，必须采用特殊结构的深孔钻才能加工。

深孔加工难度大，技术要求高，这是由深孔加工的特点所决定的。因此，设计和使用深孔钻时应注意钻头的导向，防止偏斜、保证可靠的断屑和排屑、采取有效的冷却和润滑措施。下面介绍几种常见深孔钻的工作原理与结构特点。

（1）单刃外排屑深孔钻

单刃外排屑深孔钻又称枪钻，主要用于加工直径d=3～20mm，孔深与直径之比l/d>100的小深孔。切削时高压切削液（3.5～10MPa）从钻杆和切削部分的进液孔注入切削区域，以冷却、润滑钻头，切屑经钻杆与切削部分的V形槽冲出，因此称为外排屑。

枪钻的特点是结构较简单，钻头背部圆弧支承面在切削过程中起导向定位作用，切削稳定，孔加工直线性好。

（2）错齿内排屑深孔钻

错齿内排屑深孔钻适于加工直径d>20mm，孔深与直径比l/d<100的直径较大的深孔。切削时高压切削液（2～6MPa）由工件孔壁与钻杆的表面之间的间隙进入切削区，以冷却、润滑钻头切削部分，并利用高压切削液把切屑从钻头和钻管的内孔中冲出。

错齿内排屑深孔钻的切削部分由数块硬质合金刀片交错排列焊接在钻体上，实现了分屑，便于切屑排出。切屑是从钻杆内部排出而不与工件已加工表面接触，因此，可获得好的加工表面质量。分布在钻头前端的硬质合金导向条，使钻头支承在孔壁上，实现了切削过程中的导向，加大了切削过程的稳定性。

（3）喷吸钻

喷吸钻适用于加工直径d=16～65mm，孔深与直径比l/d<100的中等直径一般深孔。喷吸钻主要由钻头、内钻管、外钻管三部分组成，钻头部分的结构与错齿内排屑深孔钻基本相同。工作时，切削液以一定的压力（一般为0.98～1.96MPa）从内外钻管之间输入，其中2/3的切削液通过钻头上的小孔压向切削区，对钻头切削部分及导向部分进行冷却与润滑；另外，1/3切削液则通过内钻管上月牙形槽喷嘴喷入内钻管，由于月牙形槽缝隙很窄，喷入的切削液流速增大而形成一个低压区，切削区的高压与内钻管内的低压形成压力差，使切削液和切屑一起被迅速“吸”出，提高了冷却和排屑效果，所以喷吸钻是一种效率高、加工质量好的内排屑深孔钻。

第六节 夹紧机构及夹具

一、夹紧机构

工件定位后需要夹紧，而夹紧机构注定成为夹紧装置中重要的组成部分，常用的夹具有斜楔夹紧机构、偏心夹紧机构、螺旋夹紧机构。

（一）斜楔夹紧机构

斜楔夹紧机构是利用斜面的移动所在产生的压力来夹紧工件的。工件装入后敲击斜楔大头夹紧工件，由于用斜楔直接夹紧工件，夹紧力小、行程短、操作费时，所以实际当中很少用。如果同其他机构联合起来就好用多了。

（二）偏心夹紧机构

偏心夹紧机构夹紧动作快，工件效率高，应用广泛，一般有圆偏心和曲线偏心两种类型。曲线偏心靠升角变化，制造复杂，很少应用，而圆偏心即偏心轮和偏心轴因构造简单，操作方便而得到广泛应用，但夹紧力和行程较小，自锁性差，一般用于切削力小、振动小的场合。

（三）螺旋夹紧机构

螺旋夹紧机构是用螺旋组件直接夹紧或与其他组件组合实现夹紧的机构，它具有构造简单、行程大、自锁性好的特点，在生产中使用很普遍。

1. 单个螺旋夹紧机构

单个螺旋夹紧机构的特点是动作慢、费时，工件拆装时螺母拧上拧下费时费力。

2. 螺旋压板机构

螺旋压板机构是结构形式变化最多的压紧机构，其特点是构造简单、行程远、夹紧力大，而且还可以通过压板加以调节，在手动夹紧机构中应用极为广泛。

二、夹具

夹具是指机械制造过程中用来固定加工对象，使之占有正确的位置，以接受施工或检测的装置，又称卡具。从广义上说，在工艺过程中的任何工序，用来迅速、方便、安全地安装工件的装置，都可称为夹具。

夹具通常由定位元件（确定工件在夹具中的正确位置）、夹紧装置、对刀引导元件（确定刀具与工件的相对位置或导引刀具方向）、分度装置（使工件在一次安装中能完成数个工位的加工，由回转分度装置和直线移动分度装置两类）、连接元件以及夹具体（夹具底座）等组成。

（一）夹具的作用

（1）不仅要保证工件的加工精度而且要保证质量稳定。

（2）采用夹具后要降低成本，提高劳动的生产率，同时减轻劳动强度。

（3）解决加工中特别困难，甚至无法加工的工件的装夹定位。

（4）实现本质改造，扩大加工范围，如在小拖板上装上镗头可当镗床使用。

（5）降低操作难度，装夹工件方便、省力、安全，工件精度可用夹具本身来保证，从而降低对操作工人的技术要求。

（二）夹具的组成

虽然夹具形式各异、种类繁多，但是夹具一般由下列几部分组成。

1. 定位装置

使工件在夹具中处于正确位置的装置称为定位装置，或定位组件。

2. 夹紧装置

夹具中将工件压紧夹牢，从而保证工件已确定的正确位置在加工过程中不发生变化，或防止振动的装置称为夹紧装置。

3. 夹具体

夹具体是夹具的基本组件，其作用是把夹具上的所有部分连接成一体，并与机床有关部件连接，以确定夹具在机床中的正确位置。

4. 辅助装置

根据夹具的特殊需要而设置的辅助装置，如配重装置、分度对定装置、对刀装置、上下料装置等，辅助装置要根据夹具的需要来确定。

（三）铣床夹具

铣床夹具主要用于加工零件上的平面、凹槽、花键及各种成形面，是最常用的夹具之一，主要由定位装置、夹紧装置、夹具体、连接元件、对刀元件组成。铣削加工时，切削力较大，又是断续切削，振动较大，因此，铣床夹具的夹紧力要求较大，夹具刚度、强度要求都比较高。

按铣削时的进给方式，可将铣床夹具分为直线进给式、圆周进给式和靠模进给式三种。

1. 直线进给式

这类夹具安装在铣床工作台上，加工中随工作台按直线进给方式运动。

2. 圆周进给式

多用在有回转工作台或回转鼓轮的铣床上依靠回转台或鼓轮的旋转将工件顺序送入铣床的加工区域。

3. 靠模进给式

用于专用或通用铣床上加工各种非圆曲面。靠模的作用是使工件获得辅助运动。

（四）轴承座夹具

为了保证轴承座的生产质量，提高轴承座的生产质量，除了使用机床等机械设备之外，还会使用大量的工艺装备，其中包括了轴承座夹具、模具、刀具以及相关辅助工具。

轴承座夹具是一种专门用于保证轴承座产品质量的生产工具，可以使得轴承座的生产工艺更加便捷。不同的轴承座夹具，根据其不同的结构与形式、工况、设计原则都会有所不同，因此轴承座夹具的样式多种多样，无论是在数量还是在样式上都占有很大的比例。

这种轴承座夹具可以用来准确地确定加工工件与道具的相对位置，也就是可以将需要加工的工件进行夹紧，这样就可以完成在工件加工的过程之中所需要进行的运动。由于轴承座夹具在轴承座生产过程之中起到了非常重要的作用，因此轴承座夹具设计图的绘制也非常重要。

第七节　设备的维护保养

一、设备的日常维护

设备的维护保养是指操作工和维修工，根据设备的技术资料和有关设备的启动、润滑、调整、防腐、防护等要求和保养细则，对在使用或闲置过程中的设备进行的一系列作业，它是设备自身运动的客观要求。

设备维护保养工作包括日常维护保养、设备的润滑和定期加油换油、预防性试验、定期校正精度、设备的防腐和一级保养等。

设备的日常维护保养简称例保，是指操作工每天在设备使用前、使用过程中和使用后必须进行的工作。

设备的日常维护保养，是使设备减少磨损、经常处于良好技术状态的基础工作。日常维护保养的基本要求是：操作者应严格按操作规程使用设备，经常观察设备运转情况，并在班前、班后填写记录；应保持设备完整，附件整齐，安全防护装置齐全，线路、管道完整无损；要经常擦拭设备的各个部件，保持无油垢、无漏油，运转灵活；应按正常运转的需要，及时注油、换油，并保持油路畅通；经常检查安全防护装置是否完备可靠，保证设备安全运行。

设备维护保养要达到“整齐、清洁、安全、润滑”的要求。整齐：工具、工件、附件放置整齐、合理，安全防护装置齐全，线路、管道完整，零部件无缺损。清洁：设备内外清洁，无灰尘，无黑污锈蚀；各运动件无油污，无拉毛、碰伤、划痕；各部位不漏水、不漏气、不漏油；切屑、垃圾清扫干净。润滑：按设备各部位润滑要求，按时加油、换油，油质符合要求；油壶、油枪、油杯齐全，油毡、油线清洁，油标醒目，油路畅通。安全：要求严格实行定人、定机、定岗位职责和交接班制度；操作工应熟悉设备性能、结构和原理，遵守安全操作技术规程，正确、合理地使用，精心地维护保养；各种安全防护装置可靠，压力容器按规定时间进行预防性试验，保证安全、可靠；控制系统工作正常，接地良好，电力传导电缆按规定时间、要求进行预防性试验，保证传输安全、正常，无事故隐患。

对设备的日常维护保养要“严”字当头。做到正确合理使用、精心地维护保养、认真管理设备；切实加强对设备使用前、使用中和使用后的检查，及时、认真、高质量地消除隐患，排除故障；要做好设备的使用运行情况记录，保证原始资料、凭证的正确性和完整性；要求操作工能针对设备存在的常见故障，提出维修建议，并与维修工一起维修，改善设备的技术状况，减少故障发生频率和杜绝事故发生，达到维护保养的目的。要做好设备的维护保养，设备操作工要做下述经常性工作。

（一）开机前的维护保养

开机前应检查电源及电气控制开关、旋钮等是否安全、可靠；各操纵机构、传动部位、挡块、限位开关等位置是否正常、灵活；各运转、滑动部位润滑是否良好；油杯、油孔、油毡、油线等处是否油量充足；检查油箱油位和滤油器是否清洁。在确认一切正常后，才能开机试运转。在启动和试运转时，要检查各部位工作情况，有无异常现象和声响。检查结束后，要做好记录。

（二）使用过程中的维护保养

（1）严格按照操作规程使用设备，不准违章操作。

（2）设备上不要放置工装、量具、夹具、刃具和工件、原材料等，确保活动导轨面和导轨面接合处无切屑、尘灰，无油污、锈迹，无拉毛、划痕、刮伤、撞伤等现象。

（3）应时刻注意观察设备各部件运转情况和仪器仪表指示是否准确、灵敏，声响是否正常，如有异常，应立即停机检查，直到查明原因、排除为止。

（4）设备运转时，操作工应集中精力，不要边操作边交谈，更不能开着机器离开岗位。

（5）设备发生故障后，自己不能排除的应立即与维修工联系；在排除故障时，不要离开工作岗位，应与维修工一起工作，并提供故障的发生、发展情况，共同做好故障排除记录。

（三）工作结束后的维护保养

无论加工完成与否，都应认真擦拭、全面保养设备，要求达到：

（1）设备内外清洁，无锈迹，工作场地清洁、整齐，地面无油污、垃圾，加工件存放整齐。

（2）各传动系统工作正常，所有操作手柄灵活、可靠。

（3）润滑装置齐全，保管妥善、清洁。

（4）安全防护装置完整、可靠，内外清洁。

（5）设备附件齐全，保管妥善、清洁。

（6）工具箱内量具、夹具、工装、刃具等存放整齐、合理、清洁，并严格按要求保管，保证量具准确、精密、可靠。

（7）设备上的全部仪器、仪表和安全装置完好无损，灵敏、可靠，指示准确，各传输管接口处无泄漏现象。

（8）保养后，各操纵手柄等应置于非工作状态位置，电气控制开关、旋钮等回复至“0”位，切断电源。

（9）认真填写维护保养记录和交接班记录。

（10）保养工作未完成时不得离开工作岗位，保养不符合要求、接班人员提出异议时，应虚心接受并及时改进。

二、设备的三级保养制度

（一）“三级保养制”的内容

1. 一级保养

以操作工人为主，维修工人协助，按计划对设备局部拆卸和检查，清洗规定的部位，疏通油路、管道，更换或清洗油线、毛毡、滤油器，调整设备各部位的配合间隙，紧固设备的各个部位。一级保养所用时间为4～8h，一级保养完成后应做记录并注明尚未清除的缺陷，车间机械员组织验收。一级保养的范围应是企业全部在用设备，对重点设备应严格执行。一级保养的主要目的是减少设备磨损，消除隐患，延长设备使用寿命，为完成到下次一保期间的生产任务在设备方面提供保障。

2. 二级保养

以维修工人为主，操作工人参加来完成。二级保养列入设备的检修计划，对设备进行部分解体检查和修理，更换或修复磨损件，清洗、换油、检查修理电气部分，使设备的技术状况全面达到完好设备标准的要求。二级保养所用时间为7天左右。二级保养完成后，维修工人应详细填写检修记录，由车间机械员和操作者验收，验收单交设备动力企业设备管理部门存档。二级保养的主要目的是使设备达到完好标准，提高和巩固设备完好率，延长大修周期。

3. 三级保养

以维修工为主，列入设备的检修计划，对设备进行部分解体检查和修理，更换或修复磨损件，清洗、换油，检查修理电气部分，局部恢复精度，满足加工零件的最低要求。

（二）“三好”“四会”内容

三级保养制在我国企业取得了好的效果和经验，三级保养制的贯彻实施，有效地提高了企业设备的完好率，降低了设备事故率，延长了设备大修周期，降低了设备大修费用，取得了较好的技术经济效果。

实行“三级保养制”，使操作工人对设备必须做到“三好”“四会”，提高操作工人维护设备的知识和技能。

1.“三好”的内容

（1）管好

自觉遵守定人定机制度，凭操作证使用设备，不乱用别人的设备，管好工具、附件，不丢失损坏，放置整齐，安全防护装置齐全好用，线路、管道完整。

（2）用好

设备不带病运转，不超负荷使用，不大机小用、精机粗用。遵守安全操作技术规程和维护保养规程。细心爱护设备，防止事故发生。

（3）修好

按计划检修时间，停机修理，积极配合维修工，参加设备的二级保养工作和大、中修理后完工验收试车工作。

2.“四会”的内容

（1）会使用

熟悉设备结构，掌握设备的技术性能和操作方法，懂得加工工艺，正确使用设备。

（2）会保养

正确地按润滑要求规定加油、换油，保持油路畅通，油线、油毡、滤油器清洁，认真清扫，保持设备内外清洁，无油垢、无脏物、漆见本色铁见光。按规定进行一级保养工作。

（3）会检查

了解设备精度标准，会检查与加工工艺有关的精度检验项目，并能进行适当调整。会检查安全防护和保险装置。

（4）会排除故障

能通过不正常的声音、温度和运转情况，发现设备的异常状况，并能判断异常状况的部位和原因，及时采取措施，排除故障。发生事故，参与分析，明确事故原因，吸取教训，采取预防措施。

三、设备的区域维护

设备的区域维护又称维修工包机制。维修工人承担一定生产区域内的设备维修工作，与生产操作工人共同做好日常维护、巡回检查、定期维护、计划修理及故障排除等工作，并负责完成管区内的设备完好率、故障停机率等考核指标。区域维修责任制是加强设备维修，为生产服务、调动维修工人积极性和使生产工人主动关心设备保养和维修工作的一种有效形式。

设备专业维护主要组织形式是区域维护组。区域维护组全面负责生产区域的设备维护保养和应急修理工作，其工作任务如下。

（1）负责本区域内设备的维护修理工作，确保完成设备完好率、故障停机率等考核指标。

（2）认真执行设备定期点检和区域巡回检查制，指导和督促操作工人做好日常维护和定期维护工作。

（3）在车间机械员指导下参加设备状况普查、精度检查、调整、治漏，开展故障分析和状态监测等工作。

区域维护组这种设备维护组织形式的优点是：在完成应急修理时有高度机动性，从而可使设备修理停歇时间最短，而且值班钳工在无人召请时，可以完成各项预防作业和参与计划修理。

设备维护区域划分应考虑生产设备分布、设备状况、技术复杂程度、生产需要和修理钳工的技术水平等因素。可以根据上述因素将车间设备划分成若干区域，也可以按设备类型划分区域维护组。流水生产线的设备应按线划分维护区域。

区域维护组要编制定期检查和精度检查计划，并规定每班对设备进行常规检查时间。为了使这些工作不影响生产，设备的计划检查要安排在工厂的非工作日进行，而每班的常规检查要安排在生产工人的午休时间进行。

四、动力设备的使用维护

动力设备是企业的关键设备，在运行中有高温、高压、易燃、有毒等危险因素，为做到安全连续稳定供应生产上所需要的动能，对动力设备的使用维护应有以下特殊要求。

（1）运行操作人员必须事先培训并经过考试合格。

（2）必须有完整的技术资料、安全运行技术规程和运行记录。

（3）运行人员在值班期间应随时进行巡回检查，不得随意离开工作岗位。

（4）在运行过程中遇有不正常情况时，值班人员应根据操作规程紧急处理，并及时报告上级。

（5）保证各种指示仪表和安全装置灵敏准确，定期校验，备用设备完整可靠。

（6）动力设备不得带病运转，任何一处发生故障必须及时消除。

（7）定期进行预防性试验和季节性检查。

（8）经常对值班人员进行安全教育，严格执行安全保卫制度。

五、提高设备维护水平的措施

为提高设备维护水平应使维护工作基本做到“三化”，即规范化、工艺化、制度化。

规范化就是使维护内容统一，哪些部位该清洗、哪些零件该调整、哪些装置该检查，要根据各企业情况按客观规律加以统一考虑和规定。

工艺化就是根据不同设备制定各项维护工艺规程，按规程进行维护。

制度化就是根据不同设备不同工作条件，规定不同维护周期和维护时间，并严格执行。对定期维护工作，要制定工时定额和物质消耗定额并要按定额进行考核。

设备维护工作应结合企业生产经济承包责任制进行考核。同时，企业还应发动群众开展专群结合的设备维护工作，进行自检、互检，开展设备大检查。

第三章 机械加工工艺规程

第一节 机械加工工艺规程的基本知识

一、机械加工规程

规定产品或零部件制造工艺过程和操作方法等的工艺文件称为工艺规程。机械加工工艺规程一般应规定工序的加工内容、检验方法、切削用量、时间定额及所采用机床和工艺装备等。编制工艺规程是生产准备工作的重要内容之一。合理的工艺规程对保证产品质量、提高劳动生产率、降低原材料及动力消耗、改善工人的劳动条件等都有十分重要的意义。

(一)工艺规程的作用

在生产过程中，工艺规程具有以下几个方面的作用。

1. 工艺规程是指导生产的重要技术文件

合理的工艺规程是在总结广大工人和技术人员长期实践经验的基础上，结合工厂具体生产条件，根据工艺理论和必要的工艺试验而制定的。按照它进行生产，可以保证产品质量、较高的生产效率和经济性。经批准生效的工艺规程在生产中应严格执行，否则，往往会使产品质量下降，生产效率降低。但是，工艺规程也不应是固定不变的，工艺人员应注意及时总结广大工人的革新创造经验，及时吸收国内外先进工艺技术，对现行规程不断地予以改进和完善，使其能更好地指导生产。

2. 工艺规程是生产组织和生产管理工作的基本依据

有了工艺规程，在产品投产之前，就可以根据它进行原材料、毛坯的准备和供应，机床设备的准备和负荷的调整，专用工艺装备的设计和制造，生产作业计划的编排，劳动力的组织以及生产成本的核算等，使整个生产有计划地进行。

3. 工艺规程是新建或扩建工厂或车间的基本资料

在新建或扩建工厂、车间的工作中，根据产品零件的工艺规程及其他资料，可以统计出所建车间应配备机床设备的种类和数量，算出车间所需面积和各类人员数量，确定车间的平面布置和厂房基建的具体要求，从而提出有根据的筹建或扩建计划。

制定工艺规程的基本原则：保证以最低的生产成本和最高的生产效率，可靠地加工出符合设计图样要求的产品。因此，在制定工艺规程时，应从工厂的实际条件出发，充分利用现有设备，尽可能采用国内外的先进技术和经验。

（二）工艺规程的基本要求

一个产品合理的工艺规程要体现出以下几个方面的基本要求。

1. 产品质量的可靠性

工艺规程要充分考虑和采取一切确保产品质量的必要措施，以期能全面、可靠和稳定地达到设计图样上所要求的精度、表面质量和其他技术要求。

2. 工艺技术的先进性

工艺规程的先进性指的是在工厂现有条件下，除了采用本厂成熟的工艺方法外，尽可能地吸收适合工厂情况的国内外同行的先进工艺技术和工艺装备，以提高工艺技术水平。

3. 经济性

在一定的生产条件下，要采用劳动量、物资和能源消耗最少的工艺方案，从而使生产成本最低，使企业获得良好的经济效益。

4. 有良好的劳动条件

制定的工艺规程必须保证工人具有良好而安全的劳动条件。尽可能采用机械化或自动化的措施，以减轻某些笨重的体力劳动。

制定工艺规程时应具有相关的原始资料。主要有产品的零件图和装配图，产品的生产纲领，有关手册、图册、标准、类似产品的工艺资料和生产经验，工厂的生产条件（机床设备、工艺设备、工人技术水平等）以及国内外有关工艺技术的发展情况等。这些原始资料是编制工艺规程的出发点和依据。

（三）编制工艺规程的步骤

通常，编制工艺规程的大致步骤如下。

（1）研究产品的装配图和零件图，进行工艺分析。分析产品零件图和装配图，熟悉产品用途、性能和工作条件；了解零件的装配关系及其作用，分析制定各项技术要求的依据，判断其要求是否合理；零件结构工艺性是否良好。通过分析找出主要的技术要求和关键技术问题，以便在加工中采取相应的技术措施。如有问题，应与有关设计人员共同研究，按规定的手续对图样进行修改和补充。

（2）确定毛坯。在确定毛坯时，要熟悉本厂毛坯车间（或专业毛坯厂）的技术水平和生产能力，各种钢材、型材的品种规格。应根据产品零件图和加工时的工艺要求（如定位、夹紧、加工余量和结构工艺性），确定毛坯的种类、技术要求及制造方法。在必要时，应和毛坯车间技术人员共同确定毛坯图。

（3）拟定工艺路线。工艺路线是指产品或零部件在生产过程中，由毛坯准备到成品包装入库，经过企业各有关部门或工序的先后顺序。拟定工艺路线是制定工艺规程十分关键的一步，需要提出几个不同的方案进行分析对比，寻求一个最佳的工艺路线。

（4）确定各工序的加工余量，计算工序尺寸及其公差。

（5）选择各工序使用的机床设备及刀具、夹具、量具和辅助工具。

（6）确定切削用量及时间定额。

（7）填写工艺文件。生产中常见的工艺文件的格式有机械加工工艺过程卡片、机械加工工艺卡片及机械加工工序卡片，它们分别适合于不同的生产情况。

二、工艺规程的类型

生产中工艺规程的类型有以下几种。

（一）机械加工工艺过程卡片

机械加工工艺过程卡片以工序为单位，简要列出零件的加工步骤和加工内容，主要用于单件小批量生产，也可用于生产管理。

（二）机械加工工艺卡片

机械加工工艺卡片以工序为单位，简要列出零件的加工过程，用以指导生产，多用于不太复杂零件的批量加工。

（三）机械加工工序卡片

机械加工工序卡片以工序为单位，每张卡片都画出工序简图并标注该工序加工技术要求，同时用粗实线标出加工部位，用规定符号标出定位及夹紧部位等，还应详细填写各工步内容、加工中所需设备及工装、切削用量及冷却液种类等内容。

第二节 工件的安装、基准和定位

一、工件的安装

为了在工件的某一部位上加工出符合规定技术要求的表面，在机械加工前，必须使工件在机床上相对于工具占据某一正确的位置。通常把这个过程称为工件的“定位”。工件定位后，由于在加工中受到切削力及重力等的作用，还应采用一定的机构将工件“夹紧”，使其确定的位置保持不变。工件从“定位”到“夹紧”的整个过程，统称为“安装”。

在各种不同的机床上加工零件时，有各种不同的安装方法。安装方法可以归纳为直接找正法、画线找正法和采用夹具安装法等三种。

（一）直接找正法

采用这种方法时，工件在机床上应占有的正确位置，是通过一系列的尝试而获得的。具体的方式是将工件直接装在机床上后，用百分表或划针盘上的划针，以目测法校正工件的正确位置，一边校验一边找正，直至符合要求。

直接找正法的定位精度和找正的快慢，取决于找正精度、找正方法、找正工具和工人的技术水平。它的缺点是花费时间多，生产率低，且要凭经验操作，对工人技术的要求高，故仅用于单件、小批量生产中。此外，对工件的定位精度要求较高时，例如，误差小于 0.01mm—0.05mm 时，采用夹具难以达到要求（因其本身有制造误差），就不得不使用精密量具，并由有较高技术水平的工人用直接找正法来定位，以达到精度要求。

（二）划线找正法

此法是在机床上用划针按毛坯或半成品上所划的线来找正工件，使其获得正确位置的一种方法。显而易见，此法要多一道划线工序。划出的线本身有一定宽度，在划线时又有划线误差，校正工件位置时还有观察误差，因此，该法多用于生产批量较小、毛坯精度较低以及大型工件等不宜使用夹具的粗加工中。

（三）采用夹具安装法

夹具是机床的一种附加装置，它在机床上相对刀具的位置在工件未安装前已预先调整好，因此，在加工一批工件时不必再逐个找正定位，就能保证加工的技术要求。既省工又省事，是高效的定位方法，在成批和大量生产中广泛应用。

二、工件的定位

（一）六点定位原理

如果要使工件在某方向上有确定的位置，就必须限制该方向上的自由度。当工件的六个自由度完全被限制后，则该工件在空间的位置就完全被确定了。限制自由度的方法是采用定位支承点，每一个定位支承点限工作的一个自由度。

采用六个按一定规则合理布置的支承点，限制工件的六个自由度，使工件在机床或夹具中占有正确的位置，这就是“六点定位原理”。

（二）工件定位

选择和设计合理的定位方法，及相应的定位组件和定位装置，使工件在夹具中定位的目的就是使一批工件在夹具中占有一致的正确的加工位置，同时要保证有一定的定位精度。

1. 工件在夹具中的定位方式

（1）完全定位

工件的六个自由度都被限制，它在夹具中有完全确定的位置，称为完全定位。

（2）部分定位

根据加工要求，有时并不需要限制六个自由度，只是对应该限制的自由度加以限制，称为部分定位，或不完全定位。

（3）欠定位

工件定位时，定位组件所限制的自由度数目少于按加工要求所需要限制的自由度数目使工件不能正确定位，称为欠空位。显然欠空位不符合定位要求也不符合加工要求，往往出现废品，因此这是不允许的。

（4）重复定位

工件的同一个自由度，同时被几个定位支承点重复限制定位称为重复定位或过定位。

2. 工件定位应该注意的问题

（1）正确的定位形式是在满足加工要求的情况下，适当地限制工件的自由度数目。

（2）按定位接触状态确定所限制的自由度数，见表 3-1。

表 3-1 典型单一定位形态的特点

定位接触形态	限制自由度数	自由度类别	特点
长圆锥面接触	5	三个移动两个转动	可作主要定位基准
长圆柱面接触	4	两个移动 两个转动	
大平面接触	3	一个移动 两个转动	
圆柱面接触	2	两个移动	不可作主要定位基准，但可与主要基准组合定位
线接触	2	一个移动一个转动	
点接触	1	一个移动或转动	

（3）防止产生欠定位。根据加工要求未能满足应该限制的自由度数目时称为欠定位。欠定位是不允许的，因为在欠定位的情况下将不可能保证工件加工精度要求。

（三）定位方法与定位元件

1. 工件以平面定位

工件以平面定位时常用的组件有以下几个部分。

（1）支撑钉

它是装配后位置固定不变的定位组件，又称为固定支撑。支撑钉的标准结构形式有平头形、球面形和网纹顶面形三种。平头支撑钉与工件是面接触，可以减小支撑钉头部的磨损，避免压伤基准面，主要适用于已加工平面的定位。

球面支撑钉与工件为点接触，可以减少接触面积，但头部容易磨损，适用于未加工平面的定位；网纹顶面支撑钉，可以增大摩擦力，但容易积屑，故常用于未加工的侧平面定位。

（2）支撑板

支撑板主要用于精加工过的大、中型工件的平面定位，有 A 型、B 型两种结构。A 型的沉头螺钉凹坑处的积屑难以清除，影响定位精度，宜用于侧平面定位；B 型工作表面有斜槽，易清除切屑，接触面积小，定位精度高。

（3）可调支撑

由于支撑钉和支撑板的高度不可调节，故在实际定位中会遇到一定的困难，此时可以采用可调支撑。

可调支撑一般多用于毛坯的定位，而形状复杂（如阶台面、成形面）或形状相同而尺寸稍有变化的工件，也常采用可调支撑。可调支撑调节的位置可以在一定范围内变化，一般在加工前将支撑螺钉调整好后用螺母锁紧。

（4）辅助支撑

辅助支撑仅与工件适当地接触，只是在工件已定位后才参与工作起支撑作用，不起任何限制自由度的作用，使用完毕后须放松支撑，待工件重新定位后再支撑。

在工件的适当部位设置辅助支撑，能够避免工件在结构上或因外力作用下产生的变形或定位不稳定，提高工件定位的刚性和稳定性。

2. 工件以外圆定位

工件以外圆定位时，最常用的定位组件有V形架、定位套和圆弧定位等装置。

①V形架应用于粗基准或精基准的定位，使用方便。

②在定位套上定位。通常其定位组件常做成淬火钢件装于夹具体中，要求定位套的轴线重合，常用定位套的圆柱面与端面组合定位，以保证轴向位置的精度，防止轴线的径向跳动和倾斜。

③在半圆弧上定位。这种装置的下半圆弧固定在夹具上，起定位作用；上半圆弧是活动的，起夹紧作用。这种定位方式类似于V形架，也类似于轴承。由于工件在下半圆弧上定位时与夹具的接触面大，且不易夹毛，故常用于不便在V形架、定位套中定位的大型轴、套类工件的精基准定位，其定位精度取决于定位基面的精度。

3. 工件以内孔定位

工件以内孔定位在加工中应用很广泛，如连杆、套筒、齿轮、盘类等零件，常以加工好的内孔作为定位基准定位，不仅装夹方便，而且能很好地保证内、外圆表面的同轴度。工件以内孔定位，其定位组件主要有定位销、定位心轴等。

（1）定位销

定位销常用于圆柱孔的定位，是组合定位中最常用的定位组件之一，按其结构类型可以分为固定式和可换式两类。圆柱定位销能够限制工件的两个自由度。

（2）定位心轴

加工齿轮、套筒、轮盘等零件时，为了保证外圆轴线和内孔轴线的同轴度要求，常以心轴定位加工外圆和端面。工件的圆柱孔常用间隙配合心轴、过盈配合心轴等定位，而对于圆锥孔、螺纹孔、花键孔则采用相应的圆锥心轴、螺纹心轴、花键心轴定位。

三、定位基准的选择

在制定零件加工工艺过程时，合理地选择定位基准，对保证零件的位置精度，安排加工顺序有着决定性的影响。选择定位基准应从有相互位置精度要求的表面中选择，且尽量与设计基准或装配基准重合。

定位基准可分为粗基准和精基准。用未加工过的毛坯表面作为定位基准的称为粗基准；用已加工过的表面作为定位基准的称为精基准。

（一）粗基准的选择

粗基准的选择是否合理，直接影响到各加工表面加工余量的分配，以及加工表面和不加工表面的相互位置关系。因此，必须合理选择。具体选择时一般应遵循以下几个原则。

1. 保证相互位置要求的原则

为保证加工面和不加工面的相互位置要求，则应以不加工面作为粗基准。以不加工的外圆表面作粗基准，可以保证内孔加工后壁厚均匀。同时，还可以在一次安装中加工出大部分要加工的表面。

2. 保证加工表面加工余量合理分配原则

为保证重要加工表面的加工余量均匀，应选择该表面的毛坯面为粗基准。例如，车床床身加工中，导轨面是最重要的表面，它不仅精度要求高，而且要求导轨面有均匀的金相组织和较高的耐磨性，应使导轨面去除余量小且均匀。因此，应选择导轨面为粗基准，先加工底面，然后再以底面为精基准加工导轨面。这就可以保证导轨面的加工余量均匀。

3. 便于工件装夹的原则

选择粗基准时，必须考虑定位准确、夹紧可靠及操作方便等，要求选用的粗基准尽量平整、光洁和有足够大的尺寸，不允许有飞边、浇冒口等缺陷。

4. 粗基准一般不得重复使用的原则

若毛坯的定位面很粗糙，在两次装夹中使用同一粗基准就会造成相当大的定位误差。

（二）精基准的选择

选择精基准主要考虑如何减少加工误差、保证加工精度，使工件装夹方便，并使零件的制造较为经济、容易，具体选择时可遵循以下几个原则。

1. 基准重合原则

选择被加工表面的设计基准为精基准称为基准重合原则。采用基准重合原则可以避免由定位基准和设计基准不重合而引起的定位误差。

2. 基准统一原则

当工件以某一组精基准可以比较方便地加工其他表面时，应尽可能在多数工序中采用此同一组精基准定位，这就是基准统一原则。采用统一基准可以避免基准变换所产生的误差，提高各加工表面之间的位置精度，同时简化夹具的设计和制造的工作量。

3. 自为基准原则

某些要求加工余量小而均匀的精加工工序，选择加工表面本身为基准进行加工，称为自为基准原则。如拉孔、铰孔、珩磨孔、浮动镗刀镗孔都是自为基准加工的例子。采用自为基准原则加工时，只能提高加工表面本身的尺寸精度、形状精度，不能提高加工表面的位置精度，加工表面的位置精度应由前道工序保证。

4. 互为基准原则

为使各加工表面之间有较高的位置精度，且使其加工余量小而均匀，可采用两个表面互为基准反复加工，称为互为基准原则。

在实际生产中，精基准的选择要完全符合上述原则，有时很难做到。应根据具体的加工对象和加工条件，从保证主要技术要求出发，灵活选用有利的精基准。

第三节 工艺路线的拟定

制定机械加工工艺规程时，首先应拟定零件（或产品）加工的工艺路线。它是工艺设计的总体布局。其主要任务是选择零件表面的加工方法、确定加工顺序和划分工序。根据工艺路线；可以选择各工序的工艺基准、确定工序尺寸、设备、工装、切削用量和时间定额等。在拟定工艺路线时，应从工厂的实际情况出发充分考虑应用各种新工艺、新技术的可行性和经济性，多提几个方案，进行分析比较，以便确定一个符合工厂实际情况的最佳工艺路线。

一、表面加工方法的选择

一个有一定技术要求的零件表面，一般不是用一种工艺方法一次加工就能达到设计要求，所以对于精度要求较高的表面，在选择加工方法时，总是根据各种工艺方法所能达到的加工经济精度和表面粗糙度等因素来选定它的最后加工方法，然后再选定前面一系列准备工序的加工方法和顺序，经过逐次加工达到其设计要求。以上因素中的加工经济精度是指在正常的加工条件下（采用符合质量标准的设备、工艺装备和标准技术等级工人、不延长加工时间）所能保证的加工精度。常见工艺方法能达到的经济精度及表面粗糙度可以查阅有关工艺手册，部分摘录见附录。选择零件表面加工方法应着重考虑以下几个问题。

(一)被加工表面的精度和表面质量要求

一般情况下，所采用加工方法的经济精度应能保证零件图样所规定的精度和表面质量要求。例如，材料为碳钢，尺寸精度为IT7，表面粗糙度*Ra*为0.8μm的外圆柱面，用车削、磨削加工都能达到，但因为上述加工精度是磨削的加工经济精度，而不是车削的加工经济精度，所以应该选用磨削加工作为达到工件加工精度的最终加工方法。当多种加工方法的加工经济精度都能够满足被加工表面的精度和表面粗糙度要求时，选择加工方法则取决于零件的结构形状、尺寸大小、材料及热处理等因素。

例如，尺寸精度为IT7的孔，采用镗、铰、磨、拉削加工均可达到精度要求，都符合加工经济精度。但是，如果是箱体上的孔，则不应选择拉削和内圆磨削加工。因为箱体采用拉削和内圆磨削加工，工艺复杂，甚至无法实施，所以宜采用镗削或铰削加工，对于位置精度要求较高的孔，采用坐标镗或坐标磨加工，因为铰孔不能纠正孔的位置偏差。被加工表面的尺寸大小对选择加工方法也有一定的影响。

又如，孔径较大时宜选用镗孔，如果选用铰孔，将使铰刀直径过大，制造和使用都不方便。加工直径小的孔，则采用铰孔较为适当，因为对小孔进行镗削加工将导致键杆直径过小，刚度差，不易保证孔的加工精度。

(二)零件材料的性质及热处理要求

对于加工质量要求高的有色金属零件，一般采用精细车、精细铣或金刚镗进行加工，应避免采用磨削加工，因为磨削有色金属易堵塞砂轮。经淬火后的钢质零件宜采用磨削加工和特种加工。

(三)生产率和经济性要求

所选择的零件加工方法，除保证产品的质量和经济精度要求外，应有尽可能高的生产率。尤其在大批量生产时，应尽量采用高效率的先进加工方法和设备，以达到大幅度提高生产效率的目的。例如，采用拉削方法加工内孔和平面，采用组合铣削、磨削，同时加工几个表面。甚至可以改变毛坯形状，提高毛坯质量，实现少切屑、无切屑加工。但是在批量不大的情况下，如果盲目采用高效率的先进加工方法和专用设备，会因投资增大、设备利用率不高，使产品成本增高。

二、工艺阶段的划分

(一)工艺划分的阶段

从保证加工质量、合理使用设备及人力等因素考虑，工艺路线按工序性质一般分为粗加工阶段、半精加工阶段和精加工阶段。对那些加工精度和表面质量要求特别高的表面，在工艺过程中还应安排光整加工阶段。

1. 粗加工阶段

粗加工阶段，加工精度要求不高，切削用量、切削力都比较大，所以粗加工阶段主要应考虑如何提高劳动生产率。

2. 半精加工阶段

半精加工阶段主要为表面的精加工作好必要的精度和余量准备，并完成一些次要表面的加工（如钻孔、攻螺纹、切槽等）。对于加工精度要求不高的表面或零件，经半精加工后即可达到其加工要求。

3. 精加工阶段

使精度要求高的表面达到规定的质量要求。要求的加工精度较高，各表面的加工余量和切削用量都比较小。

4. 光整加工阶段

光整加工阶段的主要任务是提高被加工表面的尺寸精度和减小表面粗糙度，一般不能纠正形状和位置误差。对尺寸精度和表面粗糙度要求特别高的表面，才安排光整加工。

（二）工艺阶段的划分的作用

将工艺过程划分阶段有以下几个方面作用。

1. 保证产品质量

在粗加工阶段切除的余量较多，产生的切削力和切削热较大，工件所需要的夹紧力也大，因而使工件产生的内应力和由此引起的变形也大，所以粗加工阶段不可能达到高的加工精度和较小的表面粗糙度。完成零件的粗加工后，再进行半精加工、精加工，逐步减小切削用量、切削力和切削热。可以逐步减小或消除先行工序的加工误差，减小表面粗糙度，最后达到设计图样所规定的加工要求。

2. 合理使用设备

由于工艺过程分阶段进行，粗加工阶段可采用功率大、刚度好、精度低、效率高的机床进行加工，以提高生产率。精加工阶段可采用高精度机床和工艺装备，严格控制有关的工艺因素，以保证加工零件的质量要求。粗、精加工分开，可以充分发挥各类机床的性能、特点，做到合理使用，延长高精度机床的使用寿命。

3. 便于热处理工序的安排，使热处理与切削加工工序配合更合理

机械加工工艺过程分阶段进行，便于在各加工阶段之间穿插安排必要的热处理工序，既可以充分发挥热处理的效果，也有利于切削加工和保证加工精度。例如，对一些精密零件，粗加工后安排去除内应力的时效处理，可以减小工件的内应力，从而减小内应力

引起的变形对加工精度的影响。在半精加工后安排淬火处理，不仅能满足零件的性能要求，也使零件的粗加工和半精加工容易，零件因淬火产生的变形又可以通过精加工予以消除。对于精密度要求更高的零件，在各加工阶段之间可穿插进行多次时效处理，以消除内应力，最后进行光整加工。

4. 便于及时发现毛坯缺陷和保护已加工表面

由于工艺过程分阶段进行，在粗加工各表面之后，可及时发现毛坯缺陷（气孔、砂眼和加工余量不足等），以便修补或发现废品，以免将本应报废的工件继续进行精加工，浪费工时和制造费用。

应当指出，拟定工艺路线一般应遵循工艺过程划分加工阶段的原则，但是在具体运用时又不能绝对化。当加工质量要求不高，工件的刚性足够，毛坯质量高，加工余量小时可以不划分加工阶段。在自动机床上加工的零件以及某些运输、装夹困难的重型零件，也不划分加工阶段，而在一次装夹下完成全部表面的粗、精加工。对重型零件可在粗加工之后将夹具松开以消除夹紧变形。然后再用较小的夹紧力重新夹紧，进行精加工，以利于保证重型零件的加工质量。但是对于精度要求高的重型零件，仍要划分加工阶段，并适时进行时效处理以消除内应力。上述情况在生产中须按具体条件来决定。

工艺路线划分加工阶段是对零件加工的整个工艺过程而言，不是以某一表面的加工或某一工序的加工而论。例如，有些定位基面，在半精加工阶段，甚至粗加工阶段就需要精确加工，而某些钻小孔的粗加工，又常常安排在精加工阶段。

三、工序的划分

在选定各表面的加工方法和划分加工阶段之后，就可以将同一阶段中各加工表面的加工组合成不同的工序。在划分工序时可以采用工序集中或分散的原则。

（一）工序集中

如果在每道工序中安排的加工内容多，则一个零件的加工可集中在少数几道工序内完成，工序少，称为工序集中。工序集中具有以下几个特点。

（1）工件在一次装夹后，可以加工多个表面，能较好地保证表面之间的相互位置精度；可以减少装夹工件的次数和辅助时间；减少工件在机床之间的搬运次数，有利于缩短生产周期。

（2）可减少机床数量和操作工人，节省车间生产面积，简化生产计划及组织工作。

（二）工序分散

在每道工序所安排的加工内容少，一个零件的加工分散在很多道工序内完成，工序多，称为工序分散。工序分散具有以下几个特点。

（1）机床设备及工装比较简单，调整方便，生产工人易于掌握。

（2）可以采用最合理的切削用量，减少机动时间。

（3）设备数量多，操作工人多，生产面积大。

在一般情况下，单件小批生产多为工序集中，成批、大量生产则工序集中和分散二者兼有。需根据具体情况，通过技术经济分析来决定。

四、加工顺序的安排

加工顺序的安排主要包括切削加工工序的安排、热处理工序的安排和辅助工序的安排。

（一）切削加工工序的安排

零件的被加工表面不仅有自身的精度要求，而且各表面之间还常有一定的位置要求，在零件的加工过程中要注意基准的选择与转换。安排加工顺序应遵循以下原则。

（1）当零件分阶段进行加工时一般应遵守“先粗后精”的加工顺序，即先进行粗加工，再进行半精加工，最后进行精加工和光整加工。

（2）先加工基准表面，后加工其他表面。在零件加工的各阶段，应先把基准面加工出来，以便后继工序用它定位加工其他表面。

（3）先加工主要表面，后加工次要表面。零件的工作表面、装配基面等应先加工，而键槽及螺孔等往往和主要表面之间有相互位置要求，一般应安排在主要表面之后加工。

（4）先加工平面，后加工内孔。对于箱体和模板类零件平面轮廓尺寸较大，用它定位，稳定可靠，一般总是先加工出平面作精基准，然后加工内孔。

（5）对套类零件，一般情况下先加工内孔，后加工外表面。

（二）热处理工序的安排

热处理工序在工艺路线中的安排，主要取决于零件热处理的目的。

（1）为改善金属组织和加工性能的热处理工序，如退火、正火和调质等，一般安排在粗加工前后。

（2）为提高零件硬度和耐磨性的热处理工序，如淬火和渗碳淬火等，一般安排在半精加工之后，精加工和光整加工之前。渗氮处理温度低、变形小，且渗氮层较薄，渗氮工序应尽量靠后，如安排在工件粗磨之后，精磨和光整加工之前。

（3）时效处理的目的在于减小或消除工件的内应力，一般在粗加工之后，精加工之前进行。对于高精度的零件，在加工过程中常进行多次时效处理。

（三）辅助工序的安排

辅助工序主要包括检验、去毛刺、清洗和涂防锈油等。其中检验工序是主要的辅助工序。为了保证产品质量，及时去除废品，防止浪费工时，并使责任分明，检验工序应以下几种情况安排。

（1）零件粗加工或半精加工结束之后。

（2）重要工序加工前后。

（3）零件送外车间（如热处理）加工之前。

（4）零件全部加工结束之后。

（5）钳工去毛刺常安排在易产生毛刺的工序之后，检验及热处理工序之前。

第四节　加工余量的确定

一、总加工余量和工序加工余量

加工余量是指加工过程中所切除的金属层厚度。由毛坯转变为零件的过程中，在某加工表面上切除金属层的总厚度，称为该表面的总加工余量，又称毛坯余量；一般情况下，总加工余量并非一次切除，而是分在各工序中逐渐切除，每道工序所切除的金属层厚度称为该工序加工余量。由上述可知以下两点。

其一，总加工余量等于各工序加工余量之和，即：

$$Z_{\Sigma}=\sum_{i=1}^{n}Z_i \tag{3-1}$$

式中：

Z_{Σ}——总加工余量；

Z_i——第i道工序的加工余量；

n——形成该表面的工序总数。

其二，总加工余量取决于毛坯尺寸与零件设计尺寸之差；而工序加工余量取决于先后两工序尺寸之差。

表面的加工余量为非对称的单边加工余量，是指刀具在加工表面上直接切除的金属层的厚度。旋转表面（外圆和内孔）的加工余量是对称加工余量，为刀具在加工表面上直接切除金属层厚度的两倍。

由于毛坯尺寸、零件尺寸和各道工序的工序尺寸都存在误差，因此，无论是总加工余量，还是工序加工余量都是一个变动值，出现了最大和最小加工余量，公称加工余量为前工序和本工序基本尺寸之差，最小加工余量为前工序尺寸的最小值和本工序尺寸的最大值之差；最大加工余量为前工序尺寸的最大值和本工序尺寸的最小值之差。工序加工余量的变动范围（最大加工余量与最小加工余量之差）等于前工序与本工序的工序尺寸公差之和。工序尺寸的公差带，一般规定在零件加工表面的“人体”方向：对被包容面的工序尺寸取上偏差为零；包容面的工序尺寸取下偏差为零；毛坯尺寸的公差一般按双向标注。

二、影响加工余量的因素

在确定工序的具体内容时，其工作之一就是合理地确定工序加工余量。加工余量的大小对零件的加工质量和制造的经济性均有较大的影响。加工余量过大，必然增加机械加工的劳动量、降低生产率；增加原材料、设备、工具及电力等的消耗。加工余量过小，又不能确保切除上工序形成的各种误差和表面缺陷，影响零件的质量，甚至产生废品。工序加工余量（公称值，以下同）除可用相邻工序的工序尺寸表示外，还可以用另外一种方法表示，即：工序加工余量等于最小加工余量与前工序尺寸公差之和。因此，在讨论影响加工余量的因素时，应首先研究影响最小加工余量的因素。

影响最小加工余量的因素较多，现将主要影响因素分单项介绍如下。

（1）前工序形成的表面粗糙度和缺陷层深度。为了使工件的加工质量逐步提高，一般每道工序都应切到待加工表面以下的正常金属组织，将上道工序形成的表面粗糙度和缺陷层切掉。

（2）前工序形成的形状误差和位置误差。当形状公差、位置公差和尺寸公差之间的关系是独立原则时，尺寸公差不控制形位公差。此时，最小加工余量应保证将前工序形成的形状和位置误差切掉。

以上影响因素中的误差与缺陷，有时会重叠在一起，但为了保证加工质量，可对各项进行简单叠加，以便彻底切除。

上述各项误差和缺陷都是前工序形成的，为将其全部切除，还要考虑本工序的装夹误差的影响。

综上所述，影响工序加工余量的因素可归纳为以下几点：前工序的工序尺寸公差；前工序形成的表面粗糙度和表面缺陷层深度；前工序形成的形状误差和位置误差；本工序的装夹误差。

三、确定加工余量的方法

确定加工余量的方法有以下三种。

（一）查表修正法

根据生产实践和试验研究，已将毛坯余量和各种工序的工序余量数据汇编于手册。确定加工余量时，可从手册中获得所需数据，然后结合工厂的实际情况进行适当修正。查表时应注意表中的数据为公称值，对称表面（轴孔等）的加工余量是双边余量，非对称表面的加工余量是单边的。这种方法目前应用最广。

（二）经验估计法

此法是根据实践经验确定加工余量。为防止加工余量不足而产生废品，往往估计的数值总是偏大，因而这种方法只适用于单件、小批生产。

（三）分析计算法

分析计算法是根据加工余量计算公式和一定的试验资料，通过计算确定加工余量的一种方法。采用这种方法确定的加工余量比较经济合理，但必须有比较全面可靠的试验资料及先进的计算手段方可进行，因此，目前应用较少。

在确定加工余量时，总加工余量和工序加工余量要分别确定。总加工余量的大小与选择的毛坯制造精度有关。用查表法确定工序加工余量时，粗加工工序的加工余量不应查表确定，而是用总加工余量减去各工序余量求得，同时要对求得的粗加工工序余量进行分析。如果过小，要增加总加工余量；如果过大，应适当减少总加工余量，以免造成浪费。

第五节　工序尺寸及其公差的确定

某工序加工应达到的尺寸称为工序尺寸。正确确定工序尺寸及其公差是制定零件工艺规程的重要工作之一。工序尺寸及其公差的大小不仅受到加工余量大小的影响，而且与工序基准的选择有密切关系。下面分两种情况进行讨论。

一、工艺基准与设计基准重合时工序尺寸及其公差的确定

工序尺寸及其公差的确定是指定位基准、工序基准、测量基准与设计基准重合时，

同一表面经过多次加工才能满足加工精度要求，应如何确定各种工序的工序尺寸及其公差。一般外圆柱面和内孔加工多属这种情况。

要确定工序尺寸，首先必须确定零件各工序的基本余量。生产中常采用查表法确定工序的基本余量。工序尺寸公差也可从有关手册中查得（或按所采用加工方法的经济精度确定）。按基本余量计算各工序尺寸，是由最后一道工序开始向前推算。对于轴类零件，前道工序的工序尺寸等于相邻后续工序的工序尺寸与基本余量之和。计算时应注意两点：对于某些毛坯（如热轧棒料）应按计算结果从材料的尺寸规格中选择一个相等或相近尺寸为毛坯尺寸。对于后一种情况，在毛坯尺寸确定后应重新修正粗加工（第一道工序）的工序余量；精加工工序余量应进行验算，以保证精加工余量不至于过大或过小。

二、工艺基准与设计基准不重合时工序尺寸及其公差的确定

在制定工艺规程时，根据加工的需要，在工艺附图或工艺规程中所给出的尺寸称为工艺尺寸。它可以是零件的设计尺寸，也可以是设计图上没有而检验时需要的测量尺寸或工艺过程中的工序尺寸等。当工艺基准不重合时，工艺尺寸及其公差的大小常常要用工艺尺寸链进行计算。

（一）工艺尺寸链的概念

在零件的加工过程中，被加工表面以及各表面之间的尺寸都在不断地变化，这种变化无论是在一个工序内，还是在各序之间都有一定的内在联系。运用工艺尺寸链理论去揭示这些尺寸间的联系，是合理确定工序尺寸及其公差的基础，已成为编制工艺规程时确定工艺尺寸的重要手段之一。

（二）工艺尺寸链的组成

组成工艺尺寸链的每一个尺寸称为工艺尺寸链的环。在加工过程中直接得到的尺寸称为组成环。在加工过程中间接得到的尺寸称为封闭环。

由于工艺尺寸链是由一个封闭环和若干个组成环所组成的封闭图形，因此，尺寸链中组成环的尺寸变化必然引起封闭环的尺寸变化。当某组成环增大（其他组成环保持不变），封闭环也随之增大时，则该组成环称为增环。为了迅速确定工艺尺寸链中各组成环的性质，可先在尺寸链图上平行于封闭环，沿任意方向画一箭头，然后沿着此箭头方向环绕工艺尺寸链，平行于每一个组成环依次画出箭头，箭头指向与环绕方向相同。箭头指向与封闭环箭头指向相反的组成环为增环，相同的为减环。

应当指出，正确判断出尺寸链的封闭环是解算工艺尺寸链最关键的一步。如果封闭环判断错了，整个工艺尺寸链的解算也就错了。所以在确定封闭环时，要根据零件的工

艺方案紧紧抓住间接得到的尺寸这一要点。

（三）工艺尺寸链的计算

计算工艺尺寸链的目的是要求工艺尺寸链中某些环的基本尺寸及其上、下偏差。计算方法有极值法（或称极大、极小法）和概率法两种。这里主要讲极值法。

1. 基本计算公式

用极值法解工艺尺寸链，是以尺寸链中各环的最大极限尺寸和最小极限尺寸为基础进行计算的。

表 3-2 列出了计算工艺尺寸链用到的尺寸及偏差（或公差）符号。

表 3-2　工艺尺寸链的尺寸及偏差符号

环名	符号名称						
	基本尺寸	最大尺寸	最小尺寸	上偏差	下偏差	公差	平均尺寸
封闭环	A_Σ	$A_{\sum max}$	ESA_Σ	ESA_Σ	EIA_Σ	T_Σ	$A_{\sum m}$
增环	$\overleftarrow{A}_i$	$\overrightarrow{A}_{imax}$	$ES\overleftarrow{A}i$	$ES\overleftarrow{A}i$	$EI\overleftarrow{A}_i$	$\overrightarrow{T}_i$	$\overleftarrow{A}_{im}$
减环	$\overleftarrow{A}_i$	$\overleftarrow{A}_{imax}$	E	E	$EI\overrightarrow{A}_i$	$\overleftarrow{T}_i$	$\overrightarrow{A}_{im}$

工艺尺寸链计算的基本公式如下：

$$A_\Sigma = \sum_{i=1}^{m} \overrightarrow{A}_i - \sum_{i=m+1}^{n} \overline{A}_i \tag{3-2}$$

$$A_{\Sigma max} = \sum_{i=1}^{m} \overrightarrow{A}_{i\,max} - \sum_{i=m+1}^{n} \overleftarrow{A}_{i\,min} \tag{3-3}$$

$$A_{\sum min} = \sum_{i=1}^{m} \overrightarrow{A}_{min} - \sum_{i=m+1}^{n} \overleftarrow{A}_{i\,max} \tag{3-4}$$

$$ESA_\Sigma = \sum_{i=1}^{m} ES\overrightarrow{A}_i - \sum_{i=m+1}^{n} EI\overleftarrow{A}_i \tag{3-5}$$

$$EIA_\Sigma = \sum_{i=1}^{m} EI\overrightarrow{A}_i - \sum_{i=m+1}^{n} ES\overleftarrow{A}_i \tag{3-6}$$

$$T_\Sigma = \sum_{i=1}^{n} T_i \tag{3-7}$$

$$A_{\sum m}=\sum_{i=1}^{m}\overrightarrow{A_{im}}-\sum_{i=m+1}^{n}\overleftarrow{A_{im}}$$

(3-8)

式中：A_{im}——各组成环平均尺寸$A_{im}=\frac{A_{i\max}+A_{i\min}}{2}$；$n$——不包括封闭环在内的尺寸链总环数；$m$——增环的数目。

2. 正计算

已知各组成环的基本尺寸和公差（或偏差），求封闭环的基本尺寸和公差（或偏差）。这种情况在验证工序图上标注工艺尺寸及公差能否满足工件的设计尺寸要求时遇到。

3. 反计算

已知封闭环的基本尺寸和公差（或偏差），求组成环的基本尺寸和公差（或偏差）。反计算又有等公差法和等精度法两种解法。

（1）等公差法

按照尺寸链中各组成环的公差都相等的原则来分配各组成环的公差。由于各组成环的公差之和等于封闭环的公差，根据式（3-7）可以求出各组成环的平均公差T_{im}为：

$$T_{im}=\frac{T_{\Sigma}}{n}$$

(3-9)

用这种方法解尺寸链，计算比较简便，但没有考虑各组成环的尺寸大小和加工难易程度，都给出相等的公差值，这显然是不合理的。因此，在实际应用中常将计算所得的T_{im}按各组成环的尺寸大小和加工的难易程度进行适当的调整，使各组成环的公差都能较容易地达到，但调整后的各环公差之和仍应满足式（3-7）。

（2）等精度法

按照尺寸链中各组成环公差等级相等的原则来分配各组成环的公差。因此，它克服了等公差法的缺点，从工艺上看较为合理，但计算比较麻烦。

4. 中间计算

已知封闭环和有关组成环的基本尺寸和公差（或偏差），求其一组成环的基本尺寸和公差（或偏差）。

第六节 机械加工质量分析

机械零件的制造精度主要体现在机械零件的精度和相关部位的配合精度。零件的机械加工质量包括零件的机械加工精度和加工表面质量两大方面。

一、机械加工精度的相关概述

机械加工精度是指零件加工后的实际几何参数与理想（设计）几何参数的符合程度。其符合程度越高，加工精度就越高。在机械加工过程中，往往由于各种因素的影响，加工出的零件不可能与理想（设计）的要求完全一致。

零件的加工精度包含三个方面：尺寸精度、形状精度和位置精度。这三者之间是有联系的。通常形状公差应限制在位置公差之内，而位置公差一般也应限制在尺寸公差之内。当尺寸精度要求较高时，相应的位置精度、形状精度也提高要求；但当形状精度要求高时，相应的位置精度和尺寸精度有时不一定要求高，这要根据零件的功能要求来决定。

一般情况下，零件的加工精度越高加工成本就越高，生产效率就越低，因此，设计人员应根据零件的使用要求，合理地规定零件的加工精度。

在机械加工中，零件的尺寸、几何形状和表面间相对位置的形成，取决于工件和刀具在切削运动过程中相互位置的关系，而工件和刀具又安装在夹具和机床上，并受到夹具和机床的约束。在机械加工时，机床、夹具、刀具和工件构成了一个完整的系统，称之为工艺系统，加工精度问题也就牵涉到整个工艺系统的精度问题。工艺系统中的种种误差，在不同的具体条件下，以不同的程度和方式反映为加工误差。工艺系统的误差是“因”，加工误差是“果”。因此，把工艺系统的误差称为原始误差。

（一）影响模具精度的主要因素

影响模具精度的主要因素有以下几个方面。

1. 制件的精度

产品制件的精度越高，模具工作零件的精度就越高。模具精度的高低不仅对产品制件的精度有直接影响，而且对模具的生产周期、生产成本以及使用寿命都有很大的影响。

2. 模具加工技术手段的水平

模具加工设备的加工精度和自动化程度是保证模具精度的基本条件，今后模具精度将更多地依赖模具加工技术手段水平的高低。

3. 模具装配钳工的技术水平

模具的最终精度在很大程度上依赖装配调试，模具光整表面的表面粗糙度大小也主要依赖于模具钳工的技术水平，因此，模具装配钳工的技术水平是影响模具精度的重要因素。

4. 模具制造的生产方式和管理水平

在模具的设计和生产中，模具工作刃口尺寸是采用“实配法”，还是“分别制造法”加工，是影响模具精度的重要方面，对于高精度模具，只有采用“分别制造法”才能满足高精度的要求，实现互换性生产。

(二)影响零件制造精度的因素

影响零件制造精度的因素主要有以下几个方面。

1. 工艺系统的几何误差对加工精度的影响

(1) 加工原理误差

加工原理误差指采用了近似的成形运动或近似的刀刃轮廓进行加工而产生的误差。

在三坐标数控铣床上铣削复杂形面零件时，通常要用球头刀并采用“行切法”加工。所谓行切法，就是球头刀与零件轮廓的切点轨迹是一行一行的，而行间的距离S是按零件的加工要求确定的。这种方法实质上是将空间立体形面视为众多的平面截线的集合，每次走刀加工出其中的一条截线。每两次走刀之间的行间距，可以按下式确定：

$$S=\sqrt{8Rh} \tag{3-10}$$

式中：R为球头刀半径；h允许的表面不平度。

由于数控铣床一般只具有直线和圆弧插补功能（少数数控机床具备抛物线和螺旋线插补功能），所以即便是加工一条平面曲线，也必须用许多很短的折线段或圆弧去逼近它。当刀具连续地将这些小线段加工出来，就得到了所需的曲线形状。逼近的精度可由每根线段的长度来控制。因此，在曲线或曲面的数控加工中，刀具的运动相对于工件的成形运动是近似的。

又如，滚齿用的齿轮滚刀有两种误差：一是为了制造方便，采用阿基米德蜗杆或法向直廓蜗杆代替渐开线基本蜗杆而产生的刀刃齿廓形误差；二是由于滚刀刀齿有限，实际上加工出的齿形是一条由微小折线段组成的曲线，和理论上的光滑渐开线有差异，从而产生加工原理误差。

采用近似的成形运动或近似的刀刃轮廓，虽然会带来加工原理误差，但往往可简化机床结构或刀具形状，提高生产效率，且能得到满足要求的加工精度。因此，只要这种方法产生的误差不超过规定的精度要求，在生产中仍能得到广泛的应用。

（2）调整误差

在机械加工的每一道工序中，总要对工艺系统进行各种调整工作。由于调整不可能绝对地准确，因而会产生调整误差。

工艺系统的调整有试切法和调整法两种基本方式，不同的调整方式有不同的误差来源。

①试切法。加工时先在工件上试切，根据测得的尺寸与要求尺寸的差值，用进给机构调整刀具与工件的相对位置，然后再试切、测量、调整，直至符合规定的尺寸要求时再正式切削出整个待加工表面。采用试切法时引起调整误差的因素有测量误差、机床进给机构的位移误差、试切与正式切削时切削层厚度变化等。模具生产中普遍采用试切法加工。

②调整法。在成批、大量的生产中，广泛采用试切法预先调整好刀具与工件的相对位置，并在一批零件的加工过程中保持这种相对位置不变，来获得所要求的零件尺寸。与采用样件（或样板）调整相比，采用试切调整比较符合实际加工情况，可得到较高的加工精度，但调整较费时。因此，实际使用时可先根据样件（或样板）进行初调，然后试切若干工件，再据之做精确微调。这样既缩短了调整时间，又可得到较高的加工精度。

（3）机床误差

引起机床误差的原因是机床的制造误差、安装误差和磨损。机床误差的项目很多，但对工件加工精度影响较大的主要有以下几个。

①机床导轨导向误差。导轨导向精度是指机床导轨副的运动件实际运动方向与理想运动方向的符合程度，这两者之间的偏差值称为导向误差。导轨是机床中确定主要部件相对位置的基准，也是运动的基准，它的各项误差直接影响被加工工件的精度。导轨导向误差主要包括导轨在水平面内的直线度误差、导轨在垂直平面内的直线度误差、两导轨在垂直方向上的平行度误差。

②机床主轴的回转误差。机床主轴是用来装夹工件或刀具，并传递主要切削运动的重要零件。它的回转精度是机床精度的一项很重要的指标，主要影响零件加工表面的几何形状精度、位置精度和表面粗糙度。

必须指出，实际上主轴工作时其回转轴线的漂移运动是几种误差运动的合成，因此，不同横截面内轴心的误差运动轨迹既不相同，又不相似，既影响所加工工件圆柱面的形状精度，又影响端面的形状精度。

（4）夹具的制造误差与磨损

夹具的误差主要有以下三种：一是定位元件、导向元件、分度机构、夹具体等的制造误差；二是夹具装配后，以上各种元件工作面间的相对尺寸误差；三是夹具在使用过程中工作表面的磨损。

夹具误差将直接影响工件加工表面的位置精度或（和）尺寸精度。一般来说，夹具误差对加工表面的位置误差影响最大。在设计夹具时，凡影响工件精度的尺寸应严格控制其制造误差，精加工用夹具一般可取工件上相应尺寸或位置公差的 1/2 ～ 1/3，粗加工用夹具则可取为 1/5 ～ 1/10。

（5）刀具的制造误差与磨损

刀具的制造误差对加工精度的影响，因刀具的种类、材料等的不同而异。

①采用定尺寸刀具（如钻头、铰刀、键槽铣刀、镗刀块及圆拉刀等）加工时，刀具的尺寸精度直接影响工件的尺寸精度。

②采用成形刀具（如成形车刀、成形铣刀及成形砂轮等）加工时，刀具的形状精度将直接影响工件的形状精度。

③展成刀（如齿轮滚刀、花键滚刀及插齿刀等）的刀刃形状必须是加工表面的共轭曲线，因此刀刃的形状误差会影响加工表面的形状精度。

④对于一般刀具（如车刀、铣刀、镗刀），其制造精度对加工精度无直接影响。

任何工具在切削过程中都不可避免地要产生磨损，并由此引起工件尺寸和形状误差。刀具的尺寸磨损是指刀刃在加工表面的法线方向（误差敏感方向）上的磨损量，它直接反映出刀具磨损对加工精度的影响。

2. 工艺系统受力变形引起的加工误差

切削加工时，由机床、刀具、夹具和工件组成的工艺系统，在切削力、夹紧力以及重力等的作用下，将产生相应的变形，使刀具和工件在静态下调整好相互位置，以及切削成形运动所需要的几何关系发生变化，从而造成加工误差。

工艺系统的受力变形是加工中一项很重要的原始误差来源，事实上，它不仅影响工件的加工精度，而且还影响加工表面质量，限制加工生产率的提高。

工艺系统的受力变形通常是弹性变形。一般来说，工艺系统抵抗弹性变形的能力越强，则加工精度越高。工艺系统抵抗变形的能力，用刚度K来描述。所谓工艺系统刚度，是指工件加工表面切削力的法向分力F_y，与刀具相对工件在该方向上非进给位移y的比

值，即

$$K=\frac{F_y}{y}$$

（3-11）

必须指出，在上述刚度（N/mm）定义中，工件和刀具在y方向产生的相对位移y不是F_y作用的结果，而是F_x、F_y、F_z同时作用下的综合结果。

（1）系统刚度对加工精度的影响

系统刚度对加工精度的影响主要有以下几个方面。

①切削力作用点位置变化引起的工件形状误差。在切削过程中，工艺系统的刚度会随切削力作用点位置的变化而变化，这使得工艺系统的受力变形亦发生变化，引起工件的形状误差。

②切削力大小变化引起的加工误差。例如，在车床上加工短轴，这时如果毛坯形状误差较大或材料硬度很不均匀，工件加工时切削力的大小就会有较大变化，工艺系统的变形也会随之变化，因而引起工件的加工误差。

由分析可知，当工件毛坯有形状误差（如圆度、圆柱度、直线度等）或相互位置误差（如偏心、径向圆跳动等）时，加工后仍然会有同类的加工误差出现。在成批大量生产中用调整法加工一批工件时，如毛坯的尺寸不一，那么加工后这批工件仍有尺寸不一的误差，这种现象叫作“误差复映”。如果一批毛坯材料的硬度不均匀且差别很大，就会使工件的尺寸分散范围扩大，甚至超差。

③夹紧力和重力引起的加工误差。工件在装夹时，由于工件刚度较低或夹力点不当，会使工件产生相应的变形，造成加工误差。

④传动力和惯性力对加工精度的影响。其影响主要包括传动力的影响和机床传动力对加工精度的影响，主要取决于传动件作用于被传动件上的力学状况。当存在使工件及定位件产生变形的力时，刀具相对于工件发生误差位移，从而引起加工误差；当没有使工件及定位件产生变形的力时，传动力对加工精度就没有影响；惯性力的影响，高速切削时，如果工艺系统中有不平衡的高速旋转构件存在，就会产生离心力，它和传动力一样，在工件的每一转中不断变更方向，引起工件几何轴线做摆角运动。从理论上讲惯性力造成工件的圆度误差，但要注意的是，当不平衡质量的离心力大于切削力时，机床主轴轴颈和轴套内孔表面的接触点就会不停地变化，轴套孔的圆度误差将传给工件的回转轴心。此外，周期变化的惯性力还常常引起工艺系统的强迫振动。

机械加工中惯性力对加工精度产生的影响，可采用“对重平衡”的方法来消除，即在不平衡质量的反向加装重块，使两者的离心力相互抵消。必要时亦可适当降低转速，以减少离心力的影响。

（2）减小工艺系统受力变形对加工精度影响的措施

减小工艺系统的受力变形是保证加工精度的有效途径之一。在生产实际中，常从两个主要方面采取措施来解决工艺系统受力变形的问题：一是提高系统的刚度；二是减小载荷及其变化。

①提高工艺系统的刚度可采用如下方法。

A. 合理的结构设计。在设计工艺装备时，应尽量减少连接件的数目，并注意刚度的匹配，防止有局部低刚度环节出现。

B. 提高连接表面的接触刚度。由于部件的接触刚度大大低于实体零件本身的刚度，所以提高接触刚度是提高工艺系统刚度的关键。特别是机床设备，提高其连接表面的接触刚度，往往是提高其刚度的最简便、最有效的方法。

C. 采用合理的装夹和加工方式。如加工细长轴时采用反向进给（从主轴箱向尾座方向进给），使工件从原来的轴向受压变为轴向受拉，可提高工件的刚度。此外，增加辅助支承也是提高工件刚度的常用方法。加工细长轴时采用中心架或跟刀架就是一个典型的例子。

②减小载荷及其变化。采取适当的工艺措施，如合理选择刀具的几何参数（如增大前角、让主偏角接近 90° 等）和切削用量（如适当减少进给量和切削深度），以减小切削力，就可以减少受力变形。将毛坯分组，使一次调整中加工的毛坯余量比较均匀，就能减小切削力的变化，减小复映误差。

减少工件残余应力引起的变形。残余应力也是内应力，是指在没有外力作用下或去除外力后工件内存留的应力。具有残余应力的零件处于一种不稳定的状态，它内部的组织有强烈的倾向要恢复到稳定的没有应力的状态。即使在常温下，零件也会不断地缓慢进行这种变化直到残余应力完全松弛为止。在这一过程中，零件将会翘曲变形，原有的加工精度会逐渐消失。

残余应力是由于金属内部相邻组织发生了不均匀的体积变化而产生的。促成这种变化的因素主要来自冷加工、热加工。要减少残余应力，一般可采取下列措施。

A. 增加消除内应力的热处理工序。如对铸、锻、焊接件进行退火或回火；零件淬火后进行回火；对精度较高的零件，如床身、丝杠、箱体、精密主轴等，在粗加工后进行时效处理。

B. 合理安排工艺过程。如粗加工、精加工不在同一工序中进行，使粗加工后有一定时间让残余应力重新分布，以减少对精加工的影响。

C. 改善零件结构。提高零件的刚性，使壁厚均匀等，均可减少残余应力。

3. 工艺系统的热变形对加工精度的影响

在机械加工过程中，工艺系统会受到各种热的影响而产生温度变形，一般也称为热变形。这种变形将破坏刀具与工件的正确几何关系和运动关系，造成工件的加工误差。另外工艺系统的热变形还影响加工效率。为减少受热变形对加工精度的影响，通常需要预热机床以获得热平衡，降低切削用量以减少切削热和摩擦热，粗加工后停机以待热量散发后再进行精加工，或增加工序（使粗加工和精加工分开）等。

工艺系统在各种热源的作用下，温度会逐渐升高，同时它们也通过各种传热方式向周围的介质散发热量。当工件、刀具和机床的温度达到某一数值时，单位时间内散出的热量与热源传入的热量趋于相等，这时工艺系统就达到了热平衡状态，在热平衡状态下，工艺系统各部分的温度保持在相对固定的数值上，因而各部分的热变形也就相应地趋于稳定。

由于作用于工艺系统各组成部分的热源，其发热量、位置和作用时间各不相同，各部分的热容量、散热条件也不一样，因此，工艺系统各部分的温度是不相同的。即使是同一物体，处于不同空间位置上的各点在不同时间的温度也是不等的。物体中各点温度的分布称为温度场。当物体未达到热平衡时，各点温度不仅是该点位置的函数，也是时间的函数，这种温度场称为不稳态温度场。物体达到热平衡后，各点温度将不再随时间变化，而只是该点位置坐标的函数，这种温度场则称为稳态温度场。

（1）工件热变形对加工精度的影响

在工艺系统的热变形中，机床的热变形最为复杂，工件及刀具的热变形相对要简单一些，这主要是因为在加工过程中，影响机床热变形的热源较多，也较复杂，而对工件和刀具，热源则比较简单。因此，工件和刀具的热变形常可用解析法进行估算和分析。

（2）刀具热变形对加工精度的影响

刀具的热变形主要是由切削热引起的。通常传入刀具的热量并不太多，但由于刀体小，热容量小，并且热量集中在切削部分，故刀具仍会有很高的温升。如车削时，高速钢车刀的工作表面温度可达 700 ～ 800℃，硬质合金刀刃的温度可高于 1000℃。

连续切削时，刀具的热变形在切削初始阶段增加很快，随后变得较缓慢，经过不长的一段时间（10 ～ 20min）后便趋于热平衡状态。此后，热变形的变化量非常小。刀具总的热变形量可达 0.03 ～ 0.05mm（与伸出部分长度成正比）。

间断切削时，由于刀具有短暂的冷却时间，故其热变形曲线具有热胀冷缩双重特性，且总的变形量比连续切削时要小一些，变形量最后稳定在一定范围内。

当切削停止后，刀具温度迅速下降，开始冷却得较快，以后逐渐减慢。

加工大型零件时，刀具的热变形往往造成几何形状误差。如车长轴时，可能由于刀具的热伸长而产生锥度。

为了减小刀具的热变形，应合理选择切削用量和刀具几何参数，并给予刀具充分的冷却和润滑以减少切削热，降低切削温度。

（3）机床热变形对加工精度的影响

机床在工作过程中受到内外热源的影响，各部分的温度将逐渐升高。由于各部件的热源不同，分布不均匀，以及机床结构的复杂性，导致各部件的温升不同，而且同一部件不同位置的温升也不尽相同，进而形成不均匀的温度场，使机床各部件之间的相互位置发生变化，破坏了机床原有的几何精度而造成加工误差。

机床空运转时，各运动部件产生的摩擦热基本不变。运转一段时间之后，各部件传入的热量和散失的热量基本相等，即达到热平衡状态，变形趋于稳定，机床达到热平衡状态时的几何精度称为热态几何精度，在机床达到热平衡状态之前，机床的几何精度变化不定，对加工精度的影响也变化不定。因此，精密加工应在机床处于热平衡之后进行。

二、机械加工的表面质量

（一）表面质量

机械加工的表面质量也称表面完整性，它包含表面的几何特征和表面层的力学物理性能两个方面。

1. 表面的几何特征

表面的几何特征主要由以下几个部分组成。

（1）表面粗糙度

表面粗糙度，即加工表面上具有的由较小间距和峰谷所组成的微观几何形状特征。它主要是由机械加工中切削刀具的运动轨迹所形成的，其波高与波长的比值一般大于1∶50。

（2）表面波度

表面波度，即介于宏观几何形状误差与表面粗糙度之间的中间几何形状误差。它主要是由切削刀具的偏移和振动造成的，其波高与波长的比值一般为1∶50～1∶1000。

（3）表面加工纹理

表面加工纹理，即表面微观结构的主要方向，它取决于形成表面所采用的机械加工方法，即主运动和进给运动的关系。

（4）伤痕

在加工表面上一些个别位置上出现的缺陷。它们大多是随机分布的，如砂眼、气孔、裂痕和划痕等。

2. 表面层的力学物理性能

表面层力学性能和物理性能的变化，主要有三个方面：表面层的加工硬化；表面层金相组织的变化；表面层的残余应力。

（二）零件的表面质量对零件使用性能的影响

零件的表面质量对零件使用性能的影响主要有以下几个方面。

1. 零件的表面质量对零件耐磨性的影响

零件的耐磨性与摩擦的材料、润滑条件和零件的表面质量等因素有关。特别是在前两个条件已确定的前提下，零件的表面质量就起着决定性的作用。

当两个零件的表面接触时，其表面的凸峰顶部先接触，其实际接触面积大大小于理论上的接触面积。表面越粗糙，实际的接触面积就越小，凸峰处的单位面积压力就会增大，表面磨损更容易。即使在有润滑油的条件下，也会因接触处的压强超过油膜张力的临界值，破坏了油膜的形成而加剧表面层的磨损。表面粗糙度虽然对摩擦面的影响很大，但并不是表面粗糙度越小零件越耐磨。

在一定条件下，若零件的表面粗糙度过大，实际压强增大，凸峰间的挤裂、破碎和切断等作用加剧，磨损也就明显。在零件表面粗糙度过小的情况下，紧密接触的两个光滑表面间的贮油能力很差。一旦润滑条件恶化，则两表面金属分子间产生较大的亲和力，因黏合现象而使表面产生“咬焊”，导致磨损加剧，因此，零件摩擦表面的粗糙度偏离最佳值太大（无论是过小还是过大）都是不利的。

在不同的工作条件下，零件的最优表面粗糙度是不同的。重载荷情况下零件的最优表面粗糙度要比轻载荷时大。表面的轮廓形状和表面加工纹理对零件的耐磨性也有影响，因为表面轮廓形状及表面加工纹理影响零件的实际接触面积与润滑情况。

表面层的加工硬化使零件的表面层硬度提高，从而使表面层处的弹性和塑性变形减小，磨损减少，使零件的耐磨性提高。但如果硬化过度，会使零件的表面层金属变脆，磨损会加剧，甚至出现剥落现象，所以零件的表面硬化层必须控制在一定范围内。

2. 零件的表面质量对零件疲劳强度的影响

零件在交变载荷的作用下，其表面微观上不平的凹陷处和表面层的缺陷处容易引起应力集中而产生疲劳裂纹，造成零件的疲劳破坏。试验表明，减小表面粗糙度可以使零件的疲劳强度有所提高。因此，对于一些重要零件的表面，如连杆曲轴等，应进行光整加工，减小零件的表面粗糙度，提高其疲劳强度。

加工硬化对零件的疲劳强度影响也很大。表面层的加工硬化可以在零件表面形成一个冷硬层，因而能阻碍表面层疲劳裂纹的出现，从而使零件的疲劳强度提高。但如果零件表面层的冷硬程度过大，反而易产生裂纹，故零件的冷硬程度与硬化深度应控制在一定范围之内。

表面层的残余应力对零件的疲劳强度也有很大影响。当表面层为残余压应力时，能延缓疲劳裂纹的扩展，提高零件的疲劳强度；当表面层为残余拉应力时，容易使零件表面产生裂纹而降低其疲劳强度。

3. 零件的表面质量对零件耐腐蚀性能的影响

零件的耐腐蚀性在很大程度上取决于零件的表面粗糙度。零件表面越粗糙，越容易积聚腐蚀性物质，凹谷越深，渗透与腐蚀作用越强烈，因此，降低零件的表面粗糙度值可以提高零件的耐腐蚀性能。

表面残余应力对零件的耐腐蚀性能也有较大影响。零件表面的残余压应力使零件表面紧密，腐蚀性物质不易进入，可增强零件的耐腐蚀性，而表面残余拉应力则降低零件的耐腐蚀性。

4. 零件的表面质量对配合性质及其他方面的影响

相配零件间的配合关系是用过盈量或间隙值来表示的。在间隙配合中，如果零件的配合表面粗糙，则会使配合件很快磨损而增大配合间隙，改变配合性质，降低配合精度；在过盈配合中，如果零件的配合表面粗糙，则装配后配合面的凸峰被挤平，配合件间的有效过盈量减小，降低配合件间的连接强度，影响配合的可靠性。因此对有配合要求的表面，必须规定较小的表面粗糙度。

总之，提高加工表面的质量，对保证零件的使用性能、延长零件的寿命是很重要的。

第四章 数控车削加工技术

第一节 数控车床

数控车床是用计算机数字化信号控制的车床，在国内数量最多，应用最广。数控车床与普通车床相似，即由床身、主轴箱、刀架、进给系统、冷却系统和润滑系统等部分组成。但其进给系统与普通车床有本质的区别，传统的普通车床有进给箱和交换齿轮架，而数控车床是直接利用伺服电机通过滚珠丝杠驱动溜板和刀架实现进给运动，因而其进给系统的结构可以大为简化。从生产批量上看，数控车床一般适合于多品种和中小批量的生产，但随着数控车床制造成本的降低，目前，不论是国外还是国内，使用数控机床进行大批量生产也越来越普遍。

一、数控车床的组成

数控车床由以下五大部分组成。

（一）车床本体

车床本体是数控机床的机械部件，主要包括主传动系统、进给传动系统、辅助装置等。与普通车床相比，数控车床的主体结构具有刚度好、精度高、可靠性好、热变形小等特点。

（二）数控系统

数控系统是数控车床的控制核心，在数控车床中起指挥作用。现代数控系统通常是带有专门软件的专用计算机。数控装置接收加工程序等送来的各种信息，经处理和调配后，向驱动机构发出各种指令信息。在执行过程中，其驱动、检测等机构同时将有关信息反馈给数控系统，以便经处理后发出新的执行命令。

（三）伺服系统

伺服系统是数控车床的执行机构，由驱动和执行两大部分组成。它接受数控系统发出的脉冲指令信息，并按脉冲指令信息的要求控制执行部件的进给速度、方向和位移等，每一脉冲使机床移动部件产生的位移叫脉冲当量。

伺服系统根据其控制方式不同有以下三种类型。

1. 开环伺服系统

这类系统无检测装置，对移动部件的实际位移量不进行检测，不能进行误差校正，因此，精度不高，但反应迅速，工作稳定可靠，调试及维修均很方便。

2. 闭环伺服系统

这类系统的位置检测装置，直接对移动部件的实际位移量进行检测，将测量的实际位置反馈到数控装置中，与输入指令进行比较，用差值对机床进行控制。精度较高，调节速度较快。

3. 半闭环伺服系统

这类系统的检测装置安装在驱动电机的端部或传动丝杠端部，间接测量移动部件的实际位置或位移，其精度介于开环和闭环伺服系统之间，因而得到广泛应用。

（四）检测装置

检测装置通过位置传感器将伺服电机的角位移或数控车床的执行机构的直线位移转换成电信号，输送给数控装置，使之与指令信号进行比较，并由数控装置发出指令，纠正所产生的误差，使数控车床按加工程序要求的进给位置和速度完成加工。

（五）辅助装置

辅助装置指数控车床中一些为加工服务的配套部分，如液压、气动装置、冷却、照明、润滑、防护和排屑装置等。

二、数控车床的工作过程

（1）首先根据零件图所给出的形状、尺寸、材料及技术要求等内容，进行各项准备工作，包括程序设计、数值计算及工艺处理等。

（2）将上述程序和数值按数控装置所规定的程序格式编制出加工程序，通过输入（手工、计算机传输等）装置，将加工程序的内容输送到数控装置。

（3）数控装置将数控系统接收来的程序（NC 代码）“翻译”为二进制的机器码，再转换为控制X、Z方向运动的电脉冲信号以及其他辅助处理信号，以脉冲信号的形式向伺服系统发出指令，要求伺服系统执行。

（4）伺服系统接到执行的信息指令后，立即驱动车床的进给运动机构严格按照指令的要求进行位移，使数控车床自动完成相应零件的加工。

三、数控车床的特点

（一）数控车床的结构特点

与普通车床相比，数控车床除具有数控系统和伺服系统外，数控车床的结构还具有以下几个特点。

（1）运动传动链短，数控车床上沿纵、横两个坐标轴方向的运动是通过伺服系统完成的，即由驱动电机—进给丝杠—床鞍及中滑板，免去了普通车床的主轴电机—主轴箱—挂轮箱—进给箱—溜板箱—床鞍及中滑板的冗长的传动链，用伺服电机直接与丝杠连接带动刀架运动，伺服电机与丝杠间也可以用同步皮带副或齿轮副连接。另外，对于无级自动调速的数控车床，其主轴箱中较复杂的传动链也变得极为简单了。

（2）数控车床的刀架移动一般采用滚珠丝杠副，轻拖动。滚珠丝杠副是数控车床的关键机械部件之一，滚珠丝杠两端安装的滚动轴承是专用轴承，它的压力角比常用的向心推力球轴承要大得多。这种专用轴承配对安装，是选配的，最好在轴承出厂时就是成对的。

（3）运动副的耐磨性好，摩擦损失小，润滑充分，拖动轻便。要实现高精度的加工，各运动部件在频繁的运行过程中，必须动作灵敏，低速运行时无爬行。因此，对其移动副和螺旋副的结构、材料等各方面均有较高要求，并多采用油雾自动润滑形式。

（4）总体结构刚性好，抗振性好。数控车床的总体结构主要指机械结构，如床身、拖板、刀架等部件。只有刚性好，才能与数控系统的高精度控制功能相匹配，否则数控系统的优势将难以发挥。

（5）数控车床的冷却效果好于普通车床，具有加工冷却充分、防护较严密等特点，自动运转时一般都处于全封闭或半封闭状态。

（6）数控车床一般还配有自动排屑装置。

（二）数控车床的加工特点

数控车床加工与普通车床加工相似，但也有其独特的特点。

1. 加工精度高，加工质量稳定

数控机床的加工过程是由计算机根据预先输入的程序进行控制的，只要信息指令正确，又能保证数控车床精度，就能避免因操作者技术水平的差异而引起的产品质量的不同。数控车床本身的重复精度较高，在加工同一批零件时，能保证加工的一致性并有稳定的质量。另外，数控车床的加工过程不受人的体力、情绪变化的影响。

2. 加工能力强，柔性程度高

在数控机床上加工零件，关键的是加工程序。加工不同的零件时，只要重新编制或修改加工程序就可以迅速达到加工要求，而不需调整机床或机床附件以适应加工零件的要求，大大缩短了更换机床硬件的技术准备时间，因此，适合多品种、单件或小批量生产。对于形状复杂的零件，普通机床几乎不可能完成，数控机床通过编制较复杂的程序就可以达到目的。另外，还可以利用计算机辅助编程或计算机辅助加工，完成一些普通机床很难加工或根本无法加工的精密复杂零件的加工。

3. 降低劳动强度，改善劳动条件

数控车床加工过程是按事先编制的加工程序自动完成的，一般情况下，操作者进行面板操作、工件的装卸、刀具的准备、关键工序的中间测量以及观察机床的运行，不需要进行繁重的重复性的手工操作，体力劳动和紧张程度大为减轻，相应地改善了劳动条件。

4. 加工生产率高，加工成本低

数控车床的主轴转速和进给速度变化范围较大，全功能数控车床还可无级调速，具有恒转速和恒线速度等功能，加工时每道工序、工步、走刀都可选择最佳切削用量，使切削参数最优化，充分发挥工艺系统的潜能。数控车床移动部件空行程运动速度快，更换工件几乎不需重新调整机床，且加工精度比较稳定，一般只做首件检验和工序间关键尺寸的抽样检验，这样大大减少了安装、停机检验等辅助生产时间，提高了加工生产率，降低了加工成本，且生产批量越大，加工成本越低。

5. 良好的经济效益

改变数控车床加工对象时，只需重新编写加工程序，不需要制造、更换新机床；对于形状复杂和精度较高的零件，应用数控车床，可相应地减少普通车床的类型和台数，有效地节省了设备投资，有利于企业更好地发展再生产。在单件、小批量生产情况下，使用数控车床加工可以减少调整、加工、检验时间，直接节省生产费用。数控加工质量稳定，可以减少甚至避免废品的产生，使生产成本进一步下降。此外，数控车床加工便于实现工序集中管理，简化物流，降低管理成本，实现高效生产，能够获得良好的经济效益。

（三）数控车床的应用特点

数控车床的应用特点如下。

（1）适于分期（不定期或周期）进行的轮番生产。

（2）适用于多品种、中、小批量的生产。

（3）应用于大批量生产的趋势已逐步形成。

（4）适于新工人的培养。普通车床加工复杂和精密零件时，需要老工人丰富的实践经验和熟练操作技巧，应用数控车床进行加工，可以使新工人摆脱技术上的很多束缚，利于人才培养，适应高速发展的需要。

（5）有利于生产和技术管理水平的提高。数控车削加工有赖于各种数字化信息指令，数控车床为提高生产管理水平提供了科学和准确的依据；同时，加工程序的标准化和生产过程自动化，使管理工作特别适合采用计算机的先进管理。

四、数控车床的分类

数控车床品种繁多，规格齐全，可按如下方法进行分类。

（一）按车床夹具的基本类型分类

1. 卡盘式数控车床

这类车床没有尾座，适合车削盘类（含短轴类）零件。夹紧方式多为电动或液动控制，卡盘式结构多具有可调卡爪或者不淬火的卡爪（软卡爪）。

2. 顶尖式数控车床

这类车床配有普通尾座或数控尾座，适合车削较长的零件及直径不太大的盘类零件。

（二）按刀架数量分类

1. 单刀架数控车床

单刀架数控车床一般配置有各种形式的单刀架，如四工位卧动转位刀架或多工位转塔式自动转位刀架。单刀架数控车床可以进行两坐标控制。

2. 双刀架数控车床

双刀架一般平行分布，也可以是相互垂直分布。双刀架数控车床可以进行四坐标控制，多数采用倾斜导轨。

（三）按功能分类

1. 经济型数控车床

采用步进电机和单片机对普通车床的进给系统进行改造后形成的简易型数控车床，成本较低，但自动化程度和功能都较差，车削加工精度也不高，适用于要求不高的回转类零件的车削加工。

2. 普通数控车床

在结构上进行专门设计并配备通用数控系统而形成的数控车床，数控系统功能强，自动化程度和加工精度比较高，适用于一般回转体零件的车削加工。这种数控车床可同时控制两个坐标轴，即X轴和Z轴。

五、数控车床加工的主要对象

数控车削的功能与普通车削相近，主要用来加工轴、盘、套等回转体零件表面。通过数控加工程序的运行，数控车床可自动完成内外圆柱面、圆锥面、成形表面、螺纹和端面等的切削加工，并能进行车槽、钻孔、扩孔、铰孔等工作。特别是在车削复杂回转表面和特殊螺纹时有其突出的优点。其加工对象主要有以下几类。

（一）精度要求高的回转体零件

由于数控车床的刚性好，制造和对刀精度高，以及能精确地进行刀具位置的人工补偿和自动补偿，所以能够加工尺寸精度高的零件，在有些场合可以以车代磨。此外，由于数控车削时刀具运动是通过高精度插补运算和伺服驱动来实现的，且机床的刚性好，制造精度高，所以能加工对母线直线度、圆度、圆柱度等要求高的零件。对圆弧以及其他曲线轮廓，加工出的形状与图纸上目标几何形状的接近程度比用仿形车削高得多。

（二）表面粗糙度要求高的回转体零件

数控车床刚性好、制造精度高，具有恒线速度切削功能，能加工出表面粗糙度值小而均匀的零件。在材质、精度、余量和刀具已定的情况下，表面粗糙度取决于进给量和切削速度。在普通车床上车削锥面和端面时，由于转速恒定不变，在切削加工中，随切削直径的不断变化，加工中线速度也不断变化，致使车削后的表面粗糙度不一致，只有某一直径处粗糙度值最小。使用数控车床的恒线速度切削功能，在切削圆锥面和端面时，选用最佳的切削线速度，可以加工出粗糙度值小且一致的表面。数控车床还适合于车削各部位表面粗糙度要求不同的零件，粗糙度要求高的部位用小的进给速度，粗糙度要求低的部位用大的进给速度。

（三）表面形状复杂或难以控制尺寸的回转体零件

数控车床具有直线和圆弧插补功能，可以加工由任意直线和曲线所组成的形状复杂的回转体零件。采用数控车床加工时，其车刀刀尖运动轨迹由加工程序控制，可以方便地解决加工问题。

（四）带特殊螺纹的回转体零件

普通车床能车削的螺纹相当有限，只能车削导程相等的直、锥面公、英制螺纹，而且一台车床只能限定加工若干种导程的螺纹。数控车床不但能车削任何相等导程的直、锥面螺纹，而且还能车削增导程、减导程，以及要求等导程与变导程之间平滑过渡的螺纹。数控车床车削螺纹时，主轴的转向不必像普通车床那样交替变换，它可以一刀一刀不停顿地循环加工，直至完成，车削螺纹的效率很高。数控车床还配有精密螺纹切削功能，一般采用硬质合金成形刀具，加工时采用较高的主轴转速，所以，车削出来的螺纹精度高、表面粗糙度低，包括丝杠在内的螺纹零件都适合在数控车床上加工。

（五）超精密、超低表面粗糙度的零件

超精密车削零件的材质以前主要是金属，现在已经扩大到塑料和陶瓷。磁盘、录像机磁头、激光打印机的多面反射体、复印机的回转鼓、照相机等光学设备的透镜等零件的机械模具，以及隐形眼镜等，均要求超高精度和超低表面粗糙度值，也适合在高精度、高性能的数控车床上加工。超精密加工的轮廓精度可达到 0.01μm，表面粗糙度可达*Ra* 0.02μm。

（六）淬硬工件的加工

在大型模具加工中，有不少尺寸大且形状复杂的零件。这些零件热处理后的变形量较大，磨削加工有困难，因此，可以用陶瓷车刀在数控车床上对淬硬后的零件进行车削加工，以车代磨，提高加工效率。

第二节 数控车削刀具基础

一、数控加工概述

数控加工是指在数控机床上进行金属切削加工的技术。数控车床是数控加工生产中应用广泛的数控机床之一。数控车削刀具简称数控车刀，是指配合数控车床进行切削加工所使用的刀具。

数控加工刀具简称数控刀具，是由数控加工技术的产生与发展而产生的。“数控刀具”一词源于刀具制造商，是他们迎合数控刀具专业化与市场化的商业行为而提出的。基于现代切削加工技术的主流是数控机床切削加工技术，有人将数控刀具称为现代刀具，但现代刀具的定义有时域与空域的限制，故称为数控刀具更为准确。数控刀具经过多年的发展，已逐渐系统化与体系化，并逐渐为数控加工从业人员所接受。近年来，数控刀具技术不断创新发展，表现出较为活跃的发展势头。数控车削刀具作为数控加工刀具家族中的重要成员，自然也得到极为强劲的发展。

(一)数控车削刀具概述

数控加工技术是传统加工技术一次革命性的变革，也是传统加工技术发展到今天的必然。但需注意，数控加工虽然被冠以现代制造之美誉，但其本质依然是金属切削加工，其切削原理与规律仍然与传统加工理论相仿，其刀具几何角度的定义并没有太多的变化，因此，要进入数控加工的学习与应用，没有传统切削加工基础是很难融会贯通的。基于此原因，建议年轻的数控加工技术从业者，不要将数控加工与传统加工割裂开来，在学习数控刀具时，不能忽视金属切削原理与刀具基础知识的学习。当然，学习数控刀具还必须注重相关数控加工技术知识的学习，掌握数控加工的原理与特点。

随着数控加工技术的发展，数控加工机床已得到广泛的普及与应用。不管是老企业的技术改造，还是新企业加工机床的选择，数控机床均是机床加工设备的首选。车削加工是金属切削加工的主要加工方法之一，自然数控车床在实际的数控机床加工设备中所占的比例也是不小的。

数控车床的加工离不开数控车削刀具，正所谓“工欲善其事，必先利其器”，要想做好数控车削加工，必须选择好数控车削刀具，要想选好数控车削刀具，必须掌握数控车削刀具知识。

(二)数控车削加工的特点

数控车削加工与传统车削加工相比有其自身特点，因此，数控车削刀具必须适应这些特点与要求。数控车削加工具有以下几个特点。

（1）自动化程度高数控车床是由数控程序基于数控系统进行工作，其加工过程中切削参数设定与转换全自动化，包括刀具的选择与更换等大部分自动完成，因此，其加工效率极高。特别是数控车削加工中心以及车铣复合数控加工机床的加工效率更高。

（2）加工精度高数控车床加工不仅在曲线轮廓仿形车削加工中的加工精度远高于普通车床加工，即使在普通车床加工工艺适应范围内，数控车床的加工精度仍然高于普通车床。数控车削加工由于过程中程序控制的特点，使其在加工质量的稳定性与加工精度的重复再现性等方面远高于普通车床加工。

（3）加工适应性强数控车床加工过程中，刀具的运动轨迹主要受程序控制，因此，其不仅可用于批量生产替代传统的专用机床加工，还非常适用于单件、小批量生产和新产品试制。普通车床的靠模和成形车刀等专用曲面加工工装基本淘汰，数控加工过程的机床夹具与切削刀具普遍采用通用性较好的结构形式。

（4）适应高速加工新技术的要求数控车床的控制技术与普通车床有一定的差异，

如主轴运动控制以电气伺服控制为主，转速控制无级调速、平稳过渡，且调速范围更广；进给运动的联动控制技术使刀具的进给运动控制更为平稳和可控，切削厚度的控制变得更为方便与可靠。诸如此类差异，使数控车床能够更好地适应高速切削加工技术的运用，更大程度地提高生产效率。

(5)适应数控车削刀具的新需求高加工精度和自动化加工程度，要求刀具寿命更长，综合成本更低等。这些新需求促使数控车削刀具逐渐发展成为机夹可转位刀具结构，且刀具结构参数标准化，刀头结构体系化，刀片材料以综合性价比较高的硬质合金材料为主体，配以刀片涂层技术的数控车削刀具新体系。

(三)数控车削刀具的特点

数控刀具是伴随着数控加工技术的应用与发展而形成的现代金属切削加工刀具的新群体，其泛指所有应用于数控金属切削机床的加工刀具。数控刀具源于传统切削刀具，但又具有适用于数控切削加工的特性，随着数控加工技术的普及与推广，数控刀具已逐渐形成了研发、制造、销售、应用直至售后服务的完整产业链，数控刀具的概念已广泛出现并逐渐为业内所接受。

既然数控刀具的产生是迎合市场的需要，作为数控刀具家族中的重要成员——数控车削刀具（以下简称数控车刀）自然是数控刀具体系的重要组成部分，纵观国内外刀具制造商，数控车削刀具均是其产品体系中重要的组成部分。

1. 对数控车削刀具的要求

数控车削刀具必须满足数控加工的特点与需求，具体要求如下。

（1）高切削效率

高切削效率对提高生产效率，降低制造成本起着决定性作用，新型的刀具材料与涂层技术、专业化的加工刀片制造等是高切削效率的保证。

（2）高制造精度以及重复定位精度

高精度的刀具是高精度数控加工的基本保证，重复定位精度是有效减少对刀操作，减少和简化刀具补偿调整，提高加工效率的保证，专业化制造的数控刀具是提高刀具制造精度的有效途径，机夹可转位刀具结构是确保刀具重复定位精度的基础，现代数控车削加工必须摒弃传统车刀手工刃磨以及重复刃磨的习惯，要明确刀具所“增加”的直接成本相对于昂贵、高效的数控机床加工是微不足道的，连续切削使用时间的增加和辅助时间的减少使其综合成本仍然是更低的。

（3）高可靠性与较长的刀具寿命

延长刀具切削时间，缩短刀具调整与换刀时间，是自动化程度较高的数控车削加工需求。专业生产的通用刀片与刀体，机夹可转位刀具结构，使刀具的可靠性更好，寿命更长。

（4）适应复杂曲面加工的需求

数控车床刀具运动轨迹的自动化控制，使数控车削加工可更好地适应复杂曲面车削加工的需求。

（5）刀具涂层技术的广泛采用

刀具涂层是数控刀具重要的结构特征，已广泛应用于数控加工刀具中，当今的刀具涂层技术已由单层涂层逐渐发展为多层、多材质涂层结构。

（6）专业化的刀具制造体系

现在数控刀具生产基本由专业的刀具制造商完成，它们不仅在新型刀具的研发、制造上投入大量的人力、财力、物力，还具备良好的刀具销售与售后服务，并对新刀具推广起到积极的作用。

（7）刀具产品的“三化”

刀具产品的系列化，零部件的标准化和通用化，简称系列化、标准化与通用化。关于系列化，各刀具商几乎都将自己的刀具产品系列化，最大限度地满足用户的需求；关于标准化，常用刀片有国家标准组织生产（对标相应 ISO 标准），按标准生产的刀片可认为是标准刀片，但仍存在非标刀片，如数控车削刀具中的切断、切槽与螺纹刀片等仍处于无标准可循的状态。数控车削刀具中，目前仅外圆车刀与内孔车刀的型号编制有国家标准（对标相应 ISO 标准），在刀具商自身产品体系中，各类刀具附件等尽可能做到标准化与通用化。应该说，数控刀具的专业化生产对“三化”还是有所需求的。

综上所述，数控车削刀具有数控刀具的特点，可表述为“三高一专三化”（即高效率、高精度、高可靠性，专业化和系列化、标准化、通用化）。随着数控车床的不断发展，市场上的数控车刀将逐渐取代普通车刀，成为车削刀具的主流产品，并将由传统的自行设计、制造与刃磨逐渐过渡到市场选用、采购、使用与维护。

2. 数控车削刀具的结构特点

数控车削刀具的主要特征是满足数控车床加工的要求，其在刀具结构上必须满足数控车削加工高效率、自动化的要求，并具有专业化生产的特点。同时，专业化生产又根据加工几何特征的不同分类组织设计与生产，综合考虑用户需求与专业生产组织的要求。归纳起来，数控车削刀具的结构具有以下几个特点。

（1）以机夹可转位刀具结构为主流

机夹可转位刀具结构是数控车削刀具的主流结构，其刀片结构与形状充分考虑车削、铣削与孔加工刀片的兼容性；刀体与刀杆尽可能标准化，且可重复使用，这些特点均适用于刀具制造商的专业生产。反之，专业化生产又为数控刀具高制造精度、重复定位精度、可靠性和寿命等提供了保证。

（2）完整适用的数控车刀分类体系

考虑到数控车刀通用性结构的特点，现今的数控车削刀具均是按外圆车刀、内孔车刀、切断与切槽车刀和螺纹车刀四大类别组织生产，部分刀具制造商还会为特定的加工提供刀具，如小孔和微孔车刀等。

（3）刀具的结构相对复杂

数控车削刀具基本为机夹可转位结构，机夹特点要求车刀在较小的空间设置适当的刀片夹紧机构，而且必须可靠、刀片可转位且更换方便，这种结构复杂的生产唯有通过专业化生产才有可能做到高精度、低成本。作为可转位和更换的刀片，在刀体上的位置相对固定，但又要适应粗加工、半精加工和精加工以及不同材料的加工，仅仅依靠传统意义上的前角变化已不能较好地满足需要，现代的数控车削刀具刀片基本是通过不同的断屑槽来适应不同需求，且断屑槽的形态已发展为较复杂的三维立体结构。如此变化不能再使用手工刃磨。

（4）数控车削刀具必须具有较长的寿命

作为自动化加工的数控车床，延长刀具的寿命可极大限度地减少刀具调整与更换时间，因此较长的刀具寿命是保证高效率生产的基础。当然，在考虑刀具寿命的同时还必须综合考虑性价比。现如今，生产中的数控车削刀具切削部分的材料（即刀片的材料）普遍采用硬质合金材料，并广泛应用表面涂层技术。表面涂层技术也是刀具手工刃磨与重磨的障碍。为适应难加工材料与高速切削加工等的需要，刀具商适时地推出各种新型刀具材料，如 PCD、PCBN、陶瓷刀具材料等。

（5）通用性刀具成为主流刀具

数控车削加工是基于刀具运动轨迹的控制实现的，因此其刀具结构基本是通用性的刀具结构。同时，通用的刀具结构有利于专业化大批量生产，是降低加工成本的保证。现如今，由于性价比高，数控车削刀具不仅用于数控车床，而且逐渐被普通车床加工所使用。

（6）数控车削刀具工具系统不断发展

数控刀具工具系统是数控机床上使用的各类数控刀具的集合，数控车削刀具工具系统是数控刀具工具系统的子集，是其组成部分之一，其发展不仅必须考虑数控车削刀具的结构，而更需要适应数控车床刀架的发展。

总而言之，数控车削刀具的结构相对普通车削刀具的结构而言，其结构是复杂多样的。多涉猎知名的刀具制造商资料与样本，多阅读相关的刀具标准，多观察数控车削加工中心与车铣复合加工机床的数控车削刀具装刀方式，多实践，多体会与思考是学习数控车削刀具的好方法。

（四）数控车削刀具的学习方法

学习数控车削刀具知识的目的必须明确，一般情况下，学习数控车削刀具知识者是对此知识有需求的人员，如机械制造专业高年级学生、数控加工技术人员、数控车床的操作人员，以及数控加工刀具的推广与销售人员等。总之，有需求，才有学习的动力，才能学好数控刀具。

1. 基础知识与学习

（1）刀具专业基础知识

使用数控车削刀具的人员一般必须具备机械制造技术的基础知识，如切削加工基本原理、加工机理、切削加工与刀具的基本术语等。

（2）数控加工技术知识

数控刀具是为数控加工而设计的，掌握数控加工技术知识对了解数控刀具与传统刀具的差异性、理解与选用数控刀具有所帮助。

（3）刀具材料知识

了解刀具材料知识对选择与使用数控刀具有所帮助。

2. 专业知识的学习与提高

（1）刀具专业知识的提高

在基础知识学习时，切削加工原理与刀具的学习一般以外圆车削加工及其外圆车刀介绍为主，实际中要灵活运用，如将基础知识拓展到内孔车刀、切断与切槽车刀和螺纹车刀等刀具上。另外，要能够运用金属切削机理（金属切削变形规律）分析与解决数控加工现场遇到的问题。除此之外，在实际工作中，尽可能按照专业标准表述其车削加工与切削刀具的术语，当然实际车削中用到的其他专业术语也应尽可能按相关标准表述。

（2）切削用量的表述与选用

在刀具基础知识的学习阶段，切削用量的学习基本以外圆车削加工为例介绍。这些知识要能够拓展到外圆车削加工之外的端面车削、内孔车削、切断与切槽和螺纹车削加工刀具等加工工艺中表述。除了掌握各种加工工艺方法切削参数的定义外，切削用量的选择也是实际加工中回避不了的问题，必须掌握并能够根据加工现场情况进行调整。

（3）多收集数控车削刀具相关的刀具制造商资料及样本

特别是正在使用的刀具制造商信息，从其刀具样本中学习与理解数控车削刀具的应用知识。注意了解当地刀具代理商的信息。

（4）注意从生产中学习与提高

对于学习到一定阶段后，要逐渐跳出过去获取知识的方法，逐渐掌握自行学习与提高的模式。如多在实际加工中观察他人选择的刀具及其切削用量，若自己来处理，是否有差异，分析各自的优缺点。对于自己选择的刀具及其切削用量，必须深入现场，观察是否有改进与提高的地方。

二、数控车削基础

（一）数控车削加工运动、切削用量与切削层参数

1. 车削加工运动

以外圆车削为例，工件的旋转运动（主运动）和刀具的进给运动共同作用完成了外圆表面的车削加工。其基本的切削运动按其作用不同可分为以下两种。

（1）主运动

主运动是指使工件与刀具产生相对运动以进行切削最基本的运动。主运动的速度最高，功率消耗最大，在切削加工过程中通常只有一个。数控车削加工中主运动参数的表述有转速n（r/s 或 r/min）或线速度v_c（m/s 或 m/min）。

（2）进给运动

进给运动是指使主运动能够连续切除工件上多余的材料，以便形成工件表面所需的运动。进给运动的速度较低，功耗远小于主运动，加工过程中可能不止一个（如仿形车削加工）。数控车削可以方便地控制单进给轴运动和两轴联动运动，实现直线、斜线或曲线运动。数控车削进给运动参数的表述有以主轴运动转速为参照的转进给f（mm/r）和以时间为参照的分进给v_f（mm/min）。

车削过程中，工件上通常存在三个动态变化的工件表面。

（1）已加工表面

已加工表面是指刀具切削后在工件上形成的新表面。它会随着切削的进行逐渐扩大。

（2）待加工表面

待加工表面是指工件上有待切除材料层的表面。在加工过程中它会逐渐减小，直至全部切除消失。

（3）过渡表面

过渡表面是指切削刃正切削的表面，是已加工表面与待加工表面之间的过渡表面，加工过程中它会不断变化。

2. 切削用量

切削用量是指切削速度、进给量和背吃刀量三个加工参数的总称，所以又称切削用量三要素。

（1）切削速度 v_c

切削速度是指切削加工时，切削刃上选定点相对应主运动的瞬时速度，单位为 m/s 或 m/min。

$$v_{\mathrm{c}} = \frac{\pi dn}{1000} \tag{4-1}$$

式中：

d——完成主运动的刀具或工件的最大直径，单位为 mm；

n——主运动的转速，单位为 r/s 或 r/min。

（2）进给量 f

进给量是指工件或刀具的主运动旋转一圈，工件与刀具两者在进给运动方向上的相对移动距离，单位为 mm/r。

数控车削加工多用进给量 f 表示，也可用进给速度 v_f 来表示。所谓进给速度是指切削刃上选定点相对于工件进给运动方向的移动速度，单位为 mm/s 或 mm/min。进给速度与进给量的关系为：

$$v_{\mathrm{f}} = nf \tag{4-2}$$

（3）背吃刀量 a_p

背吃刀量是指已加工表面与待加工表面间的垂直距离，单位为 mm。外圆车削加工的背吃刀量为：

$$a_{\mathrm{p}} = \frac{d_{\mathrm{w}} - d_{\mathrm{m}}}{2} \tag{4-3}$$

式中：

d_w——工件上待加工表面的直径，单位为 mm；

d_m——工件上已加工表面的直径，单位为 mm。

切削用量定义说明如下。

①计算切削速度的切削刃上选定点一般选择在工作条件最为恶劣处，如外圆车削多选在最大直径处。另外，刀尖点也是计算速度常见的选定点。数控车床中可用不同的编

程指令指定车削加工中的进给速度为转速n（恒转速）和切削速度v_c（恒线速度）。

②切削速度实际上是主运动速度的精准描述参数，传统的普通车床由于主轴运动控制的限制而以主轴转速表述为主运动速度。而数控车床则可表述车削加工的主运动转速或切削速度，其有相应的恒转速控制和恒线速度控制指令可将主运动参数表述为n或v_c。

③数控车削加工可方便地实现多轴联动加工，数控指令指定的进给速度为刀具当前点运动轨迹的线速度，即多轴进给运动的合成进给速度v_f，合成速度与各轴进给速度的关系为：

$$v_f = \sqrt{v_x + v_z} \tag{4-4}$$

式中：v_x、v_z——X轴、Z轴对应的进给运动速度。

④在某些场合可使用切削深度来表示背吃刀量a_p。

⑤螺纹车削加工时，进给速度只能用螺纹的导程表述，且有相关的螺纹加工指令。

3. 切削层参数

在车削加工切削层一个走刀中，从工件待加工表面上切下的工件材料层称为切削层。通过切削刃基点（通常取切削刃中点）并垂直于该点主运动方向的平面称为切削层尺寸平面，该平面内切削层截面的几何参数称为切削层参数，包括切削面积、切削宽度和切削厚度三个参数。切削层参数的大小决定了刀具切削部分所受切削力的大小和材料切除率的大小。这里以外圆车削加工为例阐述切削层参数。

（1）切削面积A_D

切削面积是切削层公称横截面积的简称，指切削层尺寸平面中实际横截面积。切削面积不包括残留面积，即实际的切削面积。

（2）切削宽度b_D

切削宽度是切削层公称宽度的简称，指切削层尺寸平面中度量的主切削刃截形上两个极限点之间的距离。

（3）切削厚度h_D

切削厚度是切削层公称厚度的简称，指切削层参数度量同一时刻切削面积A_D与切削宽度b_D的比值。

说明：

①对于直线切削刃，切削厚度是恒定值，切削面积A_D、切削宽度b_D、切削厚度h_D与主偏角κ_r之间的关系如下：

$$b_D = \frac{a_p}{\sin\kappa_r} \tag{4-5}$$

$$h_D = f\sin\kappa_r \tag{4-6}$$

$$A_D = h_D b_D = f a_p \tag{4-7}$$

②对于曲线切削刃，切削厚度是一个变化值。其可引入一个平均切削厚度h_{Dav}，表示其切削面积与曲线切削刃弧长的比值。

(二)数控车削刀具结构组成

1. 刀具结构概述

刀具结构包括刀体（又称刀柄）和切削部分两大部分，刀柄是刀具的装夹部分，各种刀具几何结构略有差异；切削部分是刀具中起切削作用的部分，其基本构成可归纳为“三面、两刃、一尖”，即前面A_γ、主后面A_α、副后面A'_α、主切削刃S、副切削刃S'、刀尖（理论刀尖）。切削部分还可以细分拓展。

数控加工广泛使用的机夹可转位不重磨外圆车刀的结构组成，其同样可分为刀杆（即刀柄）与切削部分两大部分，其中，切削部分以机夹可转位不重磨的刀片为主体，通过机械夹紧机构固定在刀杆上，刀杆从夹持的刀柄部分一直延伸至刀片底部的刀片支承部分（又称刀片托），“三面、两刃、一尖”全部体现在刀片上，刀片夹紧机构有多种不同形式。

2. 切削部分的结构组成

（1）切削部分的基本组成

①前面A_γ，是刀具上切屑流过的表面。

②主后面A_α，是刀具上与过渡表面相对的表面。

③副后面A'_α，是刀具上与已加工表面相对的表面。

④主切削刃S，指前面与主后面相交的边线，是切削过程中去除金属的主要部分。

⑤副切削刃S'，指前面与副后面相交的边线，是切削过程中协同主切削刃去除金属并形成已加工表面。

⑥刀尖理论上是主、副切削刃的交点，实际中常表现为主、副切削刃相交处的过渡部分切削刃——过渡刃。

（2）切削部分结构组成的扩展

①刀尖的扩展。实际的刀尖一般均制作为过渡刃，可做成圆弧形或直线形。

②前面的扩展。若在前面靠近切削刃处磨出倒棱，则前面可细分为：第一前面$A_{\gamma 1}$（倒棱）和第二前面$A_{\gamma 2}$。倒棱可以是直线形或圆弧形，其中负倒棱（$\gamma_{o1}<0$）实际中应用广泛。注意倒棱的宽度$b_{\gamma 1}$小于进给量，所以其不改变切屑的流向，但可增加切削刃强度。

③后面的扩展。若在后面上磨出刃带，则后面可细分为：第一后面Aa_1（刃带）和第二后面Aa_2。刃带是后面上刃磨出的一小段后角为零度的表面，钻头和铣刀上应用较多。

（3）前面断屑槽

切削加工时，切屑的卷曲与断屑是车削加工非常关注的问题之一，虽然刀具几何角度、切削用量的选择等因素对切屑卷曲与断屑有所影响，但在前面制作出断屑槽是刀具结构控制切削断屑的主要方法。传统车刀多称为卷屑槽，而数控加工刀片多称为断屑槽，两者的实质均是控制切屑的卷曲和断屑。断屑槽与卷屑槽称呼仅是从切屑形态控制的角度而言，其实质均是切屑形态的控制，作用无本质的差异。

传统车削刀具由于多为操作者手工刃磨，卷屑槽较为简单。它是兼顾前角与卷屑的基本形卷屑槽，在传统加工中较为常见，也是认识与学习卷屑槽的基础。

直线圆弧形和直线形卷屑槽适合于碳素钢、合金钢、工具钢等加工，可控制前角γ_o与断屑槽宽度B，并兼顾切削刃强度，仅前者刃磨稍复杂；对于前角较大的高塑性材料加工（如纯铜等），宜采用全圆弧形卷屑槽，其可有效增大切削刃强度。

卷屑槽宽度B的选择与进给量f与背吃刀量a_p有关。进给量f大，则卷屑槽宽度B应增大；背吃刀量a_p大，则卷屑槽宽度B也应增大。合理的卷屑槽形状与参数必须能确保切屑卷曲成螺旋形等形式或碰撞折断成弧形（又称C形），不允许出现切屑堵塞和憋屑等出屑不畅的情况。

数控车削刀具的断屑槽直接制作在硬质合金刀片的前面上。数控车刀的刀片多为专业厂生产，其不仅要直接考虑切屑的卷曲与断屑，还要考虑不同场合刀片的安装姿态。因此，同一形状与规格的刀片，刀具商提供了较多种类的断屑槽形。基于不重磨的设计思路且硬质合金多为模压成型，数控车削刀片断屑槽的槽形多为3D形状，最大限度地满足了切削刃不同部分的断屑。事实上，刀尖和刃口各部分的刃口断面参数略有差异，这种断屑槽是不能刃磨的。

即使是断屑槽，也必须在一定的切削条件下才能可靠断屑，刀具商在提供断屑槽形时还会提供一种对应的所谓断屑多边形图，用来描述进给量和背吃刀量对断屑的影响。

3. 刀具静止参考系与参考平面

刀具参考系是确定刀具切削部分几何形体特征的基准坐标系，其一般由一组相互位置确定，便于度量刀具几何角度或便于描述切削加工特性的参考平面构成。刀具参考系一般分为两类：静止参考系和工作参考系。静止参考系是用于定义刀具设计、制造、刃磨和测量时几何参数的坐标系，故又称为标注参考系；而工作参考系是规定刀具切削加工时几何参数的参考系，考虑了切削运动和实际安装情况对刀具几何参数的影响。

刀具静止参考系主要有三种：正交平面参考系、法平面参考系和假定工作平面与背平面参考系。

三、数控车削刀具切削部分材料简介

经过多年的发展，目前的数控刀具材料已形成以硬质合金、涂层硬质合金和高速钢为主体，兼顾金属陶瓷、立方氮化硼和金刚石等先进刀具材料的较为完整的刀具材料体系。

在数控车削刀具中，机夹可转位不重磨刀具已成为主流，而高速钢刀具材料应用较少。

（一）数控刀具材料的基本要求

数控刀具材料的基本要求可从两个方面分析，首先，金属切削刀具的基本要求是在传统刀具中就有的基本要求；其次，数控刀具进一步提出适应数控加工的要求。

1. 金属切削刀具的基本要求

在金属切削过程中，刀具切削部分承受着很大的切削力与冲击力，并伴随着强烈的金属塑性变形与剧烈摩擦，产生大量的切削热，造成切削区域极高的切削温度与温度梯度。因此，刀具材料应具备以下基本要求。

（1）高硬度和耐磨性

刀具材料的硬度必须高于被加工材料的硬度，其硬度在室温条件下也应在 62HRC 以上。如高速钢的硬度为 63 ～ 70HRC，硬质合金的硬度为 89 ～ 93HRA。

（2）足够的强度和韧性

刀具材料必须有足够的强度和韧性以确保在加工过程中不出现破损、崩刃等情况。

（3）耐热性

耐热性指刀具材料高温下保持上述性能的能力，又称热硬性，是切削刀具特有的性能要求。高温硬度越高，表示耐热性越好，因此，在高温时抗塑性变形的能力、抗磨损的能力也越强。一般碳素工具钢的工作温度约为 300℃、高速钢的工作温度约为 600℃、硬质合金的工作温度约为 900℃。

（4）导热性

刀具材料导热性好，则热量容易被传导出去，从而降低切削区域的温度，减少刀具磨损。

（5）良好的加工工艺性

良好的加工工艺性指刀具材料加工制造的难易程度，包括锻造、切削加工、磨削和热处理等性能。

（6）经济性与市场购买性

经济性是选用刀具材料、降低刀具成本的主要依据之一。考虑经济性的同时，还必须考虑其性价比。市场购买性是刀具材料市场采购方便性的评价依据，再好的材料不易购得也是无用的。

2. 数控刀具的进一步要求

数控加工具有高速、高效和自动化程度高等特点，数控刀具是实现数控加工的关键环节之一。为了适应数控加工技术的需要，保证优质、高效地完成数控加工任务，对于数控加工刀具的材料，除具备金属切削刀具的基本要求外，还必须满足数控加工技术的特定需要，它不仅要求刀具耐磨损、寿命长、可靠性好、精度高、刚性好，还要求刀具尺寸稳定、安装调整方便等。数控加工对刀具提出的进一步要求如下。

（1）高可靠性

高可靠性要求刀具的寿命长、切削性能稳定、质量一致性好、重复精度高。可靠性的提高可减小换刀次数和时间，提高生产效率。

（2）高耐热性、抗热冲击性和高温力学性能

具备高耐热性、抗热冲击性和高温力学性能可适应数控加工高速度、高刚性和大功率的发展。

（3）高精度及精度保持

高精度及精度保持可减少换刀次数，缩短对刀调整时间，提高生产效率。专业化生产的机夹可转位不重磨刀具及其刀片优于传统整体式自刃磨刀具。刀片涂层技术可以更好地减少磨损，更好地实现精度保持。

（4）系列化、标准化和通用化

系列化、标准化和通用化可减少刀具规格，利于数控编程，便于刀具管理、维护、预调和配置等，降低加工成本，提高生产效率。同时，这也是专业化生产的需要与必然。

（5）适合数控刀具机夹可转位不重磨特性

刀具及其材料应尽可能地实现专业化生产，广泛采用性价比高的硬质合金刀具材料。

（6）可靠的断屑与卷屑性

专业化生产的硬质合金刀片，其前面等形状可灵活制作，获得优异的断屑与卷屑性，机夹式结构可增设断屑台或断屑器等。

（7）能适应难加工材料和新型材料加工的需要

刀具的专业化生产使刀具制造商能最大限度地开发市场需求的刀具材料，实际中可见，较多的专业刀具制造商均提供适合高强度、高硬度、耐腐蚀和耐高温的工程材料加

工的新型材料刀具，专业刀具生产商是研发新型刀具材料与刀具结构的主力军。

（二）数控刀具常用刀具材料

1. 数控刀具常用材料概述

数控加工中，早期普通加工的碳素工具钢和合金工具钢材料基本不用，应用最广泛的是性价比较高的硬质合金材料，当其不能满足加工要求时，考虑采用超硬刀具材料——陶瓷、聚晶金刚石和立方氮化硼等，天然金刚石由于价格较高，应用并不多。同时，刀片涂层技术已广泛应用于数控刀具。

2. 硬质合金刀具材料

硬质合金（Cemented Carbide）是一种由粉末冶金工艺制成的合金材料。它是用硬度和熔点很高的硬质化合物（碳化钨 WC、碳化钛 TiC、碳化钽 TaC 和碳化铌 NbC 等）作硬质相，用金属材料（钴、钼或镍等）作黏结相，两相材料研制成粉末，按一定比例混合、压制成型，并在高温、高压下烧结而成的一种刀具材料。

硬质合金具有硬度高、耐磨、强度和韧性较好、耐热、耐腐蚀等一系列优良性能，可用于制作各种刀具（如车刀、铣刀、钻头、镗刀等），可用于切削铸铁、碳钢及合金钢、有色金属、塑料、化纤、石墨、玻璃、石材等，还可用于切削耐热钢、不锈钢、高锰钢、工具钢等难加工材料。由于其优越的性能、较高的性价比、良好的市场获取性，已成为数控加工刀具的主要材料。并形成以专业刀具生产厂商研发与生产为主，终端客户直接选用且不重磨使用的现代刀具应用模式。

（1）硬质合金的种类

①按主要化学成分不同分类。这是硬质合金刀具应用初期的分类与表述方法，随着专业化生产和与国际市场的接轨，进入数控刀具时代，这种分类方法已逐渐淡出。但从学习的角度来说，这种分类方法可更好地学习硬质合金刀具材料。按化学成分分类，常用的硬质合金可分为碳化钨基硬质合金和碳（氮）化钛基硬质合金。碳化钨基硬质合金包括钨钴类（YG）、钨钴钛类（YT）和添加稀有碳化物类（YW）三种，添加的碳化物有碳化钨（WC）、碳化钛（TiC）、碳化钽（TaC）、碳化铌（NbC）等，其常用的金属黏结相为钴（Co）。碳（氮）化钛基硬质合金是以碳化钛（TiC）为主要硬质相成分（有些加入了其他碳化物或氮化物），常用的金属黏结相为钼（Mo）和镍（Ni）。

②按切削用途分类。这是数控刀具常见的分类方法，与国际市场接轨。

（2）常用硬质合金刀具材料的性能

①钨钴类硬质合金，对应 K 类硬质合金，主要用于加工铸铁类的短切屑的黑色金属，也可加工有色金属和非金属材料。这类硬质合金的硬度为 89 ～ 91.5HRA，抗弯强度为

1100 ～ 1500MPa。钨钴类硬质合金的抗弯强度和冲击韧性较好，因此适合加工切屑呈崩碎状（或短切屑）的脆性金属，如铸铁等。同时，其磨削加工性好，切削刃可以磨得较锋利，因此也可加工有色金属和非金属等。

②钨钴钛类硬质合金，对应 P 类硬质合金，主要用于加工长切屑的黑色金属，如塑性较好的各类钢料。这类硬质合金的硬度为 89.5 ～ 92.5HRA，抗弯强度为 900 ～ 1400MPa。由于 TiC 的硬度和熔点比 WC 高，故钨钴钛类硬质合金的强度、耐磨性和耐热性均高于钨钴类合金，但抗弯强度（特别是冲击韧性）下降较多。随着合金中 TiC 含量的提高和 Co 含量的降低，其强度和耐磨性提高，抗弯强度下降。由于以上因素，在冲击振动较大的切削过程中，容易出现崩刃现象，此时应选择 TiC 含量较低的合金牌号。

③添加稀有碳化物类硬质合金，对应 M 类硬质合金。添加稀有碳化物 TaC、NbC 后能够有效地提高合金的常温强度、韧性与硬度以及高温强度与硬度，细化晶粒，提高抗扩散与抗氧化磨损的能力，从而提高耐磨性。这些性能的改善，使其兼有钨钴类与钨钴钛类硬质合金的性能，综合性能良好，因此有“通用”“万能”硬质合金的称谓。添加稀有碳化物类硬质合金既可加工长切屑型塑性较好的钢料，也可加工短切屑型脆性铸铁料和可加工有色金属材料。这类合金若适当增加钴含量，强度可以很高，可用于各种难加工材料的粗加工与断续切削。

④碳（氮）化钛［TiC(N)］基硬质合金。前述三类硬质合金属属于碳化钨基硬质合金，其硬质相以 WC 为主，以 Co 作黏结相。但地球上钨的资源较为紧缺，而钛的储量相对较多（约为钨的 1000 倍），TiC（N）基硬质合金是以 TiC 代替 WC 为硬质相，以 Ni、Mo 等为黏结相制作的硬质合金，其中 WC 含量较少，其耐磨性优于 WC 基硬质合金，介于硬质合金和陶瓷之间。Ni 作为黏结相可提高合金的强度，Ni 中添加 Mo 可改善液态金属对 TiC 的润湿性。由于 TiC（N）基硬质合金表现出优越的综合性能，同时又节约碳化钨基硬质合金中的 W、Co 等贵重稀有金属，因此它被认为是一种大有发展前途的刀具材料。自问世以来，它便被世界各地主要硬质合金厂家所重视并迅速发展。

⑤硬质合金的晶粒细化。硬质合金晶粒细化后，硬质相尺寸减小，增加了硬质相晶粒表面积、晶粒间的结合力，黏结相更均匀地分布在其周围，可以提高硬质合金的硬度与耐磨性；如果再适当提高钴含量，还可以提高抗弯强度。超细晶粒硬质合金是由晶粒极小的 WC 粒子和 Co 粒子构成，是一种高硬度、高强度兼备的硬质合金，使其具有硬质合金的高硬度并兼顾有高速钢的高强度。

晶粒细化的标准不完全统一，一般普通硬质合金晶粒度为 3 ～ 5μm，细晶粒硬质合金的晶粒度为1.5μm左右，亚微细粒合金为0.5～1μm，而超细晶粒硬质合金的晶粒度在0.5μm以下。晶粒细化后，不仅可以提高合金的硬度、耐磨性、抗弯强度和抗崩刃性，而且高温硬度也将提高。

为体现细晶粒硬质合金与普通硬质合金的差异，有的刀具制造商还会按合金晶粒大小不同对硬质合金进行分类，如普通硬质合金、细晶粒硬质合金、超细晶粒硬质合金等。

（3）硬质合金刀具材料的合理选用

硬质合金牌号众多，且各厂家常常还会有自己的牌号系列，特别是数控刀具涂层后性能还有较大的改进，因此，直接按化学成分命名的牌号选择硬质合金并不是很方便。近年来，各刀具制造商常常按国标或ISO标准的类别代号将自己的硬质合金牌号与类别代号对应分类，这是选择硬质合金刀具材料时比较实用的方法。

3. 高速钢刀具材料

高速钢（High Speed Steel，HSS）是一种加入了较多的W、Mo、Cr、V等合金元素的高合金工具钢。高速钢刀具在强度、韧性及工艺性等方面具有优良的综合性能，是复杂刃形数控刀具的主要刀具材料之一。高速钢刀具的发展趋势是大量采用粉末冶金高速钢以及高速钢刀具涂层技术改性普通高速钢切削性能。

第三节 数控车削加工工艺

一、数控车削加工的工艺特点

数控车削加工工艺与普通车床加工工艺基本相同，在设计数控加工工艺时，要遵循普通车床加工工艺的基本原则与方法，还须考虑数控加工本身的特点和零件编程的要求。数控车削加工工艺的特点如下。

（一）工艺内容具体明确

数控车削加工前，许多具体的工艺问题，例如，加工过程中工序与工步的划分，各工序的加工内容，刀具的几何形状，走刀路线，切削用量以及加工顺序等。因此，在进行数控工艺设计时必须认真考虑，作出正确的选择并写入数控加工程序。

（二）工艺设计准确严密

数控车削按照事先编制好的加工程序自动进行加工，故不能像普通车削加工，可以根据加工过程中出现的问题，由操作者灵活地进行调整。因此，在进行数控加工工艺设计时，必须仔细考虑加工过程中的每一个细节，在对零件图样进行数学处理、计算和编程时，要做到准确无误、万无一失，以便使加工顺利进行。在实际工作中，一个小的错误都可能酿成重大事故。

（三）加工工序相对集中

工件在一次装夹中可以完成多个表面的加工，可保证被加工表面之间的位置精度，减少了加工设备，缩短了生产周期，有助于提高劳动生产率。

二、数控车削加工工艺性分析

工艺分析是数控车削加工的前期准备工作，在选择并决定数控车床加工零件及其加工内容后，应对零件的加工工艺进行全面、仔细、认真的分析，为程序编制做好充分的准备。

（一）零件图分析

分析零件图是制定加工工艺的首要工作，并直接影响零件加工程序的编制及加工结果。其主要工作内容如下。

1. 零件图尺寸标注分析

零件图上尺寸标注最好以同一基准引注或直接给出坐标尺寸，这样既便于编程，也便于尺寸间的相互协调，还利于设计基准、工艺基准、测量基准与编程原点的统一。

2. 轮廓几何要素分析

在编制程序时，编程人员必须充分掌握构成零件轮廓的几何要素参数及各几何要素间的关系，以便于自动编程时对零件轮廓的所有几何要素进行定义，手工编程时，计算所有基点和节点的坐标。因此，在分析零件图时，要分析给定的几何元素的给定条件是否充分。

3. 尺寸公差和表面粗糙度要求分析

分析零件图样的尺寸公差和表面粗糙度要求，是确定机床、刀具、切削用量、零件尺寸精度的控制方法和加工工艺的重要依据，在分析过程中还同时进行一些编程尺寸的简单换算。数控车削加工中，常对零件要求的尺寸取其最大极限尺寸和最小极限尺寸的平均值，作为编程的尺寸依据，对表面粗糙度要求较高的表面，应采用恒线速度切削。此外，还要考虑本工序的数控车削加工精度能否达到图样要求，若达不到要求须继续加工，应给后道工序留有足够的加工余量。

4. 形状和位置公差要求分析

零件图上给定的形状和位置公差是保证零件精度的重要技术要求，在工艺分析过程中，应按图样的形状和位置公差要求确定零件的定位基准、加工工艺，以满足公差要求。

数控车削加工，零件的形状和位置误差主要受车床机械运动副精度和加工工艺的影响，车床机械运动副的误差不得大于图样规定的形位公差要求。在机床精度达不到要求时，需在工艺准备中，考虑进行技术性处理的相关方案，以便有效地控制其形状和位置误差。图样上有位置精度要求的表面，应尽量一次装夹加工完毕。

（二）结构工艺性分析

零件的结构工艺性是指零件对加工方法的适应性，即在满足使用要求的前提下零件加工的可行性和经济性。数控车床加工时，应根据数控车削的特点，认真分析零件结构的合理性。

三、数控车削加工工艺的制定

制定加工工艺是加工程序编制工作中既较为复杂又非常重要的环节，无论是手工编程还是自动编程，在编程前都要对零件进行工艺分析、拟定工艺路线、设计加工工序等工作。因此，合理制订工艺方案是编程的依据，工艺方面考虑不周也是造成数控加工差错的主要原因之一。制定加工工艺时应遵循一般的工艺原则，并结合数控车削加工的特点，详细制定零件的数控车削加工工艺。

（一）选择加工内容

数控车床有其一系列的优点，但价格较贵，消耗较大、维护费用较高，导致加工成本的增加。因此，从技术和经济等角度出发，对于某个零件来说，并非全部加工工艺过程都适合在数控车床上进行，而往往只选择其中一部分内容采用数控加工。因此，在对零件图进行详细工艺分析的基础上，选择那些适合且需要进行数控加工的内容和工序进行数控加工，以充分发挥数控加工的优势。一般按下列原则顺序进行选择。

（1）普通车床无法加工的内容优先。

（2）普通车床加工困难、质量难以保证的内容作为重点。

（3）普通车床加工效率低，劳动强度大的内容作为平衡。

此外，在选择确定加工内容时，还要考虑生产批量、生产周期、工序间周转情况等。尽量做到合理，以充分发挥数控车床的优势，达到多、快、好、省的目的。

（二）零件划分加工阶段

当零件的加工精度要求较高时，不可能一道工序加工完毕，而需要分几道工序逐步达到所要求的加工质量。为了保证加工质量和合理地使用设备、人力，数控车削加工通常把零件的加工过程分为粗加工、半精加工、精加工三个阶段。

1. 粗加工阶段

粗加工阶段主要任务是切除毛坯上大部分余量，使毛坯在形状和尺寸上接近零件成品，主要目标是提高生产率。

2. 半精加工阶段

半精加工阶段主要任务是完成次要表面的加工，使主要表面达到一定精度，并留一定的精加工余量，为主要表面的精加工做好准备。

3. 精加工阶段

精加工阶段主要任务是保证各主要表面达到规定的尺寸精度和表面粗糙度要求，主要目标是保证加工质量。

此外，随着精密车削技术的发展，对零件上精度和表面粗糙度要求高的表面，可进行光整加工，主要目标是提高尺寸精度和减小表面粗糙度，一般不用来提高位置精度。

划分加工阶段，可以使粗加工造成的加工误差，通过半精加工和精加工予以纠正，保证加工质量。可以合理使用设备，及时发现毛坯缺陷，便于安排热处理工序。

（三）划分工序

划分工序有两种不同的原则，即工序集中原则和工序分散原则。

1. 工序集中原则

工序集中就是将工件的加工集中在少数几道工序内完成，每道工序的加工内容较多。工序集中有利于采用高效的专用设备和数控机床，提高生产率，减少机床数量、操作工人数和生产占地面积；减少工序数目，缩短工序路线，简化生产计划和生产组织工作；减少工件的装夹次数，不仅保证了各加工表面间的相互位置精度，而且减少了夹具数量和装夹工件的辅助时间。但专用设备和工艺装备投资大，调整维修困难，生产准备周期长，不利于转产。

2. 工序分散原则

工序分散就是将工件的加工分散在较多的工序内进行，每道工序的加工内容很少。工序分散使加工设备和工艺装备结构简单，调整和维修方便，操作简单，转产容易，有利于选择合理的切削用量，减少机动时间。但工艺路线较长，所需设备和工人数较多，生产占地面积大。

3. 划分工序的方法

数控车床加工一般按工序集中原则进行工序的划分，在一次装夹中尽可能完成大部分甚至全部表面的加工。在批量生产中，划分工序的方法如下。

（1）按零件装夹定位方式划分工序

由于每个零件结构形状不同，各表面的技术要求也有所不同，故加工时其定位方式各有差异。一般加工外形时，以内形定位，加工内形时又以外形定位，因而可根据定位方式的不同来划分工序。

（2）按粗、精加工划分工序

根据零件的加工精度、刚度和变形等因素来划分工序时，可遵循粗、精加工分开的原则，即先粗加工再精加工。此时，可用不同的机床或不同的刀具进行加工。通常在一次装夹中，不允许将零件某一部分表面加工完毕后再加工零件的其他表面。先切除整个零件各加工面的大部分余量，再将其表面精加工一遍，以保证加工精度和表面粗糙度要求。

（3）按所用刀具划分工序

为了减少换刀次数、压缩空行程时间、减少不必要的定位误差，可按所用刀具划分工序，即在一次装夹中，尽可能用同一把刀具加工出可能加工的所有部位，然后再换另一把刀加工其他部位。在专用数控机床和加工中心中常采用这种方法。

（四）零件加工顺序的安排

在分析了零件图样和确定了工序、装夹方式之后，应根据零件的结构和毛坯情况，结合定位和夹紧的需要，在保证零件的刚度和尽量减少变形的前提下，合理安排加工顺序，并解决好工序间的衔接问题。

1. 车削加工顺序的安排

数控车削加工顺序的安排遵循以下几个原则。

（1）上道工序的加工不能影响下道工序的定位与夹紧。

（2）先粗后精。在车削加工中，按照粗车—半精车—精车的顺序安排加工，逐步提高加工表面的精度和减小表面粗糙度。粗车在短时间内切除毛坯的大部分加工余量以提高生产率，同时，尽量满足精加工的余量均匀性要求，为精车做好准备。粗加工完毕后，再进行半精加工、精加工。

（3）先近后远。离对刀点近的部位先加工，离对刀点远的部位后加工，这样可以缩短刀具移动距离，减少空行程时间，提高生产效率，有利于保证坯件或半成品的刚性，改善切削条件。

（4）内外交叉。对既要加工内表面又要加工外表面的零件，安排加工顺序时，应先进行内外表面的粗加工，再进行内外表面的精加工。

（5）基面先行。用作精基准的表面优先加工，因为定位基准的表面越精确，装夹误差就越小。如轴类零件的加工，总是先加工中心孔，再以中心孔为精基准加工外圆表面和端面。

2. 数控加工工序与普通工序的衔接

数控加工的工艺路线仅是几道数控加工工序工艺过程的具体描述，而不是指从毛坯到成品的整个工艺过程。由于数控加工工序常常穿插于零件加工的整个工艺过程中间，在工艺路线设计中，应使之与整个工艺过程协调，因此要与其他加工工艺衔接。如留多少加工余量、定位面与定位孔的精度要求及形位公差、对校形工序的技术要求、对毛坯的热处理状态要求等。目的是达到能相互满足加工需要，质量目标及技术要求明确，交接验收有依据。

数控加工工艺路线设计是下一步工序设计的基础，其设计质量会直接影响零件的加工质量与生产效率。设计工艺路线时，应对零件图、毛坯图认真消化，结合数控加工的特点灵活运用普通加工工艺的一般原则，尽量把数控加工工艺路线设计得更合理一些。

（五）进给路线的确定

进给路线也称走刀路线，是指加工过程中刀具相对于被加工零件的运动轨迹，包括切削加工的路径及刀具的引入、返回等非切削空行程。它不但包括了工步的内容，也反映了工步顺序。确定进给路线的重点，主要在于确定粗加工及空行程的路线，因精加工切削过程的进给路线基本上都是沿零件轮廓顺序进行的。

1. 确定进给路线的原则

（1）应能保证工件轮廓表面加工后的精度和粗糙度要求。

（2）使数值计算容易，以减少编程工作量。

（3）应使走刀路线最短，以提高加工效率。

2. 最短走刀路线的确定

在保证加工质量的前提下，使加工程序具有最短的走刀路线，不仅可以节省整个加工过程的时间，还能减少一些不必要的刀具消耗及机床进给机构滑动部位的磨损量等。实现最短的走刀路线，除依据实践经验外，还应善于分析，必要时辅以一些简单计算。

（六）定位与夹紧方案的确定

定位是使工件在夹具中相对于机床和刀具有一个确定的正确位置。工件的定位是否正确、合理，直接影响工件的加工质量。定位基准有两种，一种是以未加工表面为定位基准称为粗基准，一种是以已加工表面为定位基准称为精基准。

数控车床上零件的安装方法与普通车床一样，要合理选择定位基准和夹紧方案，主要注意以下几点。

（1）力求设计基准、工艺基准与编程原点统一，这样可以减少基准不重合误差，有利于提高编程时数值计算的简便性和精确性。

（2）选择粗基准时，应尽量选择不加工表面或能可靠装夹的表面为粗基准，且粗基准只能使用一次。

（3）选择精基准时，应尽可能以设计基准或装配基准为定位基准，并尽量与测量基准重合。精基准理论上可以重复使用，但为了减少定位误差，应尽量减少精基准的重复使用（如多次掉头装夹）。

（4）尽量减少装夹次数，尽可能在一次装夹后，加工出全部或大部分待加工面，若需二次装夹时，应尽量采用同一定位基准，以减少装夹误差，提高加工表面间的位置精度。

（5）避免采用占机人工调整式方案，以免占机时间太多，影响加工效率。

（七）夹具的选择与类型

1. 夹具的选择

数控加工时，夹具主要有两大要求：一是夹具应具有足够的精度和刚度；二是夹具应有可靠的定位基准。选用夹具时通常考虑以下几点。

（1）尽量选用可调整夹具，组合夹具及其他适用夹具，避免采用专用夹具，以缩短生产准备时间。要保证夹具的坐标方向与机床的坐标方向相对固定，同时协调工件和机床坐标系之间的尺寸关系。

（2）在成批生产时，才考虑采用专用夹具，并力求结构简单。

（3）装卸工件要迅速方便，以减少机床的停机时间。

（4）夹具在机床上安装要准确可靠，以保证工件在正确的位置上加工。

（5）尽量使夹具的定位、夹紧装置部位无切屑积留，并且清理方便。

2. 夹具的类型

数控车床上的夹具主要有以下两类。

（1）用于盘类或短轴类零件的夹具，工件毛坯装夹在可调卡爪（三爪、四爪）的卡盘中，由卡盘传动旋转，适用在无尾座的卡盘式数控车床上。

（2）用于轴类零件的夹具，毛坯装在主轴顶尖和尾座顶尖间，工件由主轴上的拨动卡盘传动旋转。

（八）刀具的选择

刀具的选择是数控加工工艺中重要内容之一，不仅影响机床的效率，而且直接影响加工质量。与传统加工方法相比，数控加工对刀具的要求更高，不仅要求精度高，强度大，刚性好，耐用度高，而且要求尺寸稳定，安装调整方便。这就要求采用新型优质材料制造刀具，并合理选择刀具结构和几何参数。数控车床主要用于回转表面的加工，常用车刀的种类、形状和用途。

1. 数控车刀的类型与刀片选择

数控车刀常见的类型有尖形车刀、圆弧形车刀和成形车刀。

（1）尖形车刀

切削刃为直线，刀尖（同时也是其刀位点）由直线形的主、副切削刃构成，如90° 内外圆车刀、切断车刀等。

用这类车刀加工零件时，其零件的轮廓形状主要由一个独立的刀尖或一条直线形主切削刃位移后得到，与另外两类车刀加工时所得的零件轮廓形状的原理是截然不同的。

（2）圆弧形车刀

圆弧形车刀是较为特殊的数控加工车刀，其切削刃的形状为一圆度误差或轮廓误差很小的圆弧，该圆弧上的每一点都是圆弧形车刀的刀尖，因此，刀位点不在圆弧上，而在该圆弧的圆心上；车刀圆弧半径可按需要灵活确定或经测定后确认。

圆弧车刀可以用于车削内、外表面，特别适宜车削各种光滑连接的成形面。

（3）成形车刀

成形车刀俗称样板车刀，其加工零件的轮廓形状完全由车刀刀刃的形状和尺寸决定。在数控车削加工中，尽量少用或不用成形车刀，确有必要选用时，应在工艺文件或加工程序单上进行详细说明。

2. 机夹可转位车刀的选用

（1）刀片材质的选择

常用的刀片材料有高速钢、硬质合金、涂层硬质合金、陶瓷、金刚石、立方氮化硼等，应用最广泛的是硬质合金和涂层硬质合金刀片。选择刀片主要依据被加工工件的材料、表面精度、表面质量要求、切削载荷的大小以及切削过程中有无冲击和振动等。

（2）刀片尺寸的选择

刀片尺寸主要取决于有效切削刃长度，有效切削刃长度与背吃刀量a_p和车刀的主偏角κ_r有关。使用时可查阅有关刀具手册选取。

（3）刀片形状的选择

刀片形状主要依据被加工工件的表面形状、切削方法、刀具寿命和刀片的转位次数等选择。

3. 对刀点的确定

对刀点是数控加工时刀具相对零件运动的起点。由于程序也是从这一点开始执行，所以，对刀点也称为程序起点。对刀点的选择原则如下。

（1）对刀点应选在对刀方便的位置，便于观察和检测。

（2）应尽量选在零件的设计基准或工艺基准上，以提高零件的加工精度。

（3）便于数学处理和简化程序编制，对于建立了绝对坐标系的数控机床，对刀点最好选在该坐标系的原点上，或者选择已知坐标值的点上。

（4）引起的加工误差小。

对刀点可选在零件上，也可选在夹具或机床上。对刀点若选在夹具或机床上，则必须建立其与工件的定位基准间的相互联系，以保证机床坐标系与工件坐标系的关系。

对刀点不仅是程序的起点，往往也是程序的终点。因此，在批量生产中，要考虑对刀点的重复定位精度，刀具加工一段时间后或每次机床启动时，都要进行刀具回机床原点或参考点的操作，以减小对刀点的累积误差。

刀具在机床上的位置是由“刀位点”的位置来表示的。所谓“刀位点”，是指程序编制中，用于表示刀具特征的点，也是对刀和加工的基准点。切削加工时经常要对刀，也就是使刀位点和对刀点重合。实际操作时，可以通过手工对刀，但对刀精度较低，而且效率低。也可以采用光学对刀镜、对刀仪、自动对刀装置对刀，以减少对刀时间，提高对刀精度。

（九）切削用量的概述与选择

1. 切削用量概述

所谓切削用量，是指切削速度、进给量和切削深度三者的总称。数控机床加工中的切削用量是表示机床主体运动和进给运动大小的重要参数，包括切削深度（或宽度）、主轴转速、进给速度等。在加工程序的编制工作中，应把各种加工用量都编入工序单内，因此在选择切削用量时，应使切削深度、主轴转速和进给速度三者能互相适应，以形成最佳切削参数。

切削用量的选择关系到能否合理使用刀具与机床，对提高生产效率，提高加工精度及表面质量，提高效益，降低生产成本都有重要作用。合理选择切削用量是指在工件材料，刀具材料和几何角度及其他切削条件已确定的情况下，选择切削用量的最优组合进行切削加工，在保证加工质量的前提下，获得高的生产率和低的加工成本。

2. 切削用量要求与选择原则

（1）合理的切削用量应满足的要求

①保证安全，不发生人身、设备事故。

②保证工件加工质量。

③在满足上述要求的前提下，充分发挥机床的潜力和刀具的切削性能，在不超过机床的有效功率和工艺系统刚性所允许的极限负荷的条件下，尽量选用较大的切削用量。

（2）切削用量的选择原则

①粗车时，应考虑尽可能提高生产效率和保证必要的刀具寿命，同时，也应考虑经济性和加工成本。首先选用较大的切削深度a_p，然后选择较大的进给量f，最后考虑合适的切削速度v_c。

②精车时，首先应保证加工精度和表面质量，同时又要考虑刀具寿命和生产效率，并兼顾经济性和加工成本。精车时，加工精度和表面粗糙度要求较高，加工余量不大且均匀，因此，选择较小（但不太小）的切削深度a_p和进给量f，并选用切削性能好的刀具材料和合理的几何参数，以尽可能提高切削速度v_c。

③在安排粗、精车车削用量时，应注意机床说明书给定的允许切削用量范围。对于主轴采用交流变频调速的数控车床，由于主轴在低转速时扭矩降低，尤其应注意此时的切削用量选择。

3. 切削用量的选择

（1）切削深度a_p

根据零件的加工余量，由机床、夹具、刀具、工件组成的工艺系统的刚性确定切削深度。在刚度允许的情况下，切削深度应尽可能大，如果不受加工精度的限制，可以使切削深度等于零件的加工余量，这样可以减少走刀次数，提高加工效率。根据以上原则选择粗车切削用量对于提高生产效率，减少刀具消耗，降低加工成本是有利的。

粗车时，在保留半精车余量和精车余量的前提下，尽可能将粗车余量一次切去。当毛坯余量较大时，不能一次切除粗车余量，也应尽可能选取较大的切削深度，以减少进给次数。数控车床的精加工余量可略小于普通车床。

半精车和精车时，切削深度是根据加工精度和表面粗糙度要求，由粗加工后留下的余量大小确定的。如果余量不大，且一次进给不会影响加工质量要求时，可以一次进给车到尺寸。

如果一次进给产生振动或切屑拉伤已加工表面（如车孔），不能保证加工质量时，应分成两次或多次进给车削，每次进给的切削深度按余量分配，依次减小。当使用硬质合金刀具时，因其切削刃在砂轮上不能磨得很锋利（刃口圆弧半径较大），最后一次的切削深度不宜太小，否则，很难达到工件表面质量的要求。

（2）进给量f（mm/min 或 mm/r）

在切削深度a_p值选定以后，根据工件的加工精度和表面粗糙度要求以及刀具和工件的材料进行选择，确定进给量的适当值。最大进给量受到机床刚度和进给性能的制约，不同的机床系统，其最大进给量也不同。

①粗车时，由于作用在工艺系统上的切削力较大，进给量主要受机床功率和系统刚性等因素的限制。在条件允许的前提下，可选用较大的进给量，否则，应适当减小进给量。增大进给量f有利于断屑。

②半精车和精车时，因切削深度较小，切削阻力不是很大。限制进给量的主要因素是图样规定的表面粗糙度。为了保证加工精度和表面粗糙度要求，一般选用较小的进给量。

③刀具空行程，特别是远距离“回零”时，可以设定尽量高的进给速度。

④车孔时，刀具刚性较差，应采用小一些的切削深度和进给量。在切断或用高速钢刀具加工时，宜选择较低的进给速度，一般在 20 ～ 50mm/min 选取。

⑤进给速度应与主轴转速和切削深度相适应。

一般数控机床都有倍率开关，能够控制数控机床的实际进给速度，因此，在数控编程时，可以给定一个比较大的进给速度，而在实际加工时，由进给修调（倍率）开关确定实际的进给速度。

（3）数控机床切削速度v_c

切削速度对切削功率、刀具磨损和刀具寿命、表面加工质量和尺寸精度都有较大影响。提高切削速度可以提高生产率和降低成本。但过分提高切削速度会使刀具寿命下降，迫使切削深度和进给量减小，结果反而使生产率降低，加工成本提高。所以，相对于最经济的刀具寿命必有一个最佳的切削速度。这一最佳切削速度，可根据不同加工条件选取。

①粗车时，切削深度和进给量均较大，切削速度除受刀具寿命限制外，还受机床功率的限制，可根据生产实践经验和有关资料确定，一般选择较低的切削速度。但必须考虑机床的许用功率，如超出机床的许用功率，必须适当降低切削速度。

②半精车和精车时，一般可根据刀具切削性能的限制来确定切削速度，可选择较高的切削速度，但需避开产生积屑瘤的区域。

③工件材料的加工性较差时，应选较低的切削速度。加工灰铸铁的切削速度应比加工中碳钢低，加工铝合金和铜合金的切削速度比加工钢高得多。

④刀具材料的切削性能越好，切削速度可选得越高。因此，硬质合金刀具的切削速度可选得比高速钢高几倍，而涂层硬质合金、陶瓷、金刚石和立方氮化硼刀具的切削速度又可选得比硬质合金刀具高许多。

此外，断续切削时为了减少冲击，应采用较低的切削速度和较小的进给量，并应避开自激振动的临界速度。车端面时可适当提高切削速度，使平均速度接近刀具车外圆时的数值。车削细长轴时工件易弯曲，应采用较低的切削速度。加工带硬皮的铸锻件时，也应选择较低的切削速度。加工大型零件时，若机床和工件的刚性较好，可采用较大的切削深度和进给量，但切削速度应降低，以保证必要的刀具寿命，并且也可使工件旋转时的离心力不致太大。

切削速度确定以后，要计算主轴转速。

A. 车削光轴时的主轴转速。根据零件上被加工部位的直径，按零件和刀具的材料及加工性质等条件所允许的切削速度来确定，计算公式为：

$$n=\frac{1000v_c}{\pi D} \tag{4-8}$$

式中：

v_c——切削速度，m/min；

D——工件切削部位直径，mm；

n——主轴转速，r/min。根据计算所得的值，查找机床说明书确定标准值。

数控机床的控制面板上一般备有主轴转速修调（倍率）开关，可在加工过程中对主轴转速进行整倍数调整。

B. 车削螺纹时的主轴转速。在车螺纹时，车床主轴转速过高，会使螺纹破牙，所以对于普通数控车床，车螺纹时的主轴转速为：

$$n=\frac{1200}{P}-80 \tag{4-9}$$

式中：

P——螺纹导程，mm。

第四节 数控车削加工工艺分析——细长轴、薄壁套加工

一、细长轴的加工

(一)基本概念

工件长度与直径之比(L/D)大于20～25的轴类称为细长轴。如光杠、滚珠丝杠属于细长轴。

(二)一般技术要求

(1)尺寸精度:较高的尺寸精度,直径尺寸IT7～IT9,长度尺寸IT10～IT12,直线度IT9～IT12。

(2)较小的表面粗糙度值Ra:1.6～3.2μm。

(3)几何公差:圆度、直线度、圆跳动、同轴度和圆柱度等。

(三)加工工艺特点

(1)工件受切削力、自重和旋转时离心力的作用,会产生弯曲、振动,严重影响零件精度和表面粗糙度。

(2)在切削过程中,工件受热伸长产生弯曲变形,车削就很难进行,严重时会使工件在顶尖间卡住。

(3)由于工件长,每次切削走刀时间长,刀具磨损大,引起工件尺寸变化大,难以保证加工精度。

(4)加工时容易产生锥度、中凸形、腰鼓形、竹节形和振动波纹等问题。

(四)刀具几何角度的选择

合理选择车刀几何角度是加工细长轴的关键,在不影响刀具强度的情况下,应尽量增大车刀的主偏角,一般取κ_r=90°～93°;选择较大的前角、正刃倾角,选择较小的刀尖圆弧半径,车刀的前面应磨有断屑槽,并要经常保持锋利。

（五）装夹方法

1. 两顶尖装夹

这种装夹方法没有定位误差，多次掉头装夹仍能保证工件的同轴度要求，但工件的装夹刚性差，容易引起振动。

2. 一夹一顶装夹

这种装夹方法工件装夹刚性较好，应用较为广泛，但工件掉头后同轴度难以保证。

3. 一夹一拉装夹

细长轴一般不能承受较大的轴向压力，但可承受较大的轴向拉力。工件一端用卡盘装夹，另一端固定在尾座的拉紧装置上并拉紧，这时工件不但不易弯曲，反而有被拉直的趋势，因此大大增强了工件的装夹刚性。

（六）装夹细长轴的辅助工具

1. 数控自定心中心架

数控自定心中心架是数控车床上用来夹持细长轴类零件的配套附件。用数控自定心中心架时，应夹持细长轴类零件的中部适当位置，可以防止被加工零件在切削加工过程中受力变形。数控自定心中心架通过直角弯板固定在数控车床的床身或刀架溜板上，由数控系统 M 指令控制电磁阀来控制自定心中心架的松紧。

2. 数控车床跟刀架

在数控车床转塔上加装跟刀架装置用来辅助夹持工件，跟刀架在加工过程中与车刀同步运动，并始终在与切削点保持一个相对固定距离处支承工件，可增强细长轴的刚性，提高尺寸精度，降低表面粗糙度值，提高零件的加工质量。另外，在经济型数控车床上可以使用普通跟刀架加工细长轴。跟刀架固定在床鞍上，加工出跟刀架的支点外圆，搭上跟刀架，跟刀架的三个支点与被加工工件相接触，支点不能拧得过紧，以接触外圆即可，过松会产生振动，过紧会产生竹节形。拧紧跟刀架两个支点的固定螺栓，以免在加工中产生松动，影响加工质量。在加工之前，跟刀架与工件的接触面应加注润滑油，或采用切削液润滑和降温。

3. 弹性活顶尖

在车削细长轴时，切削热传导给工件，使工件温度升高，工件就开始产生伸长变形（叫热变形），若使用一般活顶尖，工件就会产生弯曲变形。如果使用弹性活顶尖加工细长轴，当工件热变形伸长时，工件推动顶尖通过深沟球轴承使碟形弹簧压缩变形，顶尖就会缩进去。这样可以有效地补偿工件的热变形伸长，工件不易弯曲，可顺利进行车削。

（七）车削方法

1. 正向车削

工件一夹一顶装夹，用一把车刀从右向左进给车削细长轴的方法，称为正向车削。此种方法简单，但工件容易产生弯曲。

2. 反向车削

工件采用弹性回转顶尖一夹一顶装夹，用一把左偏刀反向进给车削，称为反向车削。采用此种方法工件所受的进给力为轴向拉力，可减少工件的弯曲和振动。

3. 双刀车削

在双刀架数控车床或车削中心上，采用正反两把车刀装在双刀架上，可同时切削细长轴。由于此时两把车刀的切削背向力能相互抵消，所以切削比较平稳，可以减少工件的弯曲变形和圆柱度误差，同时也可提高加工效率。

（八）设备、材料准备

1. 设备准备

数控车床（有冷却装置），型号为 CK6140 或 CK6136，系统为 FANUC　0i；相应的卡盘扳手、刀架扳手。

2. 材料准备

45 钢，尺寸为ϕ30mm×1030mm，一件。

3. 工、刃、量、辅具

（1）量具：游标卡尺 0.02mm（0—150mm）；游标深度卡尺 0.02mm（0—200mm）；外径千分尺（0.01mm/0—25mm）；指示表和磁性表座；螺纹环规（M16）；钢卷尺（1500mm）。

（2）刃具：45°、90°外圆车刀；外三角形螺纹车刀（60°，P=2mm）；中心钻（B2mm）。

（3）工具、辅具：前顶尖；鸡心夹头；弹性活顶尖；中心架；过渡套筒；跟刀架；莫氏过渡套；钻夹头（ϕ1—13mm）；活扳手和内六角扳手；润滑剂及清扫工具等。

（九）工件加工工艺

1. 细长轴的加工工艺分析

（1）此零件长径比较大，属于细长轴。其加工刚性差，易变形，圆跳动要求较高，需多次以两端中心孔为定位基准来保证其同轴度，故采用双顶尖的装夹方法比较适宜。为此，工件两端中心孔的精度要高，表面粗糙度值要低。车床应调整，保证前、后顶尖同轴，且轴线与导轨平行。为增加刚性，可采用中心架、过渡套筒和跟刀架。为保证工件的尺寸精度和表面粗糙度及解决工件的变形，应先车好螺纹再精车各外圆。精车时，刀具一定要锋利，并充分浇注切削液，最后将工件悬挂放置。

（2）细长轴外形较简单，关键在于其加工工艺，编程较简单，可采用 G90 或 G71 封闭复合循环指令。

（3）装夹和加工时，都将工件坐标系原点设定在其装夹后的工件右端面中心上，工件加工程序的起始点和换刀点都设在 $X260$、$Z10$ 位置。

2. 细长轴的加工工艺流程

下料→热处理（正火）、矫直→粗车→热处理（高温回火）、矫直→修研中心孔后用过渡套筒调节和中心架找正→粗车右端外圆→掉头粗车左端外圆→粗车、精车螺纹→掉头精车右端外形→掉头精车左端外形。

3. 细长轴的加工步骤

（1）下料及热处理：45 钢，尺寸为 ϕ30mm×1030mm；正火处理 170 ～ 210HBW，矫直后全长弯曲不大于 1.5mm（为减少工件加工过程中产生的内应力、弯曲变形及长度伸长，热处理后一定要经过矫直处理）。

（2）工件用三爪自定心卡盘装夹，车端面钻中心孔 B2mm。

（3）掉头车端面保证总长 1020mm，钻另一中心孔（由于中心孔是定位基准，所以中心孔的精度要高，表面粗糙度值要小）。

（4）使用跟刀架粗车各外圆，直径留余量 2mm，长度留余量 1mm（还可使用弹性活顶尖和浇注切削液）。

（5）热处理：高温回火，矫直，使外圆的圆跳动误差不大于 0.5mm。

(6)修研中心孔，保证表面粗糙度 Ra 0.8μm。

(7)一夹一顶装夹，车出跟刀架的支点外圆，搭上跟刀架。按图样要求半精车、精车右端 $\phi 25^{0}_{-0.05}$ mm 外圆跟刀架三个支点与工件相接触时不能拧得过紧，以支点接触外圆即可。(过松会产生振动，过紧会产生竹节形)。

(8)精车 $\phi 20^{+0.01}_{-0.02}$ mm 至图样要求，保证长度 $25^{0}_{-0.1}$ mm 和倒角 C 1。

(9)掉头一夹一架装夹，将中心架移至已车出外圆处并找正。调好中心架，分别半精车和精车左端 $\phi 20^{+0.01}_{-0.02}$ mm 和 M16 外螺纹至图样要求，保证长度 $25^{0}_{-0.1}$ mm、表面粗糙度 Ra 1.6μm 和倒角 C 1。

（10）检查各尺寸合格后卸下工件。

（十）注意事项

1. 编程加工要点

(1)加工细长轴时，一定要注意中心架和跟刀架的正确使用以及工件的热变形伸长。

（2）加工过程中应先调整前后顶尖的同轴度。

（3）刀具经常保持锋利状态，以减少切削热。

(4)加工细长轴时,不论采用高速或是低速切削,都要使用切削液,以降低工件温度。

（5）加工细长轴时，每次的背吃刀量不宜过大，进给量控制在 0.1 ～ 0.2mm/r。

2. 检测要点

（1）外圆尺寸检测：可用外径千分尺直接检测。

(2)形状公差检测:可用圆度仪直接检测圆度、圆柱度,也可用外径千分尺间接检测;测量直线度时，可以把工件安放在正摆仪或平板上用指示表或塞尺间接检测。

（3）位置公差检测：可把工件安放在正摆仪上，用指示表间接检测细长轴的同轴度和圆跳动。

（4）表面粗糙度检测：可用光学仪器或表面粗糙度比较样块对照检测。

3. 安全要点

（1）安全第一，学员的实训必须在教师的指导下，严格按照数控车床的安全操作规程，有步骤地进行。

（2）程序中的刀具起始位置要考虑到毛坯尺寸的大小，换刀位置应考虑刀架与工件及机床尾座之间的距离要足够大，否则将发生严重事故。工件装夹时，夹持部分长短要适度。

（3）一夹一顶装夹车削编程时，应注意换刀点的位置，以防机床碰撞尾座。

（4）工件矫直过程中应用力适当，防止校正时出现应力集中。

(5)调整跟刀架时应注意安全,跟刀架的支承爪与工件接触处应时刻保持良好润滑。

（6）为防止弯曲变形，工件加工完成后应悬挂放置。

(7)加工零件过程中一定要提高警惕,将手放在“进给中停”按钮上,如遇紧急情况,迅速按下“进给中停”按钮，防止意外事故发生。

（8）加工中应注意加工安全，扎紧袖口，以免发生安全事故。

（9）自动加工时，应关闭防护门。

二、薄壁套的加工

(一)基本概念

薄壁套是指外圆与孔壁之间尺寸较小的套类零件。其在夹紧力的作用下容易产生变形，影响工件的加工精度。

(二)薄壁套的技术要求

（1）有较高的尺寸精度和表面粗糙度。

（2）外圆与内孔之间有同轴度要求。

（3）内孔和外圆有圆度、圆柱度要求。

（4）端面和内孔有垂直度要求。

（三）薄壁套的加工工艺特点

（1）由于工件壁薄、刚性差，在夹紧力的作用下极易发生变形，从而影响零件的形状精度和位置精度。

（2）在切削力的作用下，极易产生振动和变形，从而影响尺寸精度、形状精度和表面粗糙度。

（3）因为工件壁薄、质量轻，在切削热的作用下，零件本身的温度上升较快，对于线膨胀系数较大的材料更容易引起热变形，使工件尺寸不易控制。

（四）加工薄壁零件的工艺方法

1. 工件粗车、精车加工

粗车时，由于切削余量较大，夹紧力较大，变形也相应大些；精车时，夹紧力可稍小些，一方面夹紧变形小，另一方面可较好地消除精车时因切削力过大而引起的变形。

2. 车刀保持锋利并充分加注切削液

车削薄壁零件时，刀具的刃口应保持锋利，一般采用较大的前角和主偏角，刀具的修光刃不应太长（一般取 0.2 ～ 0.3mm），并且刀杆应有较好的刚性。另外，车削时应充分加注切削液，降低切削温度，以减小工件的热变形。

3. 合理选择切削用量

合理选择切削用量是薄壁件加工中不可忽视的一个重要问题。一般加工碳钢工件时，建议切削速度取 100 ～ 130m/min。当机床刚性较差时，切削速度还要适当降低，进给量建议取 0.08 ～ 0.16mm/r。而选取背吃刀量时，应注意不能太小，建议取 0.1 ～ 0.5mm。

4. 增加装夹接触面

加工薄壁零件时，增加装夹的接触面积，使夹紧力均匀地分布在工件表面，可以有效地减小工件的变形。在生产中常用的设备有开缝套筒装置和特制扇形软卡爪。

5. 采用轴向夹紧夹具

车削薄壁套内孔时，如用三爪自定心卡盘装夹会因夹紧力沿直径方向作用在工件的薄壁上，极易产生夹紧变形。

6. 留出夹持长度和增加工艺肋

在加工小型薄壁套零件时，可在坯料上留有一定的夹持长度，待一次装夹加工完成后再将零件切断。对较大的薄壁套零件可以在装夹部位特制几根工艺肋，使夹紧力作用在肋上，以减小工件变形，加工完毕后，再去掉工艺肋。

(五)设备、材料准备

1. 设备准备

数控车床（有冷却装置），型号为CK6140或CK6136，系统为FANUC0i；相应的卡盘扳手、刀架扳手。

2. 材料准备

45钢，尺寸为ϕ75mm×70mm，一件。

3. 工、刃、量、辅具准备

(1)量具：游标卡尺0.02mm（0—150mm）；游标深度卡尺0.02mm（0—200mm）；外径千分尺0.01mm（25—50mm）0.01mm（50—75mm）；内径指示表(ϕ35—50mm)；内沟槽卡尺，槽宽样板。

(2)刃具：机夹端面车刀、机夹外圆车刀；外沟槽车刀(S=4.5mm，L>5mm)；内沟槽车刀(S=4mm，L>4mm)；不通孔孔车刀(ϕ40mm×65mm)；麻花钻(ϕ38mm)。

(3)工具、辅具：常用工具和铜皮；弹性胀力心轴；莫氏过渡套；活扳手和内六角扳手；润滑剂及清扫工具等。

(六)工件加工工艺分析

要求能够熟练掌握加工方案的制订，刀具、切削用量的选择，操作工序的安排和各节点坐标的分析与计算等工艺分析内容。

1. 薄壁套零件的加工工艺分析

(1) 从零件图样要求及材料看，加工难度主要在于此零件是薄壁套，壁厚仅有1mm。另外，还有平行度和同轴度要求，尺寸要求也较严。加工时既要保证零件的定位精度，又要考虑夹紧变形，用常规的方法装夹就不行了。所以，为了保证零件的精度要求，采用弹性胀力心轴装夹薄壁套。其中，弹性胀力心轴的外圆与薄壁套的内孔相配合，用顶杆顶紧锥孔使心轴向外膨胀来胀紧工件，从而保证零件的加工精度。

(2) 对于薄壁套零件的加工工艺，应采用G71、G70复合循环指令进行编程加工。

(3) 编程时工件的坐标系原点设定在其装夹后的工件右端面的中心上，工件加工程序的起始点和换刀点都设在X100、Z100位置。

2. 薄壁套的加工工艺流程

下料→钻孔→粗车右端外形→粗车内孔→精车内孔和内沟槽→用弹性胀力心轴装夹，精车右端外圆和外沟槽。

3. 薄壁套的加工步骤

(1)坯料用三爪自定心卡盘装夹，伸出53mm，车端面。

(2)钻孔ϕ38mm。

(3)粗车零件的右端外圆，留2mm余量。

(4)掉头车端面控制总长61.5mm，并车ϕ70mm外圆至尺寸要求。

(5)粗车内孔$\phi 50_{0}^{+0.03}$ mm、$\phi 40_{0}^{+0.039}$ mm，留1mm余量。

(6)待工件冷却后，精车内孔$\phi 50_{0}^{+0.03}$ mm、$\phi 40_{0}^{+0.039}$ mm和内沟槽至精度要求。

(7)用弹性胀力心轴装夹精车外圆$\phi 58_{-0.06}^{-0.03}$ mm、$\phi 52$ mm以及外沟槽至精度要求，倒角$C1$。

(8)检查各尺寸合格后卸下工件。

(七)注意事项

1. 编程加工要点

(1)车削薄壁套零件时，由于孔壁薄易变形，应选用较小的切削用量。

(2)车削薄壁套零件时，一般应先精车内孔再精车外圆，以减小切削变形。

(3)车削时，车刀必须保持锋利，并充分注入切削液。

(4)薄壁件装夹时，一定选好装夹方法，保证零件的加工精度。

(5)编程加工沟槽时，沟槽的位置一定要计算准确，不要错一个刀宽。

2. 检测要点

(1)尺寸精度的检测。检测工件尺寸时，要注意测量的位置应准确，松紧程度应适当。

(2)用内沟槽卡尺测量时，注意要测量到沟槽槽底的最大直径。

(3)两内沟槽的槽宽和相互位置可用样板检测。

(4)圆度和同轴度的检测可用测量表架、圆度仪、三坐标检测装置、光学显微镜完成。

(5)表面粗糙度可用光学仪器或表面粗糙度比较样块对照检测。

3. 安全要点

(1)编程尺寸一定要正确，防止车削时将工件车透，发生危险。

(2)装卸卡盘和弹性胀力心轴时，要轻拿轻放，小心碰手。

(3)操作过程中，应特别注意要安全文明生产，及时用铁钩清除铁屑，防止伤人。

(4)自动加工时，应关闭防护门。

第五章　数控铣削加工技术

第一节　数控铣削加工基础

一、数控铣床概述

数控铣床是以复杂型面铣削加工为主，兼顾钻、镗、螺纹加工工艺的一种数字控制机床。数控铣床常用的分类方式是按机床的结构布置方式和控制轴的数量来进行分类。

（一）数控铣床按机床的结构布置方式分类

（1）立式数控铣床：其主轴垂直于水平面；

（2）卧式数控铣床：其主轴平行于水平面；

（3）立、卧两用数控铣床：它的主轴方向可以更换（有手动与自动两种），既可以进行立式加工，又可以进行卧式加工，其使用范围更广。

（二）数控铣床按控制轴数量分类

（1）两轴半轴联动数控铣床：只能进行X、Y、Z三个坐标中的任意两个坐标轴联动加工。

（2）三轴联动数控铣床：具有加工形状复杂的二维以至三维复杂轮廓的能力。

（3）四轴联动数控铣床：在X、Y和Z三个平动坐标轴基础上增加一个转动坐标轴（A或B），且四个轴一般可以联动。其中，转动轴既可以作用于刀具（刀具摆动型），也可以作用于工件（工作台回转／摆动型）；机床既可以是立式的，也可以是卧式的；此外，转动轴既可以是A轴（绕X轴转动）也可以是B轴（绕Y轴转动）。因此，四轴加工可以获得比三轴加工更广的工艺范围和更好的加工效果。

（4）五轴联动数控铣床：五轴联动除X、Y、Z以外的两个回转轴的运动有两种实现方法。一是在工作台上用复合A、C轴转台，二是采用复合A、C轴的主轴头。这两种方法完全由工件形状决定，方法本身并无优劣之分。采用五轴联动对三维曲面零件的加工，可用刀具最佳几何形状进行切削，不仅加工表面粗糙度低，而且效率也大幅度提高。一般认为，一台五轴联动机床的效率可以等于两台三轴联动机床，特别是使用立方氮化硼等超硬材料铣刀进行高速铣削淬硬钢零件时，五轴联动加工可比三轴联动加工发挥更高的效益。

二、数控铣削加工的主要内容及工艺特点

数控铣削是机械加工中最常用和最主要的数控加工方法之一。主要用于各种较复杂的平面、曲面和壳体类零件的加工，同时还可以进行钻、扩、锪、铰、攻螺纹、镗孔等加工。根据数控铣床所用刀具的不同，可以加工不同的表面。从铣削加工角度来考虑，适合数控铣削的主要加工对象有下面几类。

（一）平面类零件

加工面平行或垂直于水平面，或加工面与水平面的夹角为定角的零件为平面类零件。在数控机床上加工的绝大多数零件属平面类零件。由于平面类零件的各个加工面是平面，或可以展开成平面。所以它是数控铣削加工对象中最简单的一类零件，一般只需用三坐标数控铣床的两坐标联动（或两轴半坐标联动）就可以把它们加工出来。

（二）变斜角类零件

加工面与水平面的夹角呈连续变化的零件称为变斜角类零件。这类零件多为飞机零件。由于变斜角类零件的变斜角加工面不能展开为平面，但在加工中，加工面与铣刀圆周接触的瞬间为一条线，所以最好采用四坐标或五坐标数控铣床摆角加工。在没有上述机床时，可采用三坐标数控铣床，进行两轴半坐标近似加工。

（三）曲面类零件

加工面为空间曲面的零件称为曲面类零件。曲面类零件的加工面不能展开为平面，加工时，加工面与铣刀始终为点接触。常用两轴半联动数控铣床来加工精度要求不高的曲面；精度要求高的曲面类零件一般采用三轴联动数控铣床加工；当曲面较复杂、通道较狭窄、会伤及毗邻表面及需刀具摆动时，要采用四轴甚至五轴联动数控铣床加工。

三、铣刀简介

铣刀是数控铣床进行数控铣削的主要刀具，是一种在回转表面上或者端面上分布有多个刀齿的多刃刀具。数控铣削加工对铣刀的基本要求是刚性要好，耐用度要高。

要求铣刀刚性好，一是为提高生产效率而采用大切削用量的需要；二是为适应数控铣床加工过程中难以调整切削用量的特点。数控铣削必须按程序规定的进给路线前进，遇到余量大时，就无法像通用铣床那样“随机应变”，除非在编程时能够预先考虑到余

量相差悬殊的问题，否则铣刀必须返回原点，用改变切削面高度或加大刀具半径补偿值的方法从头开始加工，多进给几次。但这样势必造成余量少的地方经常空进给，降低了生产效率。如果刀具刚性较好就不必这样处理。再者，在数控铣削中，因铣刀刚性较差而断刀并造成零件损伤的事例是常有的，所以解决数控铣刀的刚性问题是至关重要的。

铣刀的耐用度要高，尤其是当一把铣刀加工的内容很多时，如果刀具不耐用而磨损较快，不仅会影响零件的表面质量与加工精度，而且会增加换刀引起的调刀与对刀次数，也会使工作表面留下因对刀误差而形成的接刀台阶，从而降低零件的表面质量。

除上述两点之外，铣刀切削刃的几何角度参数的选择及排屑性能等也非常重要。切屑粘刀形成积屑瘤在数控铣削中是十分忌讳的。总之，根据被加工工件材料的热处理状态、切削性能及加工余量，选择刚性好、耐用度高的铣刀，是充分发挥数控铣床的生产效率和获得满意加工质量的前提。

按用途分，铣刀大致可分为立铣刀、鼓形铣刀、成形铣刀、锯片铣刀等，下面介绍几种在数控机床上最常用的铣刀。

（一）立铣刀

立铣刀是数控铣床上用得最多的一种铣刀，主要有三种形式：球头刀、平铣刀、*R*刀（又称“圆鼻刀”或“牛鼻刀”），某些立铣刀侧壁，主要用于在立式铣床上加工凹槽、台阶面和成形面（利用靠模）等。它的侧壁（圆柱或圆锥）表面和端面上都有切削刃，它们可同时进行切削，也可单独进行切削。立铣刀圆柱（锥）表面的切削刃为主切削刃端面上的切削刃为副切削刃。主切削刃一般为螺旋齿，这样可以增加切削平稳性，提高加工精度。

普通高速钢立铣刀端面，中心有顶尖孔，中心处无切削刃，所以不能做轴向进给，端面刃主要用来加工与侧面相垂直的底平面。该立铣刀有粗齿和细齿之分，粗齿齿数为3～6齿，适用于粗加工，细齿齿数为5～10齿，适用于半精加工。直径范围为$\phi 2$～80mm，柄部有直柄、莫氏锥柄等多种形式。

（二）鼓形铣刀

典型的鼓形铣刀，它的切削刃分布在半径为R的圆弧面上，端面无切削刃。加工时控制刀具上下位置，相应改变刀刃的切削部位，可以在工件上切出从负到正的不同斜角。R越小，鼓形刀所能加工的斜角范围越广，但所获得的表面质量也越差。这种刀具的缺点是刃磨困难，切削条件差，而且不适合加工有底的轮廓表面。

（三）成形铣刀

还有几种常见的成形铣刀，一般都是为特定的工件或加工内容专门设计制造的，如角皮面、凹槽、特形孔或台等。

除了上述几种类型的铣刀外，数控铣床也可使用各种通用铣刀。但因不少数控铣床的主轴内有特殊的拉刀位置，或因主轴内锥孔有别，须配制过渡套和拉钉。

（四）锯片铣刀

锯片铣刀可分为中小型规格的锯片铣刀和大规格的锯片铣刀，数控铣和加工中心主要用中小型规格的锯片铣刀。目前国外有可转位锯片铣刀生产。锯片铣刀主要用于大多数材料的切槽、切断、内外槽铣削、组合铣削、缺口加工、齿轮毛坯粗齿加工等。

四、数控铣常用夹具

（一）通用夹具

这类夹具具有很大的通用性，现已标准化，在一定范围内无须调整或稍加调整就可用于装夹不同的工件。如三爪自定心卡盘、四爪单调卡盘、平口钳、分度头、组合压板等。这类夹具通常作为机床附件由专业厂生产。其使用特点是操作费时、生产率低，主要用于单件小批生产。

1. 三爪卡盘

将三爪卡盘固定于工作台上，用扳手旋转锥齿轮，锥齿轮带动平面矩形螺纹，然后带动三爪向心运动，因为平面矩形螺纹的螺距相等，所以三爪运动距离相等，有自动定心的作用。三爪卡盘是由一个大锥齿轮、三个小锥齿轮、三个卡爪组成。三个小锥齿轮和大锥齿轮啮合，大锥齿轮的背面有平面螺纹结构，三个卡爪等分安装在平面螺纹上。当用扳手扳动小锥齿轮时，大锥齿轮便转动，它背面的平面螺纹就使三个卡爪同时向中心靠近或退出。

2. 四爪单调卡盘

将四爪卡盘固定于工作台上，用扳手旋转四个丝杠并分别带动四爪，因此，常见的四爪卡盘没有自动定心的作用。但可以通过调整四爪位置，装夹各种矩形的、不规则的工件。

3. 平口钳

平口钳全称是机床用平口虎钳，又叫平口虎钳，是将工件固定夹持在机床工作台上进行切削加工的一种机床附件。使用时，用扳手转动丝杠，通过丝杠螺母带动活动钳身移动，形成对工件的夹紧与松开。机用平口钳装配结构是可拆卸的螺纹连接和销连接的铸铁合体；活动钳身的直线运动是由螺旋运动转变的；工作表面是螺旋副、导轨副及间隙配合的轴和孔的摩擦面。机用平口钳设计结构简练紧凑，夹紧力度强，易于操作使用。内螺母一般采用较强的金属材料，使夹持力保持更大，一般都会带有底盘，底盘带有 180° 刻度线可以 360° 平面旋转。

4. 数控分度头

数控分度头是安装在铣床上用于将工件分成任意等份的机床附件。利用分度刻度环和游标，定位销和分度盘以及交换齿轮，将装卡在顶尖间或卡盘上的工件分成任意角度，可将圆周分成任意等份，辅助机床利用各种不同形状的刀具进行各种沟槽、正齿轮、螺旋正齿轮、阿基米德螺线凸轮等的加工工作。万能分度头还备有圆工作台，工件可直接紧固在工作台上，也可利用装在工作台上的夹具紧固，完成工件多方位加工。其主要功用如下。

（1）使工件绕本身轴线进行分度（等份或不等份）。如六方、齿轮、花键等等份的零件。

（2）使工件的轴线相对铣床工作台台面扳成所需要的角度（水平、垂直或倾斜）。因此，可以加工不同角度的斜面。

（3）在铣削螺旋槽或凸轮时，能配合工作台的移动使工件连续旋转。

（二）组合夹具

组合夹具是由一套结构已经标准化，尺寸已经规格化的通用元件、组合元件所构成，可以按工件的加工需要组成各种功用的夹具。组合夹具有槽系组合夹具和孔系组合夹具。

组合夹具的基本特点是满足“三化”：标准化、系列化、通用化；具有组合性、可调性、柔性、应急性和经济性，使用寿命长，能适应产品加工中的周期短、成本低等要求；比较适合加工中心应用。它有下列优点：节约夹具的设计制造工时；缩短生产准备周期；节约钢材和降低成本；提高企业工艺装备系数。

但是，由于组合夹具是由各种通用标准元件组合而成的，各元件间相互配合的环节较多，夹具精度、刚性仍比不上专用夹具，尤其是元件连接的接合面刚度，加工中心对加工精度影响较大。通常，采用组合夹具时其加工尺寸精度只能达到 IT8 ～ IT9 级，这就使得组合夹具在应用范围上受到一定限制。此外，使用组合夹具首次投资大，总体显得笨重，机床还有排屑不便等不足。对中、小批量，单件（如新产品试制等）或加工精度要求不十分严格的零件，在加工中心上加工时，应尽可能选择组合夹具。

组合夹具分为槽系组合夹具和孔系组合夹具两大类，我国以槽系组合夹具为主。

（三）专用夹具

对于工厂的主导产品，批量较大，且轮番上场加工，精度要求较高的关键性零件，在加工中心上加工时，选用专用夹具是非常必要的。

专用夹具是根据某一零件的结构特点专门设计的夹具，具有结构合理、刚性强、装夹稳定可靠、操作方便、提高安装精度及装夹速度等优点。选用这种夹具，加工中心一批工件加工后尺寸比较稳定，互换性也较好，可大大提高生产率。但是，专用夹具所固有的只能为一种零件的加工所专用的狭隘性，是和产品品种不断变化更新不相适应，特别是专用夹具的设计和制造周期长，花费的劳动量较大，加工简单零件显然不太经济。

（四）可调整夹具

可调整夹具能有效地克服以上两种夹具的不足，既能满足加工精度，又有一定的柔性，是一种很有发展前途的新颖的机床夹具结构形式。

可调整夹具与组合夹具有很大的相似之处，不同的是它具有一系列整体刚性好的夹具体。在夹具体上，设置有可定位、夹压等多功能的 T 形槽及台阶式光孔、螺孔，配制有多种夹压定位元件。例如，在加工中心工作台上安装一块与工作台大小一样的平板。该平板即可作为大工件的基础板，加工中心也可作为多个小工件的公共基础板。如在卧式加工中心分度工作台上安装平板。

可调整夹具扩大了夹具的使用范围，只要配制通用夹具元件，即可实现快速调整。其刚性好的特点，能良好地保证加工精度，它不仅适用于多品种、中小批量生产，而且在少品种、大批量生产中也会体现出明显的优越性。

（五）成组夹具

使用成组夹具的基础是对零件的分类（即编码系统中的零件族）。通过工艺分析，把形状相似、尺寸相近的各种零件进行分组编制成组工艺，然后把定位、加工中心夹紧和加工方法相同的或相似的零件集中起来，统筹考虑夹具的设计方案。对结构外形相似的零件，采用成组夹具，具有经济、夹压精度高等特点。

五、数控铣床的坐标系及对刀操作

数控铣床的坐标系包括坐标轴、原点、运动方向。为了便于编程时描述机床的运动和方向，进行正确的数值计算，就需要明确数控机床坐标轴和进给方向。刀具相对于静止的工件而运动，即永远假定刀具相对于静止的工件而运动。

（一）机床坐标系

机床坐标系是数控铣床固有的坐标系，是确定刀具在机床上实际运动位置的基准坐标系。

（二）工件坐标系

为便于编程和加工，在工件上选择一点作为工件坐标测量的零点，其坐标轴的名称与方向和机床坐标系一致，则建立了工件坐标系。

工件坐标系原点亦称编程坐标系原点，该点是指工件装夹完成后，选择工件上的某一点作为编程或工件加工的原点。

（三）工件坐标系原点的选择

工件坐标系原点的选择原则如下。

（1）尽可能将工件坐标系原点选择在工艺定位基准上，这样有利于提高加工精度。

（2）工件坐标系原点的选择要尽量满足编程简单、尺寸换算少、引起的加工误差小等条件。

（3）尽量选在精度较高的工件表面上，以提高被加工零件的加工精度。

（4）将工件坐标系原点选择在零件的尺寸基准上，这样便于坐标值的计算，减少手工计算量。

（5）Z轴工件坐标系原点通常选在工件的上表面。当工件对称时，一般以工件的对称中心作为XY平面的原点。

（6）X轴、Y轴工件坐标系原点设在与零件的设计基准重合的地方。

（四）数控铣床的对刀操作

对刀就是通过刀具或对刀工具确定工件坐标系与机床坐标系之间的空间位置关系，就是让数控系统知道工件原点在机床坐标系中的具体位置，因为数控程序是在工件坐标系下编制的，而刀具则是依靠机床坐标系实现正确的移动，只有二者建立起确定的位置关系，数控系统才能正确地按照程序坐标控制刀具的运动轨迹。简言之，对刀的目的就是要获得工件坐标系原点在机床坐标系中的坐标值。

数控铣床的对刀操作分为X、Y向对刀和Z向对刀，对刀的准确程度将直接影响加工精度。对刀的方法要与零件的加工精度相适应。

1. X、Y向对刀

根据使用对刀工具的不同，对刀方法可以分为试切对刀法、刚性靠棒对刀法、寻边器对刀法、百分表对刀法。

（1）试切对刀法

试切对刀法即直接采用加工刀具进行对刀，这种方法操作简单方便，但会在零件表面留下切削刀痕，影响零件表面质量且对刀精度较低。

（2）刚性靠棒对刀法

刚性靠棒对刀法是利用刚性靠棒配合塞尺（或块规）对刀的一种方法，其对刀方法与试切对刀法相似。首先将刚性靠棒安装在刀柄中，移动工作台使刚性靠棒靠近工件，并将塞尺塞入刚性靠棒与工件之间，再次移动机床使塞尺恰好不能自由抽动为准。这种对刀方法不会在零件表面上留下痕迹，但对刀精度不高且较为费时。

（3）寻边器对刀法

寻边器对刀法与刚性靠棒对刀法相似。常用的机械寻边器在使用时要求主轴转速设定在500r/min左右，这种对刀法精度高，无须维护，成本适中；光电寻边器在使用时主轴不转，这种对刀法精度高，须维护，成本较高。在实际加工过程中考虑到成本和加工精度问题一般选用机械寻边器来进行对刀找正。采用寻边器对刀要求定位基准面应有较好的表面粗糙度和直线度，确保对刀精度。

（4）百分表对刀法

该方法一般用于圆形零件的对刀，用磁力表座将百分表安放在机床主轴端面上，调整磁力表座上的伸缩杆长度和角度，使百分表的触头接触零件的圆周面(指针转动约为0.2mm)，用手慢慢旋转主轴，使百分表的触头沿零件的圆周面转动，观察百分表指针的偏移情况，通过多次反复调整机床*X*、*Y*向，待转动主轴一周时百分表的指针基本上停止在同一个位置，其指针的跳动量在允许的对刀误差范围内，这时可以认定主轴的中心就是*X*、*Y*轴的原点。

2. *Z*向对刀

当对刀工具中心在*X*、*Y*方向上的对刀完成后，可以取下对刀工具，换上基准刀具，进行*Z*向对刀操作。零件的*Z*向对刀通常采用试切法对刀和*Z*向对刀仪对刀。

（1）试切法对刀

*Z*向的对刀点通常都是以零件的上下表面为基准的。若以零件的上表面为$Z=0$的工件坐标系零点，则在采用试切法对刀时，须移动刀具到工件的上表面进行试切，并记录CRT显示器中*Z*向的“机床坐标系”的坐标值，即为工件坐标系原点在机床坐标系中的*Z*向坐标值。

（2）*Z*向对刀仪对刀

*Z*向对刀仪对刀主要用于确定工件坐标系原点在机床坐标系的*Z*轴坐标，或者说是确定刀具在机床坐标系中的高度。*Z*向对刀仪有光电式和指针式等类型，通过光电指示或指针判断刀具与对刀仪是否接触，对刀精度一般可达0.005mm。*Z*向对刀仪带有磁性表座，可以牢固地附着在工件或夹具上，其高度一般为50mm或100mm。

六、顺铣和逆铣的选择

在数控铣削加工中进给方向对零件的加工精度和表面质量有直接的影响，因此，确定好进给方向是保证铣削加工精度和表面质量的工艺措施之一。进给方向与工件表面状况，要求的零件表面质量、机床送给机构的间隙、刀具耐用度以及零件轮廓形状等有关。铣削的进给方向分为顺铣和逆铣两种方式。

逆铣时，刀具从已加工表面切入，切削厚度从零逐渐增大；刀齿在已加工表面上滑行、挤压，使这段表面产生严重的冷硬层，下一个刀齿切入时，又在冷硬层表面滑行、挤压，不仅使刀齿容易磨损，而且使工件的表面粗糙度增大。同时，刀齿垂直方向的切削分力向上，不仅会使工作台与导轨间形成间隙，引起振动，而且有把工件从工作台上挑起的倾向，因此需较大的夹紧力。但逆铣时刀齿从已加工表面切入，不会造成从毛坯面切入而打刀；加之其水平切削分力与工件进给方向相反，使铣床工作台纵向进给的丝杠与螺母传动面始终是右侧面抵紧，不会受丝杠螺母副间隙的影响，铣削较平稳。

顺铣时，刀具从待加工表面切入，切削厚度从最大逐渐减小为零，切入时冲击力较大；刀齿无滑行、挤压现象，对刀具耐用度有利；其垂直方向的切削分力向下压向工作台，减小了工件上下的振动，对提高铣刀加工表面质量和工件的夹紧有利。但顺铣的水平切削分力与工件进给方向一致，当水平切削分力大于工作台摩擦力（例如遇到加工表面有硬皮或硬质点）时，使工作台带动丝杠向左窜动，丝杠与螺母传动副右侧面出现间隙，硬点过后丝杠螺母副的间隙恢复正常（左侧间隙），这种现象对加工极为不利，会引起“啃刀”或“打刀”，甚至损坏夹具或机床。

根据上面的分析，当工件表面无硬皮、机床进给机构无间隙时，应选用顺铣，按照顺铣安排进给路线。因为采用顺铣加工后，零件已加工表面质量好，刀齿磨损小。精铣时，尤其是零件材料为铝镁合金、钛合金或耐热合金时，应尽量采用顺铣。当工件表面有硬皮、机床的进给机构有间隙时，应选用逆铣，按照逆铣安排进给路线。因为逆铣时，刀齿是从已加工表面切入，不会崩刃；机床进给机构的间隙不会引起振动和爬行。

七、数控铣削加工工艺方案的设计

制定零件的数控铣削加工工艺是数控铣削加工的一项首要工作。数控铣削加工工艺制定得合理与否，直接影响到零件的加工质量、生产率和加工成本。在制定零件的数控铣削加工工艺时，首先要对目标零件进行工艺性分析。其主要内容如下。

(一)数控铣削加工内容的选择

数控铣床的工艺范围比普通铣床宽，但其价格比普通铣床高得多，因此，选择数控铣削加工内容时，应从实际需要和经济性两个方面考虑。通常选择下列加工部位为其加工内容。

（1）零件上的曲线轮廓，特别是可由数学表达式描绘的非圆曲线和列表曲线等曲线轮廓。

（2）已给出数学模型的空间曲面。

（3）形状复杂、尺寸繁多、画线与检测困难的部位。

（4）用通用铣床加工难以观察、测量和控制进给的内外凹面。

（5）以尺寸协调的高精度孔或面。

（6）能在一次安装中顺带铣出来的简单表面。

（7）采用数控铣削后能成倍提高生产率，大大减轻体力劳动强度的一般加工内容。但对于简单的粗加工表面、需长时间占机做人工调整（如以毛坯粗基准定位画线找正）的粗加工表面、毛坯上的加工余量不太充分或不太稳定的部位及必须用细长铣刀加工的部位（一般指狭窄深槽或高肋板小转接圆弧部位）等不宜选作数控铣削加工内容。

（二）零件结构工艺性分析

1. 零件图样尺寸的正确标注

由于加工程序是以准确的坐标点来编制的，因此，各图形几何要素间的相互关系（如相切、相交、垂直和平行等）应明确；各种几何要素的条件要充分，不能有会引起矛盾的多余尺寸或影响工序安排的封闭尺寸等。

2. 保证获得要求的加工精度

虽然数控机床精度很高，但对一些特殊情况例如过薄的底板与肋板，因为加工时产生的切削拉力及薄板的弹性退让极易产生切削面的振动，使薄板厚度尺寸公差难以保证，其表面粗糙度也将增大。根据实践经验，对于面积较大的薄板，当其厚度小于 3mm 时，就应在工艺上充分重视这一问题。

3. 尽量统一零件轮廓内圆弧的有关尺寸

轮廓内圆弧半径常常限制刀具的直径。若工件的被加工轮廓高度低，转接圆弧半径也大，可以采用较大直径的铣刀来加工，且加工其底板面时，进给次数也相应减少，表面加工质量也会好一些，因此工艺性较好。反之，数控铣削工艺性较差。

一般来说，当 $Ra < 0.2H$（H 为被加工轮廓面的最大高度）时，可以判定零件上该部位的工艺性不好。

铣削面的槽底面圆角或底板与肋板相交处的，圆角半径 r 越大，铣刀端刃铣削平面的能力越差，效率也较低，当 r 大到一定程度时甚至必须用球头铣刀加工，这是应当避免的。因为铣刀与铣削平面接触的最大直径 $d = D - 2r$（D 为铣刀直径）。

当 D 越大而 r 越小时，铣刀端刃铣削平面的面积越大，加工平面的能力越强，铣削工艺性当然也越好。有时，当铣削的底面面积较大，底部圆弧 r 也较大时，我们只能用两把

r不同的铣刀（一把刀的r小些，另一把刀的r符合零件图样的要求）分两次进行切削。

在一个零件的这种凹圆弧半径在数值上的一致性问题对数控铣削的工艺性显得相当重要，一般来说，即使不能达到完全统一，也要力求将数值相近的圆弧半径分组靠拢达到局部统一，以尽量减少铣刀规格与换刀次数，并避免因频繁换刀而增加零件加工面上的接刀阶差，从而降低表面质量。

4. 保证基准统一原则

有些零件需要在铣完一面后再重新安装另一面。由于数控铣削时不能使用通用铣床加工，时常用试切方法来接刀，往往会因为零件的重新安装而接不好刀。这时，最好采用统一基准定位，因此零件上应有合适的孔作为定位基准孔。如果零件上没有基准孔，也可以专门设置工艺孔作为定位基准（如在毛坯上增加工艺凸台或在后继工序要铣去的余量上设基准孔）。

5. 分析零件的变形情况

零件在数控铣削加工时的变形，不仅影响加工质量，而且当变形较大时，将使加工不能继续进行下去。这时就应当考虑采取一些必要的工艺措施进行预防，如对钢件进行调质处理，对铸铝件进行退火处理，对不能用热处理方法解决的，也可考虑粗、精加工及对称去余量等常规方法。

（三）零件毛坯的工艺性分析

零件在进行数控铣削加工时，由于加工过程的自动化，因此余量的大小、如何装夹等问题在设计毛坯时就要仔细考虑好。否则，如果毛坯不适合数控铣削，加工将很难进行下去。根据经验，下列几方面应作为毛坯工艺性分析的要点。

1. 毛坯应有充分、稳定的加工余量

毛坯主要指锻件、铸件。因模锻时的欠压量与允许的错模量会造成余量的多少不等；铸造时也会因砂型误差、收缩量及金属液体的流动性差不能充满型腔等造成余量的不等。此外，锻造、铸造后，毛坯的挠曲与扭曲变形量的不同也会造成加工余量不充分、不稳定。因此，除板料外，不论是锻件、铸件还是型材，只要准备采用数控铣削加工，其加工面均应有较充分的余量。经验表明，数控铣削中最难保证的是加工面与非加工面之间的尺寸，这一点应该引起特别重视，在这种情况下，如果已确定或准备采用数控铣削加工，就应事先在设计时加以充分考虑，即在零件图样注明的非加工面处也增加适当的余量。

2. 分析毛坯的装夹适应性

主要考虑毛坯在加工时定位和夹紧的可靠性与方便性，以便在一次安装中加工出较多表面。对不便于装夹的毛坯，可考虑在毛坯上另外增加装夹余量或工艺凸台、工艺凸耳等辅助基准，该工件缺少合适的定位基准，在毛坯上铸出两个工艺凸耳，在凸耳上制出定位基准孔。

3. 分析毛坯的余量大小及均匀性

主要考虑在加工时要不要分层切削、分几层切削。也要分析加工中与加工后的变形程度，考虑是否应采取预防性措施与补救措施。如对于热轧中、厚铝板，经淬火时效后很容易在加工中与加工后变形，最好采用经预拉伸处理的淬火板坯。

第二节 平面铣削工艺

一、平面铣削加工的内容、要求及铣削方法

平面铣削通常是指把工件表面加工到某一高度并达到一定表面质量要求的加工。分析平面铣削加工的内容应考虑：加工平面区域大小和加工面相对基准面的位置。分析平面铣削加工要求应考虑加工平面的表面粗糙度、加工面相对基准面的定位尺寸精度、平行度和垂直度等要求。

对平面的铣削加工，存在用立铣刀周铣和面铣刀端铣两种方式。用面铣刀端铣有如下几个特点。

（1）用面铣刀加工时，其轴线垂直于工件的加工表面。用端铣的方法铣出的平面，其平面度的好坏主要取决于铣床主轴轴线与进给方向的垂直度。

（2）端铣用的面铣刀其装夹刚性较好，铣削时振动较小。

（3）端铣时，同时工作的刀齿数比周铣时多，工作较平稳。

（4）端铣用面铣刀切削，其刀齿的主、副切削刃同时工作，由主切削刃切去大部分余量，副切削刃则可起到修光作用，铣刀齿刃负荷分配也较合理，铣刀使用寿命较长，且加工表面的表面粗糙度值较小。

（5）端铣的面铣刀便于镶装硬质合金刀片进行高速铣削和阶梯铣削，生产效率高，铣削表面质量也较好。

一般情况下，铣平面时，端铣的生产效率和铣削质量都比周铣高，所以平面铣削应尽量用端铣方法。一般大面积的平面铣削使用面铣刀，小面积平面铣削也可使用立铣刀端铣。

二、面铣刀及其选用

（一）面铣刀概述

面铣刀，又称端铣刀，面铣刀的主切削刃分布在铣刀的圆周表面或圆锥表面上，副切削刃则分布在端面上。面铣刀多制成套式镶齿结构，刀齿为高速钢或硬质合金，刀体为40Cr。高速钢面铣刀按国家标准规定，直径d=80～250mm，螺旋角β=10°，刀齿数Z=10～26。主要用于在铣床（立式、卧式、数控、加工中心）上加工平面、台阶面等，是应用相当广泛的一种刀具。面铣刀的圆周表面和端面都有切削刃，端部切削刃为副切削刃。硬质合金面铣刀与高速钢铣刀相比，铣削速度较高、加工效率高、加工表面质量也较好，并可加工带有硬皮和淬硬层的工件，故得到广泛应用。面铣刀按刀片和刀齿的安装方式不同，可分为整体焊接式、机夹—焊接式和可转位式三种。由于整体焊接式和机夹—焊接式面铣刀难以保证焊接质量，刀具耐用度低，重磨较费时，目前已逐渐被可转位式面铣刀所取代。

可转位式面铣刀是将可转位刀片通过夹紧元件夹固在刀体上，当刀片的一个切削刃用钝后，直接在机床上将刀片转位或更换新刀片。因此，这种铣刀在提高产品质量、加工效率，降低成本，操作使用方便等方面都具有明显的优越性，目前已得到广泛应用。可转位式铣刀要求刀片定位精度高、夹紧可靠、排屑容易、更换刀片迅速等，同时各定位、夹紧元件通用性要好，制造要方便，并且应经久耐用。

（二）硬质合金可转位式面铣刀

这种结构成本低，制作方便，刀刃用钝后可直接在机床上转换刀刃和更换刀片。

可转位式面铣刀要求刀片定位精度高、夹紧可靠、排屑容易和更换刀片迅速等。硬质合金面铣刀与高速钢面铣刀相比，铣削速度和加工效率较高，且加工表面质量也较好，并可加工带有硬皮和淬硬层的工件，在提高产品质量和加工效率等方面都具有明显的优越性。

（三）面铣刀直径选用

平面铣削时，面铣刀直径尺寸的选择是需要重点考虑的问题之一。

对于面积不太大的平面，宜用直径比平面宽度大的面铣刀实现单次平面铣削，平面铣刀最理想的宽度应为材料宽度的1.3～1.6倍。对于面积太大的平面，由于受到多种因素的限制，如考虑到机床功率、刀具和可转位刀片几何尺寸、安装刚度、每次切削的深度和宽度以及其他加工因素，面铣刀刀具直径不可能比加工平面宽度更大时，宜选用直径大小适当的面铣刀分多次走刀铣削平面。特别是平面粗加工时，切深大，余量不均匀，且考虑到机床功率和工艺系统的受力，故铣刀直径D不宜过大。

（四）面铣刀刀齿选用

面铣刀齿数对铣削生产率和加工质量有直接影响，齿数多，则同时参与切削的齿数也多，生产率高，铣削过程平稳，加工质量好，但要考虑到其负面的影响：刀齿越密，容屑空间越小，排屑不畅，因此只有在精加工余量小和切屑少的场合才用齿数相对多的铣刀。

可转位面铣刀的齿数根据直径不同可分为粗齿、细齿和密齿三种。粗齿铣刀主要用于粗加工；细齿铣刀用于平稳条件下的铣削加工；密齿铣刀的每齿进给量较小，主要用于薄壁铸铁的加工。

面铣刀以端齿为主加工各种平面。刀齿主偏角一般为45°、60°、75°、90°，主偏角为90°的面铣刀还能同时加工出与平面垂直的直角面，这个面的高度受到刀片长度的限制。

三、平面铣削的进给路线设计

（一）单次平面铣削

平面铣削中，刀具相对于工件的位置选择是否适当将影响到切削加工的状态和加工质量。

1. 刀心轨迹与工件中心线重合

刀具中心轨迹与工件中心线重合。单次平面铣削时，当刀具中心处于工件中间位置时，容易引起颤振，从而影响到表面加工质量，因此，应该避免刀具中心处于工件中间位置。

2. 刀心轨迹与工件边缘重合

当刀心轨迹与工件边缘线重合时，切削刀片进入工件材料时的冲击力最大，是最不利于刀具寿命和加工质量的情况。因此应该避免刀具中心线与工件边缘线重合。

3. 刀心轨迹在工件边缘外

当刀心轨迹在工件边缘外，刀具刚刚切入工件时，刀片相对工件材料冲击速度大，引起的碰撞力也较大，容易使刀具破损或产生缺口，基于此，拟定刀心轨迹时，应避免刀心在工件外。

4. 刀心轨迹在工件边缘与中心线间

当刀心处于工件内时，已切入工件材料刀片承受最大切削力而刚切入（撞入）工件的刀片受力较小，引起碰撞力也较小，从而可延长刀片寿命，且引起的振动也小一些。

由上面分析可见：拟定面铣刀刀路时，应尽量避免刀心轨迹与工件中心线重合、刀心轨迹与工件边缘重合及刀心轨迹在工件边缘外的三种情况，设计刀心轨迹在工件边缘与中心线间是理想的选择。

（二）多次平面铣削

单次平面铣削的一般规则同样也适用于多次铣削。

铣削大面积工件平面时，分多次铣削的刀路有好几种。最为常见的方法为同一深度上的单向多次切削和双向多次切削。

1. 单向多次切削粗、精加工的路线设计

单向多次切削时，切削起点在工件的同一侧，另一侧为终点的位置。每完成一次工件进给的切削后，刀具从工件上方快速点定位回到与切削起点在工件的同一侧，这是平面精铣削时常用的方法。频繁的快速返回运动会导致切削效率很低，但这种刀路能保证面铣刀的切削总是顺铣。

2. 双向来回Z形切削

双向来回切削也称为Z形切削。显然，它的效率比单向多次切削要高，但其在面铣刀改变方向时，刀具要从顺铣方式改为逆铣方式，从而在精铣平面时影响加工质量。因此，平面质量要求高的平面精铣通常并不使用这种刀路，其常用于平面铣削的粗加工。

为了安全起见，设计刀具起点和终点时，应确保刀具与工件间有足够的安全间隙。

四、平面铣削的切削用量

铣削用量选择得是否合理，将直接影响到铣削加工的质量。

平面铣削分粗铣、半精铣和精铣三种情况，此处主要介绍粗铣及精铣两种情况。粗铣时，铣削用量选择侧重考虑刀具性能、工艺系统刚性、机床功率和加工效率等因素；精铣时侧重考虑表面加工精度的要求。从刀具耐用度出发，切削用量的选择方法是：先选取背吃刀量，其次确定进给速度，最后确定切削速度。

（一）平面粗铣用量

粗铣加工时，余量多，要求低，因此，在选择铣削用量时主要考虑工艺系统刚性、刀具使用寿命、机床功率和工件余量大小等因素。

确定较大的Z向切深和切削宽度。铣削无硬皮的钢料，Z向切深一般选择3 ～ 5mm，铣削铸钢或铸铁时，Z向切深一般选择5 ～ 7mm。切削宽度可根据工件加工面的宽度尽量一次铣出，当切削宽度较小时，Z向切深可相应增大。

选择较大的每齿进给量有利于提高粗铣效率，但同时应考虑到，当选择了较大的Z向切深和切削宽度后，工艺系统刚性是否足够。

当Z向切深、切削宽度、每齿进给量较大时，受机床功率和刀具耐用度的限制，一般选择较低的铣削速度。

(二)平面精铣用量

当表面粗糙度*Ra*要求在1.6～3.2μm时，平面一般采用粗、精铣两次加工。经过粗铣加工后，精铣加工的余量为0.5～2mm，考虑到表面质量要求，选择较小的每齿进给量。

此时加工余量比较少，因此可尽量选较大铣削速度。

表面质量要求较高(*Ra* 0.4～0.8μm)，表面精铣时的深度选择为0.5mm左右。每齿进给量一般选较小值。铣削速度在推荐范围内选最大值。*Z*向切深进给量推荐范围见表5-1。

表5-1　硬质合金铣刀粗、精加工进给量选用

粗加工每齿进给量/(mm·齿$^{-1}$)	钢		铸铁及铜合金	
	YT15	YT5	YG6	YG8
	0.09～0.18	0.12～0.24	0.14～0.24	0.20～0.29
精加工每转进给量/(mm·r^{-1})	*Ra* 3.2	*Ra* 1.6	*Ra* 0.8	*Ra* 0.4
	0.5～1.0	0.4～0.6	0.2～0.3	0.15

第三节　轮廓铣削工艺

一、轮廓铣削内容、要求及铣削方法

由直线、圆弧、曲线通过相交、相切连接而成二维平面轮廓零件，适合用数控铣床周铣加工，这是因为数控铣床相对普通铣床具有多轴数控联动的功能。

零件二维平面轮廓一般有轮廓度等形位公差要求，轮廓表面有表面粗糙度要求。具有台阶面的平面轮廓，立铣刀在对平行刀具轴线轮廓进行周铣的同时，对垂直于*Z*轴的台阶面进行端铣，台阶面亦有相应的质量要求。工件轮廓，有轮廓度和表面质量要求。台阶面有表面质量要求和深度尺寸的精度要求。

立铣刀主要是用其侧刃圆周铣削工件轮廓面。铣削时，刀具圆柱素线平行于加工面，平面度的好坏主要取决于铣刀圆柱素线的直线度，铣刀径向圆跳动也会反映到加工工件的表面上。因此，在采用周铣精铣平面时，铣刀的圆柱度一定要好。

周铣用的立铣刀刀杆较长、直径较小、刚性较差，容易产生弯曲变形和引起振动。

周铣时，多个刀齿依次切入和切离工件，易引起周期性的冲击振动。为了减小振动，

可选用大螺旋角铣刀来弥补这一缺点。

轮廓周铣精加工时须采用半径补偿加工的方法，可通过调整半径补偿值控制轮廓尺寸精度。垂直于刀具轴线台阶面的位置尺寸精度可通过调整长度补偿值得到。

二、立铣刀及选用

（一）立铣刀概述

立铣刀是数控机床上用得最多的一种铣刀，它的侧壁（圆柱或圆锥面）和端面（平头或球头）上都有切削刃，侧刃与端刃可同时进行切削，也可单独进行切削。

立铣刀可分为平头立铣刀、圆鼻（平头带R角）立铣刀、圆锥形立铣刀、圆柱形球头立铣刀和圆锥形球头立铣刀等。其中，圆锥形立铣刀、圆柱形球头立铣刀和圆锥形球头立铣刀常常用于加工模具型腔，也被称为“模具铣刀”。

平头立铣刀能够完成的加工内容包括轮廓加工、槽和键槽铣削、开放式和封闭式型腔、小面积的平面加工等。

（二）平头立铣刀

1. 硬质合金螺旋齿立铣刀

为了提高切削速度，以提高生产效率，立铣刀材料应有更高的硬度。数控铣床或加工中心普遍采用硬质合金螺旋齿立铣刀，它相对普通高速钢立铣刀硬度更大，具有良好的刚性及排屑性能，适于粗、精铣削加工，生产效率比同类型高速钢铣刀提高了2～5倍。

当铣刀的长度足够时，可以在一个刀槽中焊上两个或更多的硬质合金刀片，并使相邻刀齿间的接缝相互错开，利用同一刀槽中刀片之间的接缝作为分屑槽。这种铣刀俗称“玉米铣刀”，通常在粗加工时选用。

2. 波形刃立铣刀

数控铣床或加工中心加工常选用波形刃立铣刀进行切削余量大的粗加工，能显著提高铣削效率。

波形刃立铣刀与普通高速钢立铣刀的最大区别是其刀刃为波形。波形刃能将狭长的薄切屑变为厚而短的碎块切屑，使排屑顺畅，有利于自动加工的连续进行；由于刀刃是波形，使它与被加工工件接触的切削刃长度较短，刀具不易产生振动；刀刃的波形特征还使刀刃的长度增大，有利于散热，并有利于切削液渗入切削区，能允分发挥切削液的效果。

（三）立铣刀的尺寸选择

CNC 加工指的是计算机数字化控制精密机械加工的过程，其中 CNC 代表

Computerized Numerical Control，即数控机床。CNC 加工中，必须考虑的立铣刀尺寸因素包括立铣刀直径、立铣刀长度和螺旋槽长度。

立铣刀直径包括名义直径和实测直径。名义直径为刀具厂商给出的值；实测直径是精加工用作半径补偿的半径补偿值。

CNC 加工中必须区别对待非标准直径尺寸的刀具，比如重新刃磨过的刀具，即使用实测的直径作为刀具半径偏置，也不宜将它用在精度要求较高的精加工中。

立铣刀在对内轮廓精铣削加工中，所用立铣刀的刀具半径一定要小于零件内轮廓的最小曲率半径，一般取最小曲率半径的 0.8 ～ 0.9。

另外，直径大的刀具比直径小的刀具的抗弯强度大，加工中不易引起受力弯曲和振动。刀具从主轴伸出的长度和立铣刀从刀柄夹持工具的工作部分中伸出的长度也应认真考虑，立铣刀的长度越长，抗弯强度减小，受力弯曲程度增大，会影响加工的质量，并容易产生振动，加速切削刃的磨损。

不管刀具总长如何，螺旋槽长度始终决定着切削的最大深度。

（四）刀齿的数量

立铣刀根据其刀齿数目不同可分为粗齿（齿数为 3，4，6，8）、中齿（齿数为 4，6，8，10）和细齿（齿数为 5，6，8，10，12）。粗齿铣刀刀齿数目少、强度高、容屑空间大，适用于粗加工；细齿铣刀刀齿数目多、工作平稳，适用于精加工；中齿铣刀刀齿数目介于粗齿和细齿之间。

被加工工件材料类型和加工的性质往往影响刀齿数量选择。

加工塑性大的工件材料，如铝、镁等，为避免产生积屑瘤，常用刀齿少的立铣刀，立铣刀刀齿越少，螺旋槽之间的容屑空间越大，可避免在切削量较大时产生积屑瘤。另外，刀齿越少，编程的进给率越小。

加工较硬的脆性材料，需要重点考虑的是避免刀具颤振，应选择多刀齿立铣刀，刀齿越多，切削越平稳，从而可减小刀具的颤振。

小直径或中等直径的立铣刀通常有两个、三个或四个刀齿，三刀齿立铣刀兼有两刀齿刀具与四刀齿刀具的优点，加工性能好，但精加工时一般不应选择三刀齿立铣刀，因为其直径尺寸很难精确测量。

三、轮廓铣削的进给路线设计

（一）加工路线的确定原则

在数控加工中，刀具刀位点相对于零件运动的轨迹称为加工路线。加工路线的确定与工件的加工精度和表面粗糙度直接相关，其确定原则如下。

（1）加工路线应保证被加工零件的精度和表面粗糙度，且效率较高。

（2）使数值计算简便，以减少编程工作量。

（3）应使加工路线最短，这样既可减少程序段，又可减少空刀时间。

（4）加工路线还应根据工件的加工余量和机床、刀具的刚度等具体情况确定。

（二）切入、切出方法选择

轮廓铣削时一般需要半径补偿加工，在设计半径补偿加工铣削路线时，应尽量做到在刀具切入工件之前建立刀补；撤销刀补则应放在刀具切出工件之后。铣刀在切入和切出零件时，应沿与零件轮廓曲线相切的切线或切弧上切向切入、切向切出零件表面，而不应沿法向直接切入零件，以避免加工表面产生刀痕，保证零件轮廓光滑。

四、轮廓铣削的切削用量

（一）立铣刀应用中的切削深度

螺旋槽长度（侧刃长度）决定切削的最大深度，实际应用中，铣削深度（Z方向的吃刀深度a_p）不宜超过刀具直径的1.5倍，铣削宽度（侧向的吃刀深度a_w）不宜超过刀具半径值。直径较小的立铣刀，切削深度应选择得更小些，以保证刃具有足够的刚性。

立铣刀用于粗加工铣毛坯面时，在机床、刀具、工件系统允许的情况下，可用波形立铣刀进行强力切削，毛坯去除余量大时，宜选用直径较大而长度较小的立铣刀，这样在强力切削时，可以避免刀具颤振或刀具偏斜，至少可以将颤振和偏斜限制在最低程度。

（二）立铣刀应用中的进给速度

立铣刀加工应考虑在不同情形下选择不同的进给速度。进给速度分快进（空行程进给速度）、工进（包括切入、切出和切削时的工作进给速度）的进给速度。为提高工效，减少空行程时间，快进的进给速度尽可能高一些，一般为机床允许的最大进给速度。工进的进给速度v_f与铣刀转速n、铣刀齿数z及每齿进给量f_z（单位为mm/齿）的关系为：

$$v_f = f_z zn \tag{5-1}$$

每齿进给量f_z的选择主要取决于工件材料的力学位能、刀具材料、工件表面粗糙度等因素。工件材料的强度和硬度越高，f_z越小；反之，则越大。硬质合金铣刀的每齿进给量高于同类高速钢铣刀。工件表面粗糙度要求越高，f_z就越小。工件刚性差或刀具强度低时，f_z应取小值。

（三）立铣刀主轴转速

硬质合金可转位立铣刀相对标准的 HSS 刀具加工钢材时，主轴转速应相对高一些，硬质合金刀具在加工中，随着主轴转速的提高，与刀具切削刃接触的钢材的温度也升高，从而降低了材料的硬度，这时加工条件较好。硬质合金刀具使用的主轴转速通常为标准 HSS 刀具的 3 ～ 5 倍，硬质合金可转位立铣刀加工时若使用较低主轴转速，容易使硬质合金刀具崩裂甚至损坏。但对于高速钢刀具，使用较高主轴转速会加速刀具的磨损。

铣削的切削速度可参考表 5-2。

表 5-2　铣削的切削速度

工件材料	硬度（HBS）	切削速度 $v/(mm \cdot min^{-1})$	
		高速钢铣刀	硬质合金铣刀
钢	＜225	18 ～ 42	66 ～ 150
	225 ～ 325	12 ～ 36	54 ～ 120
	325 ～ 425	6 ～ 21	36 ～ 75
铸铁	＜190	21 ～ 36	66 ～ 150
	190 ～ 260	9 ～ 18	45 ～ 90
	260 ～ 320	4.5 ～ 10	21 ～ 30

（四）立铣刀加工振动与切削用量修正

立铣刀在加工过程中刀具有可能出现颤振现象，发生颤振的原因有很多，主要原因包括刀具安装不牢固、刀具长度过大（从刀架中伸出的部分）、加工薄壁材料时切削深度过大或过大的进给率等，刀具偏斜也会产生振动。振动会使立铣刀圆周刃的吃刀量不均匀，且切削量比原定值增大，影响加工精度和刀具使用寿命。当出现刀具振动时，应考虑降低切削速度和进给速度，如两者都已降低 40% 后仍存在较大振动，则应考虑减小吃刀量。如果仍然存在颤振，则需要检查加工方法和安装刚度。

第四节　槽铣削工艺及型腔铣削工艺

一、槽铣削工艺

（一）槽铣削的加工要求

窄槽是具有一定宽度、深度和截面形状的槽，槽底面与侧面呈直角形的称为直角槽。

直角槽可分为敞开式、封闭式和半封闭式三种。

直角槽结构的主要尺寸有槽长、槽宽和槽深。尺寸精度主要是槽的位置尺寸精度及槽的宽度、长度和深度的尺寸精度，尤其是与其他零件相配合的槽，其槽的宽度尺寸精度一般要求较高；槽的形位精度主要是槽两侧面的平行度以及对称度等；一般对侧面和底面有表面质量要求。

（二）铣槽刀具

1. 键槽铣刀

键槽铣刀，它的外形与立铣刀相似，不同的是它在圆周上只有两个螺旋刀齿，其端面刀齿的刀刃延伸至中心，既像立铣刀又像钻头；螺旋齿的螺旋角较立铣刀小，有利于切削平稳。键槽铣刀适用于铣削对槽宽有相应要求的槽类加工。封闭槽铣削加工时，可以做适量的轴向进给，对于较浅的槽，键槽铣刀可先轴向进给达到槽深，然后沿键槽方向铣出键槽全长，而较深的槽要做多次垂直进给和纵向进给才能完成加工。另外，键槽铣刀可用于插入式铣削、钻削和锪孔。

2. 钻削立铣刀

钻削立铣刀有一个刀片的铣削刃在径向超过中心线而又稍稍低于（偏离）中心线0.15～0.3mm，配用刀片主要有正方形、平行四边形和不等边、不等角六边形等。

（三）精确沟槽铣削刀具路线设计

有较高加工精度要求的窄槽，为了提高槽宽的加工精度，应分粗加工和精加工。

粗加工时采用直径比槽宽小的铣刀，铣槽的中间部分在两侧及槽底留下一定余量；精加工时，为保证槽宽尺寸公差，应用半径补偿的加工方法铣削内轮廓。

1. 开放窄槽的加工路线设计

对开放窄槽加工，刀具的起点可选在工件侧面外。

粗加工时，选择直径比槽宽略小的刀具，刀具经直线进给切削后，侧面留下适当的精加工余量，槽的底面亦宜留有适当的精加工余量。

精加工时，刀具Z向进给运动至窄槽底部深度，通过垂直于窄槽轮廓的线段进给建立半径补偿。

2. 封闭窄槽加工刀具路线设计

粗加工时，选择直径比槽宽略小的刀具，以保证粗加工后留有一定的精加工余量。刀具的X、Y起点选择工件槽的某段圆弧轮廓的圆心位置，然后以较小的进给率切入所需的深度（在底部留出精加工余量），再以直线插补运动在两个圆弧中心点之间进行粗加工。

精加工时，刀具法向趋近轮廓建立半径补偿并不合适，因为这样会让刀具在加工轮廓上有停留并产生接刀痕迹。

设计趋近轮廓的路线为与轮廓相切的一个辅助切入圆弧，其目的是引导刀具平滑地过渡到轮廓上，避免接刀痕迹。但刀具半径补偿不能在圆弧插补模式中启动，因此应用直线 G01 运动建立半径补偿，然后用圆弧运动自然切入工件下侧轮廓。这样在轮廓精加工前，增加了两个辅助运动，即：进行直线运动并启动刀具半径补偿；切线趋近圆弧运动。

这里值得注意的是趋近圆弧半径大小的选择（位置选择很简单，圆弧必须与轮廓相切），趋近圆弧半径必须符合一定的要求，那就是该圆弧的半径必须既大于刀具半径，又小于刀具引入起点到轮廓的距离（这里是窄槽轮廓的半径），三种半径的关系为：

$$R_t < R_a < R_c$$

式中：

R_t——刀具半径；

R_a——趋近圆弧（导入圆弧）的半径；

R_c——轮廓（窄槽）的半径。

（四）铣槽切削用量的选用

铣削加工直角沟槽工件时，加工余量一般都比较大，工艺要求也比较高，不应一次加工完成，而应尽量分粗铣和精铣数次进行加工完成。

在深度上，常有一次铣削完成和多次分层铣削完成两种加工方法，这两种加工方法的工艺利弊分析不容忽视。

（1）设计将键槽深度一次铣削完成，能够提高加工效率，但对铣刀的使用较为不利，因为铣刀在用钝时，其切削刃上的磨损长度等于键槽的深度。

（2）设计深度方向多次分层铣削键槽，每次铣削层深度只有 0.5 ～ 1mm，以较大的进给量往返进行铣削。

这种加工方法的优点是铣刀用钝后，只需刃磨铣刀的端面（磨短不到 1mm），铣刀直径不受影响。

铣削加工沟槽时，排屑不畅，铣刀周围的散热面小，不利于切削。铣削用量选用时，应充分考虑这些因素，不宜选择较大的铣削用量，而应采用较小的铣削用量。铣削窄而深的沟槽时，切削条件更差。

二、型腔铣削工艺

（一）型腔铣削加工的内容、要求

型腔是 CNC 铣床、加工中心中常见的铣削加工内结构。铣削型腔时，需要在由边界线确定的一个封闭区域内去除材料，该区域由侧壁和底面围成，其侧壁和底面可以是斜面、凸台、球面以及其他形状，型腔内部可以全空或有孤岛。对于形状比较复杂或内部有孤岛的型腔则需要使用计算机辅助（CAM）编程。

型腔的加工要求主要包括以下三种侧壁和底面的尺寸精度、表面粗糙度、二维平面内轮廓的尺寸精度。

（二）型腔铣削方法

型腔的加工分粗、精加工。对于较浅的型腔，可用键槽铣刀插削到底面深度，先铣型腔的中间部分，然后再利用刀具半径补偿对垂直侧壁轮廓进行精铣加工。

对于较深的内部型腔，宜在深度方向分层切削，常用的方法是预先钻削一个孔至所需深度，然后再使用比孔尺寸小的平底立铣刀从Z向进入预定深度，随后进行侧面铣削加工，将型腔扩大到所需的尺寸和形状。

1. 刀具Z向切入零件的方法

与外轮廓加工不同，型腔铣削时，要考虑如何在Z向切入零件实体的问题。通常刀具Z向切入零件实体有以下几种方法。

（1）使用键槽铣刀沿Z轴垂直向下进刀切入零件。

（2）预先钻一个孔，再用直径比孔径小的立铣刀切削。

（3）斜线进刀及螺旋进刀。使用立铣刀时，由于端面刃不过中心，一般不宜垂直下刀，可以采用斜插式下刀。

斜插式下刀，即在两个切削层之间，刀具从上一层的高度沿斜线以渐近的方式切入工件，直到下一层的高度，然后开始正式切削，一般进刀角度为 5° ～ 10° 。

螺旋下刀，即在两个切削层之间，刀具从上一层的高度沿螺旋线以渐近的方式切入工件，直到下一层的高度，然后开始正式切削。

斜线进刀及螺旋进刀都是靠铣刀的侧刃逐渐向下铣削而实现向下进刀的，所以这两种进刀方式可以用于端部切削能力较弱的端铣刀或普通立铣刀向下进给。

2. 刀具粗、精加工的刀路设计

铣内腔的进给路线别为用行切法、环切法和综合法加工型腔。行切法和环切法两种进给路线的共同点是都能切净内腔中全部面积，不留死角不伤轮廓，同时能尽量减少重复进给的搭接量。不同点是行切法的进给路线比环切法短，但行切法将在每两次进给的起点与终点间留下残留面积，而达不到所要求的表面粗糙度；用环切法获得的表面粗糙度要好于行切法，但环切法需要逐次向外扩展轮廓线，刀位点计算稍微复杂一些。综合行、环切法的优点，采用综合法的进给路线，即先用行切法切去中间部分余量，最后用环切法切一刀，这样既能使总的进给路线较短，又能获得较高的表面粗糙度。

（三）型腔铣削刀具选用

适合于型腔铣削的刀具有平头立铣刀、键槽铣刀，型腔的斜面、曲面区域要用*R*刀或球头刀加工。

型腔铣削时，立铣刀在封闭边界内进行加工，其加工方法受到内部轮廓结构特点的限制。立铣刀对内轮廓进行精铣削加工时，其刀具半径一定要小于零件内轮廓的最小曲率半径，刀具半径一般取内轮廓最小曲率半径的0.8～0.9倍。粗加工时，在不干涉内轮廓的前提下，应尽量选用直径较大的刀具，直径大的刀具比直径小的刀具抗弯强度大，加工中不易引起受力弯曲和振动。

在刀具切削刃（螺旋槽长度）满足最大深度的前提下，尽量缩短刀具从主轴伸出的长度和立铣刀从刀柄夹持工具工作部分中伸出的长度，随着立铣刀的长度增加，抗弯强度减小，受力弯曲程度增大，会影响加工的质量，并容易产生振动，加速切削刃的磨损。

（四）型腔铣削用量

粗加工时，为了得到较高的切削效率，常选择较大的切削用量，但刀具的切削深度与宽度应与加工条件相适应。直径大的刀具切削宽度也大，一般切削宽度取0.7～0.9倍刀具直径；直径较小的立铣刀，*Z*向切削深度一般不超过刀具直径的1/3。值得注意的是：型腔粗加工开始第一刀，刀具为全宽切削，切削力大，切削条件差，应适当减小进给量和切削速度。

精加工时，为了保证加工质量，避免工艺系统受力变形和减小振动，精加工切深应小一些，一般在深度、宽度方向留0.2～0.5mm余量进行精加工。精加工时，进给量大小主要受表面粗糙度要求限制，切削速度大小主要取决于刀具的耐用度。

第五节　螺纹孔数控铣削加工

一、螺纹孔的加工方法

在数控铣／加工中心机床上制作螺纹孔，通常采用两种加工方法，即攻螺纹和铣螺纹。在生产实践中，对于公称直径在M24以下的螺纹孔，一般采用攻螺纹方式完成螺孔加工；而对于公称直径在M24以上的螺纹孔，则通常采用铣螺纹方式完成螺孔加工。

（一）攻螺纹

攻螺纹就是用丝锥在孔壁上切削出内螺纹。

1. 刚性攻螺纹

从理论上讲，攻丝时机床主轴转一圈，丝锥在Z轴的进给量应等于它的螺距。如果数控铣床／加工中心的主轴转速与其Z轴的进给总能保持这种同步呈比例运动关系，那么这种攻螺纹方法称为“刚性攻螺纹”，也称刚性攻丝。

以刚性攻丝的方式加工螺纹孔，其精度很容易得到保证，但对数控机床提出了很高的要求，此时主轴的运行从速度系统转换成位置系统。要实现这一转换，数控铣床／加工中心常采用伺服电机驱动主轴，并在主轴上加装一个螺纹编码器，同时主轴传动机构的间隙及惯量也要严格控制，这无疑增加了机床的制造成本。

2. 柔性攻螺纹

就是主轴转速与丝锥进给没有严格的同步呈比例运动关系，而是用可伸缩的攻丝夹头，靠装在攻丝夹头内部的弹簧对进给量进行补偿以改善攻螺纹的精度，这种攻螺纹方法称为“柔性攻螺纹”，也称柔性攻丝。

对于主轴没有安装螺纹编码器的数控铣床／加工中心，此时主轴的转速和Z轴的进给是独立控制的，可采用柔性攻丝方式加工螺纹孔，但加工精度较刚性攻丝低。

为了提高生产效率，通常选择耐磨性较好的丝锥（如硬质合金丝锥），在加工中心机床上一次攻牙即完成螺孔加工。

（二）铣螺纹

铣螺纹就是用螺纹铣刀在孔壁切削内螺纹。其工作原理是：应用 G03/G02 螺旋插补指令，刀具沿工件表面切削，螺旋插补一周，刀具沿Z向负向走一个螺距量。

随着数控加工技术的发展，尤其是三轴联动数控加工系统的出现，使更先进的螺纹加工方式——螺纹的数控铣削得以实现。螺纹铣削加工与传统螺纹加工方式相比，在加工精度、加工效率方面具有极大优势，且加工时不受螺纹结构和螺纹旋向的限制，如一把螺纹铣刀可加工多种不同旋向的内、外螺纹。对于不允许有过渡扣或退刀槽结构的螺纹，采用传统的车削方法或丝锥、板牙很难加工，但采用数控铣削却十分容易实现。而且在数控铣削螺纹过程中，对螺纹直径尺寸的调整极为方便，这是采用丝锥、板牙难以做到的。例如，加工 M40×2、M45×2、M48×2 三种相同螺距的螺纹孔，一般情况下必须使用三种不同的刀柄、丝锥夹套、丝锥才能实现连续加工，而使用螺纹铣刀只用一把刀即可完成全部加工。此外，螺纹铣刀的耐用度是丝锥的十多倍甚至数十倍，由于螺纹铣削加工的上述优势，目前发达国家的大批量螺纹生产已较广泛地采用了铣削工艺。

二、螺纹孔加工刀具

在生产实践中，加工螺纹孔常用以下几种刀具。

（一）丝锥

丝锥是具有特殊槽，带有一定螺距的螺纹圆形刀具。加工中常用的丝锥有直槽和螺旋槽两大类。直槽丝锥加工容易、精度略低、产量较大，一般用于普通钻床及攻丝机的螺纹加工，切削速度较慢。螺旋槽丝锥多用于数控加工中心钻盲孔用，加工速度较快、精度高、排屑较好、对中性好。常用的丝锥材料有高速钢和硬质合金，现在的工具厂提供的丝锥大都是涂层丝锥，较未涂层丝锥的使用寿命和切削性能都有很大的提高。

（二）整体式螺纹铣刀

从外形看，整体式螺纹铣刀很像是圆柱立铣刀与螺纹丝锥的结合体，但它的螺纹切削刃与丝锥不同，刀具上无螺旋升程，加工中的螺旋升程靠机床运动实现。由于这种特殊结构，使该刀具既可加工右旋螺纹，也可加工左旋螺纹，但不适于加工较大螺距的螺纹。

常用的整体式螺纹铣刀可分为粗牙和细牙两种。出于对加工效率和耐用度的考虑，螺纹铣刀都采用硬质合金材料制造，并可涂覆各种涂层以适应特殊材料的加工需要。整体式螺纹铣刀适用于钢、铸铁和有色金属材料的中小直径螺纹铣削，切削平稳，耐用度高。缺点是刀具制造成本较高，结构复杂，价格昂贵。

（三）机夹螺纹铣刀

机夹螺纹铣刀适用于加工较大直径（如$D>26$mm）的螺纹，这种刀具的特点是刀片易于制造，价格较低。有的螺纹刀片可双面切削，但抗冲击性能较整体式螺纹铣刀稍差。因此，这类刀具常推荐用于加工铝合材料。

（四）螺纹钻铣刀

螺纹钻铣刀由头部的钻削部分、中间的螺纹铣削部分及切削刃根部的倒角刃三部分组成。钻削部分的直径就是刀具所能加工螺纹的底径，这类刀具通常用整体硬质合金制成，是一种中小直径内的螺纹高效加工刀具，螺纹钻铣刀可以一次完成钻螺纹底孔、孔口倒角和内螺纹加工，减少了刀具使用数量。

由于这类刀具在选择时受钻削部分直径的限制，一把螺纹钻铣刀只能加工一种规格的内螺纹，因而其通用性较差，价格也比较昂贵。

三、螺纹铣削的优点

（一）经济性优点

螺纹铣削免去了采用大量不同类型丝锥的必要性；可以加工所有材料；可加工具有相同螺距的任意螺纹直径；可加工盲孔和通孔中的螺纹；可以加工任意配合、公差或位置要求的螺纹；与传统高速钢攻丝相比，采用硬质合金螺纹铣削可以提高生产率；更高的切削速度；更多切削刃和更高进给速度；采用一种刀具进行两种操作（螺纹和倒角）；更少的换刀次数；更少的加工时间；降低刀具成本。

带有可更换刀片的螺纹铣刀，可以在同一个刀夹上快速更换刀片，以加工不同类型的螺纹，只用几个刀片就可以涵盖几乎所有常见螺纹的加工。刀片更换快速，以减少机床停机时间。

（二）安全方面的好处

由于加工产生的是短切屑，不需要考虑断屑和卷屑方面的问题。对螺纹铣削加工，不存在加工螺纹尺寸过大的问题。螺纹尺寸由加工循环控制。刀具破损不会导致零件作废，刀具破损的部分可以很容易地从零件中去除。对于特别难加工的材料，与攻丝或成形法相比，采用螺纹铣削方式安全性高得多。

（三）技术方面的好处

螺纹铣刀实际上没有“导向锥”，这样，可以在保证满足加工要求的情况下将螺纹加工至孔底部。几乎可以在任何类型的材料（韧、高强度、淬火硬化等）中毫无问题地铣削螺纹。那些无法用传统方法（螺纹攻丝、螺纹成形等）加工的材料都可以用螺纹铣刀进行加工。采用螺纹铣刀可以实现任何公差位置。

第六节　数控多轴加工技术的发展趋势

在模具制造行业中，加强多轴数控加工技术的使用能有效实现零件装置的一次装夹，在减少整个施工时间和生产成本的同时，有效减少车间占地面积，降低设备故障发生概率，避免设备操作和管理人员发生意外。因此，加强多轴数控加工技术的应用能有效提高产品质量，缩短制造和研发的周期，提升其整体的竞争力；还能保障各项生产加工工作高效稳定开展，有效减少各种工艺及夹具对生产的影响，独立完成各种复杂工艺流程。多轴数控加工技术未来的发展和应用将从量变到质变的方向发展，在提高产品整体质量的同时，结合相应的价格策略，调整采购成本，占领市场份额，有效提高产品的知名度，不断提高国产加工制造技术的竞争力。

一、多轴数控加工技术特点

传统的数控加工技术由于工艺过程相对复杂，生产链烦琐，在重复装夹、定位过程中难以保证精度，产品加工的时间长，使产品整体的品质得不到保障，在加工过程中还会出现延误工时等现象。然而，借助多轴数控加工技术，能简化加工生产链，科学合理地使用信息技术，融合互联网技术，使整个生产过程变得更加智能化，企业生产管理更加人性化，有效减少生产成本，降低工艺流程难度。在模具制造生产的过程中，多轴数控加工技术的应用转变了生产方式，提高了加工精度。在该技术的实际应用中，只需通过一次装夹就能够完成较多的加工内容，提升加工的质量和精确度，使整个加工过程能够更加高效稳定地完成，有效避免加工过程中因重复装夹或者重复定位而导致的精度超差现象。

二、多轴数控加工技术的发展

（一）提高产品质量，增强竞争力

在未来的多轴数控加工技术发展过程中，为了有效提升其整体的发展质量，加强技术的创新和优化，提高产品质量，企业要全面加强多轴数控加工技术的研发和改进工作，不断推出新产品，实现量变到质变的有效转换。随着科学技术的不断发展，人们对于生

活品质有了更高的要求，因此要不断提高多轴数控加工技术整体的加工质量，有效降低相关技术使用成本，提高产品质量，在技术改进优化的过程中，要加强对研发改进的必要性和重要价值的分析研究。在多轴数控加工技术研发改进的过程中，要不断完善技术结构，加强设计方案改进，提升其整体的施工品质；还要充分考虑其售后服务机制对多轴数控加工技术应用带来的影响，从而在实际发展过程中不断完善相应的服务机制，使得相应的工作能够更加高效稳定地开展，全面提升其竞争力，在激烈的市场竞争中脱颖而出，占据优势地位。

（二）加大资金投入，降低成本

为了加快相关企业的整体发展，过硬的技术和服务是推动其长远发展的坚实基础。在微然内的影响，可以通过有效应对激烈市场环境给企业发展带来的影响，可以通过调整多轴数控加工技术采购成本，有效扩大多轴数控加工技术所占据的市场份额，占领市场。在多轴数控加工技术研发活动开展过程中，要充分考虑该行业属于新兴、高难度的科技领域，资金匮乏，研究难度高，对工作人员的能力和水平有着较高要求，多轴数控加工技术大都掌握在部分资金实力十分雄厚的企业手中等影响因素。比如，对于大部分中小型企业来说，在其实际发展过程中缺乏足够的后无法取得实质性的成果等问题，会降低该企业研发人员的热情和兴趣，使得多轴数控加工技术的研发改进工作难以落到实处，且限制了多轴数控加工技术的研发改进工作。再如，我国部分企业在多轴数控加工技术的研究工作中已经取得了较大成就，但还有少部分领域和零件依靠国外进口，从而出现了多轴数控加工中心价格高等现象。因此，为了有效降低成本，在我国多轴数控加工技术未来的发展过程中，要加大研发资金的投入，有效打破国外技术壁垒，通过加强对多轴数控加工核心技术的研究，综合改进其实际发展中存在的问题，以达到减少多轴数控加工技术加工中心成本的目的。

（三）加强政策激励，打破壁垒

科学技术的发展带动了我国多轴数控加工技术的发展，且我国的多轴数控加工技术在其他各个行业中也得到了广泛应用，有着良好的发展态势。但在多轴数控加工技术的发展过程中，仍旧有人抱着好奇和疑惑的态度来看待该技术，这对该技术的研究和改进工作带来了阻碍。与国外工业强国相比，我国的多轴数控加工技术还需要加强创新，加强政策激励。为了有效缩小我国与国外工业强国之间的差距，打破技术壁垒，多轴数控加工技术在发展中要加强创新，做到与时俱进，提升我国多轴数控加工技术的国际竞争力。因此，在多轴数控加工技术研究和改进工作中，政府要充分认识到加强对该技术研究和改进的重要性，并积极出台相关政策来鼓励该技术的发展，有效缩小我国与其他国家之间的差距，不断提高我国多轴数控加工技术的竞争力；通过加强宣传，有效提高品牌知名度，使得国产技术能够被社会大众认可，有效获得人们的信赖，从而在加工过程中能够优先考虑使用国产技术，扩大多轴数控加工技术的应用范围，加强技术推广。为了打破技术壁垒，要积极借鉴其他国家的工作方法，积极探索适合我国、符合我国国情的技术，加强对多轴数控加工技术研发，有效突破其他国家对我国的技术限制。

第六章　机械制造企业项目管理

第一节　机械制造企业项目管理概述

一、机械制造企业项目系统管理

（一）机械制造企业项目管理概念

1. 制造系统基本定义

为有效完成机械产品、零件的制造任务，机械制造企业必须将人力、设备等组合成一个系统，而这个系统受到制造材料流（物料流）和信息流的约束，因此，制造系统是将毛坯、刀具、夹具、量具和其他辅助物料作为原材料输入，经过存储、运输、加工、检验等环节，最后输出机械制造成品或半成品的系统，系统的运作又离不开能源、制造理论、工艺技术及制造信息的利用。即制造系统是一个通过物料、设备、工装、能源等制造硬件与制造理论、工艺、信息等制造软件的集成将制造资源转化为产品的系统。从结构上看，机械制造系统是一个制造硬件、软件及制造人员所组成的具有一定功能的统一整体；从功能上看，机械制造系统是一个输入各种制造资源、输出市场所需产品的输入输出系统；从运作过程看，制造系统可看成产品的生命周期全过程，包括市场分析、产品设计、工艺规划、制造装配、检验、产品销售及售后服务等各环节的制造全过程。制造系统通过整体的计划、协调使系统内容各环节有序运作，以获得最佳的生产效果。

2. 制造系统基本组成

（1）功能组成

从宏观上看，现代制造系统的功能就是将输入给系统的制造资源（信息、物料、能源等）转变为系统输出端的合格产品、配套的服务和相关的信息等。

现代制造系统须由经营管理、设计工艺、生产管理、产品生产，销售服务等子功能模块构成。

（2）组织组成

组织是指责任人和工作的联系。流程—人—技术三角形是制造系统运行管理中的三个基本方面：项目管理、人力资源管理和技术资源管理，三方面的密切合作支撑制造系统中各功能的正常运行。

（3）资源组成

制造资源是为完成特定任务而需要的内容，主要包括材料、人、技术、设备、信息、资金、能源和时间。

3. 机械制造系统的基本特性

（1）复杂性

制造系统的复杂性体现在以下三个方面：一是由于产品的形形色色与生产技术的不断变化构成不同的制造系统，形成制造系统的多样化；二是由于制造系统内包含多个具有交互作用的复杂子系统，如产品开发、财务处理、生产制造管理等；三是制造系统内包括组织、技术、信息、材料等多个相互作用的层次，形成制造系统的多层次化。

（2）相关性

制造系统内各组成要素相互联系、相互作用、相互影响、相互制约，它们之间的关系构成特定的系统结构，同时决定系统的性质。

（3）动态性

制造资源源源不断地向制造系统输入，产品、零件不断由制造系统输出；制造硬件（如设备、工装等）、制造软件（如技术、方法等）不断发展、更新，制造系统亦因此而不断变化并日趋完整。

（4）环境适应性及反馈特性

制造系统应有一定的动态适应能力，能以最少的代价、时间去适应市场变化，使整个运作最大限度地接近理想。能通过市场的各种信息反馈，改进、调整并优化制造过程。

（5）随机特性

制造系统运作过程中，各个环节都可能出现许多随机因素，某个随机因素会带来不可预测的影响，从而使制造系统具有随机特性。

4. 机械制造系统的分类

针对不同的特定制造任务，需要有不同类型的制造系统，因此，亦有许多方法对制造系统进行分类。如按生产批量大小分，有小批量制造系统（产品品种多、生产量小、柔性好，但生产效率低），中批量制造系统，大批量制造系统（按流水线方式组织生产）；按生产策略不同分，有按订货设计，按订货制造，按订货装配，有库存的制造；按生产布局不同分，有功能布局、项目布局、流水线，成组布局；按生产计划模式分，有 MRP Ⅱ系统（将库存管理和生产进度计划综合考虑，按需求下达指令至各工序，工序间由库存作缓存以应对突发事件），JIT 系统（实现无库存的生产）。

5. 现代制造观

与传统的制造观念以机械技术为核心，只注重生产中物料流与能量流，技术与管理分离相比，现代制造除融入不断发展的新技术外，更提升了信息在制造中的重要作用和地位，形成了由系统论、信息论、控制论角度系统分析制造过程的现代制造观。

（1）制造系统的三流结构论

制造系统运行过程中，总伴随物料、信息流和能量流等“三流”的运动。机械制造系统的“三流”运动如下。

①物料流。系统输入原材料或坯料，以及相应的刀具等工装、润滑油、冷却液及其他辅料等，经输送、装夹、加工、检验等过程输出半成品或成品，这种制造中物料的输入、输出的动态过程便是物料流。

②信息流。制造中所集成的加工任务、加工工序、加工方法、刀具状态、工件要求、质量指标、切削参数等所有静态与动态信息的交换和处理过程构成制造中的信息系统，信息系统通过与制造中各状态进行信息交换，有效控制制造中的效率与质量。该信息在制造中的作用过程便是信息流。

③能量流。能量流是一切运动的基础，制造中维持各运动时，能量的传递、转换、消耗等能量运动便是能量流。

任何制造中均存在这基本“三流”，“三流”之间互相联系、影响，形成不可分割的有机整体。

（2）现代制造的信息制造观

现代制造中，信息的作用越来越重要。首先，信息是连接各系统要素使系统形成一定生产组织结构的纽带；其次，制造中信息投入已成为决定产品价值的主要因素；再次，信息已成为制造系统中与设备同样重要的资源，现代制造也要求不断提高信息处理能力。因此，制造过程的实质是对制造中各种信息资源的采集、输入和处理的过程，而最终所形成的产品可看成信息的物质表现。从信息角度看，制造过程是一个使原材料的熵降低，使产品信息含量提高的过程。

（二）机械制造企业项目管理方法

1. 建立适合机械制造企业生产的管理系

新型的机械制造企业生产管理系统主要包括三个部分：生产准备系统、生产操作系统、生产过程控制系统。要促进产管理系统的各个组成系统之间的相互联系，使各个系统相互服从、相互协调，及时有效地运行，提高整个系统的反应能力和应变能力。

2. 优化机械制造企业的产品结构

机械制造企业必须依据市场和用户的需求变化不断地优化产品结构，最大限度地满足用户对产品品种、质量、价格和个性化服务的需求，这也是市场经济发展的客观要求。因此，应该推进机械制造企业产品的多品种、小批量、个性化的生产方式。

3. 提高机械制造企业生产管理的标准化

机械制造企业生产管理的标准化以实现现代企业的重要基础，机械制造企业在生产管理中，各项工作要按照各种规章制度、作业标准、条例的要求执行，做到有据可依、有章可循，按制度办事、按作业标准操作、按程序管理，提高机械制造企业生产管理标准化水平。

4. 建立先进的机械制造企业生产管理模式

机械制造企业应该结合实际情况，消化、吸收和创新机械制造企业的生产管理模式，实行单件生产方式的企业和资金雄厚、管理水平高、有一定计算机管理基础的企业，引进制造资源计划（MRPII）或企业资源计划（ERP）模式较为适宜。对于大多数加工装配型机械制造企业而言，引进准时生产模式更有适应性，待企业有了一定发展后再推行企业资源计划模式。无论精益生产模式还是企业资源计划模式，对大多数企业都有其不适应的方面：精益生产模式虽强调在生产管理中消灭一切浪费现象，但在目前我国的生产环境下是难以做到的；企业资源计划模式虽可使企业库存大幅度降低、生产效率显著提高，却要有先进的计算机系统支持，需要较大的投资。企业应汲取这两种先进模式的思想精华，探索两者结合的方式，根据企业的实际情况，逐步推行，以新型的机械制造企业生产管理新模式促进机械制造企业的发展。

二、机械制造企业项目组织管理

（一）机械制造企业项目组织管理的概念及原则

1. 机械制造企业项目组织管理的概念

我国作为制造业大国，全球制造业市场竞争愈演愈烈，企业所面临的一次性、独特性的任务逐渐成为主流，而企业开展项目化管理将成为未来长期性组织管理的一种趋势。

制造型企业开展项目化管理主要包含以下意义：

一是使组织更具有柔性。项目化管理采取面向对象的管理模式，把项目本身作为一个单元，围绕项目需求来组织资源，打破了传统的固定模式的组织形式，根据项目生命周期的各个阶段来配备人员和资源，当项目结束时，该组织解散，项目成员又可重新组合到新的项目中有些人员可同时参加到两个甚至更多项目之中，组织的存在过程具有很强的柔性。二是项目化管理有效地利用了公司的资源，减少了部门间的工作冲突，增加了横向沟通，降低了项目的执行成本，也使很多人才能够在项目化管理中被挖掘出来，为人力资本的充分利用和技能提升提供了平台。制造型企业实行项目化管理的同时，可以对企业的技术和管理达到一定程度的改进，管理水平的提升使得产品按期交付率提升、资源流转速度更快、成本更低，推进企业向原来的粗放管理模式向先进的统筹式精细化管理模式转变。三是实行项目化管理，对项目经理和项目成员的选择可以更加宽泛，更容易选拔到与项目息息相关、专业对口、对项目有较高兴趣和利益共同点的人员参与到项目中来，更容易形成团结协作和相互支持的企业文化，改进了问题的处理和沟通环节，降低了项目的运作风险。四是制造项目开展项目化管理，可以培养一种风险管理意识，即在项目启动前就开始评估项目可能产生的危险因素，并制订相应的应急预案，形成项目风险管理的风险识别、风险分析和风险管控的闭环管理，改变了传统的项目出现重大变化才被动应对的管理模式，大大提高了风险管理的意识和技能。

（1）构成

项目管理组织由项目实施领导小组、项目组、系统分析组、质量保证组、培训组等组成。

（2）职责

①项目实施领导小组的职责：牵头开展项目组和各有关部门间的协调工作；对整个项目建设过程的进度、计划、质量等活动进行宏观监督。

②项目主管将负责整个项目全过程的所有管理职责：保证各小组的工作保持技术上的一致性；定期地检查项目计划的完成情况和质量。

③系统分析和设计组的主要职责：需求分析、系统规划、架构设计、系统设计、原型设计。

④质量保证组的主要职责：制订质量保证的大纲与细则、测试计划的审定、评审计划的审定、实施质量保证计划，对项目进行过程中各阶段的质量进行监督与把关，在项目质量上，对项目主管负全面责任，及时向项目主管报告质量方面的问题。

⑤培训组的主要职责：对用户方的有关人员进行系统的培训；对用户方的最终用户

进行本系统的操作培训；制订培训计划，安排培训教员。

2. 项目化管理组织结构选择的原则

每种组织结构都有其优缺点和适用条件，组织结构的存在也不是一种静态的形式，而是一种动态的过程，随着外界因素的变化，组织结构需要顺应变化，组织结构的变化需要服务于新的企业战略和其他权变因素的变化，这些因素包括环境、文化、经济、技术、规模和生命周期，不同的项目，应根据项目具体目标、任务条件和环境等因素进行综合分析，设计合适的组织结构。具体应遵循以下几个原则。

（1）服务于企业战略，组织结构要体现决策及时高效

在充分了解外部环境、企业规模和产品生命周期后，才能根据企业战略目标设计恰当的组织结构，企业战略同时也不是一成不变的，当企业内外条件和产品生命周期发生变化时而导致战略转变时，需要新的组织结构来配合企业战略的实施。

（2）实行组织结构的扁平化

以项目为中心，组织结构的设计要兼顾职能管理部门和项目部门，实行组织结构的扁平化。

（3）建立良好的沟通机制

组织结构内的冲突要控制在可控范围内，项目化管理涉及多部门，需要调动多种资源，因此，疏通沟通渠道、建立良好的信息平台对于化解组织结构内的冲突，争取多方支持进而完成项目任务具有极其重要的作用。

3. 项目化组织结构的种类

常见的组织结构类型包括职能型、项目型、矩阵型三大类型。其中，职能型组织结构是企业按照职能的相似性来划分部门，当企业需要完成一个项目时，各职能部门派人参加，参加者向本部门领导报告，需要跨部门协调则在各部门领导之间进行，不设专职的项目经理。职能型结构具有高度专业化管理、轻度分权管理、稳定性高和横向联系多的特点，但也具有职责不清晰和多头领导的弊端，适合于专业化组织使用。

按照组织结构的基本原理和模式，项目的组织结构也可分为线性的项目组织结构、职能的项目组织结构和矩阵的项目结构等若干形式。项目管理组织的结构实质上是决定了项目管理班子实施项目获取所需资源的可能方法与相应的权力，不同的项目组织结构对项目的实施会产生不同的影响。

（1）项目的职能组织结构

项目的职能组织结构是指一个系统的组织，是按职能组织结构设立，当采用职能组织结构进行项目管理时，项目的管理班子并不做明确的组织界定。

项目的职能组织结构指在这种情况下，项目管理实施班子的组织并不十分明确，各职能部门均承担项目的部分工作，而涉及职能部门之间的项目事务和问题由各个部门负责人负责处理和解决，由职能部门经理层进行协调。

（2）项目的线性组织结构

项目的线性组织结构又称为项目化组织结构。

项目化组织结构与职能化组织结构完全相反，其系统中的部门全部是按项目进行设置的，每一个项目部门均有项目经理，负责整个项目的实施。系统中的成员也是以项目进行分配与组合，接受项目经理的领导。

（3）项目的矩阵组织结构

项目的矩阵组织结构是各自项目的职能组织结构和项目的线性组织结构的特征，将各自的特点混合而成的一种项目的组织结构。按从两种组织结构中取自一种组织特征的大小，项目的矩阵组织又可分为弱矩阵组织结构、中矩阵组织结构和强矩阵组织结构。

弱矩阵组织结构基本保留项目的职能组织结构的大部分主要特征，但在组织系统中为更好地实施项目，建立相应明确的项目管理班子。项目班子由各职能部门属下的职能人员或职能组所组成，这样针对某一项目就有对项目总体负责的项目管理班子。然而，在弱矩阵组织结构中并未明确对项目目标负责的项目经理，即使有项目负责人，他的角色只不过是一个项目协调者或项目监督者，而不是一个管理者。

中矩阵组织结构是对弱矩阵组织结构的改进，为强化对项目的管理，在项目管理班子内，从职能部门参与本项目活动的成员中任命一名项目经理。项目经理被赋予一定的权力，对项目整体与项目目标负责。

强矩阵组织结构具有项目的线性组织结构的主要特征。强矩阵组织结构在系统原有的职能组织结构的基础上，由系统的最高领导任命对项目全权负责的项目经理，项目经理直接向最高领导负责。

（二）机械制造企业项目组织结构设置

制造型企业因为所处环境的复杂，运作需要的资源多样性，导致企业开展项目化管理进行组织机构选择时需要考虑诸多方面的因素，具体如下。

1. 项目规模

大型项目需要大量的人力、物力和财力支持，对于这些资源的组织通常需要一个纯项目型的组织结构。

2. 项目的持续时间

生产周期长的项目会遇到更多复杂的情况，更容易受到外界的干扰和内部的控制。

为了保障项目目标的实现，生产周期短的项目适合采用矩阵式组织结构，生产周期长的项目可采用纯项目组织结构。

3. 获取资源能力

生产制造项目化以后适宜采用矩阵式组织结构，与职能部门的横向沟通更加顺畅，获取各类资源和高层的支持更加有力，这样便于获取企业的整体扶持。

4. 时间、成本和质量的重要程度

交付时间短、任务紧迫的项目需要更高的决策效率，就需要项目有更加顺畅的沟通渠道。矩阵结构项目则比纯项目结构的项目成本高。质量要求高的项目需要更多的技术支持，需要更多职能部门的参与，需要更多的外界支持，所以更适合纯项目结构。对于项目组织结构已经构建完毕，项目成员分工需要基于项目生命周期的不同不断进行调整。

（1）在项目的统筹规划阶段

可采用相对自由放任的工作风格，构建无私团队结构，即团队不设明显的领导者，团队工作就是团队的协同努力，决策时通过集体的意志作出的。

（2）在项目进行到生产调度阶段

可采用相对民主的工作风格，采用专长式的团队结构，项目成员根据自己的专长来分配任务。

（3）在项目开工阶段

需要采用专制式的工作形式，构建同形团队式结构，以项目经理为统筹指挥，协调各方资源。

（4）在项目收尾阶段

工作方式相对官僚，采用外科团队结构，即赋予项目经理全部的职责，一切取决于其个人能力，所传达的指令通常是高度细化的，项目团队成员的任务就是支持项目经理，完成他的指令。制造型企业开展项目化管理是适应市场变化，提高企业竞争力，进行企业组织变革的必由之路。制造型企业项目化对组织的选择也存在多变的因素，如何有效把握各种因素，调解高层领导、职能部门、业主及项目成员等各方面关系，调配人力、财力、物力等各种资源，项目组织的设计起着至关重要的作用。

三、机械制造企业项目目标管理

（一）机械制造企业项目目标管理的概念与特征

1. 机械制造企业项目目标管理的概念

目标管理是“企业的使命和任务，必须转化为目标”。如果一个制造企业没有目标与理念，那么企业就难以长久地在市场上立足，因此管理者应该通过目标管理，指导和实践目标管理的运行。当组织最高管理者确定组织目标后，各部门必须明确并一直为这个目标而奋斗。目标管理是一种程序或者可以说是过程，企业中的上级和下级一起协商，根据企业的使命，确定一定时期内组织的总目标，由此作出上、下级的责任和分目标，并把这些目标的实现程度作为组织经营、评估和奖励的标准。

2. 机械制造企业项目目标管理的特征

自从目标管理的概念提出以来，在企业界得到了普遍的应用，如教育管理、科研管理甚至如政府经济管理中，也得到了充分的重视，对中国的企业影响很大。目标管理要经过项目的控制和协调，包含项目建设的费用投入与收益、资源投入、质量要求、进度要求、风险控制率、各利益方满意度，正确的目标具有明确、具体、可操作性，这些目标必须系统化、全面化，必须具有可实施性，落实到每一名员工是达到的最佳效果。当然，目标管理在实际的运行中会出现这样或者那样的问题，我们必须高度重视，这样在以后企业运用中才能使目标管理得到更加广泛的运用。

（1）目标管理的目标不够规范化、系统化

我国的企业在实施目标时，考虑得不够全面或者脱离实际，而有的企业目标不清晰，虽然有总体目标，但没有具体的更加细化的目标，企业谈得最多的就是销售额、利润要达到多少，具体的目标却没有细化，例如，如何减少成本，怎样提高销售量、营销部门的人员管理，怎样通过培训来提高人员的水平，这都没有具体的方向与指导。这种目标是一种设想，没有从实际出发，忽视了市场、营销渠道等方面运作中的作用，这样使企业陷入发展困境，不利于企业的长期发展。

（2）企业工程建设中重视眼前利益，没有长远规划

目标管理的基本原理：计划—执行—检查—处理—计划调整，而企业项目中的基于目标管理的过程控制，重视眼前的计划，包括针对工程设计、采购、生产等各类目标的计划，项目需要组织进行监测、检查，算出其偏离值，之后进行分析与评价，目标管理的周期即目标执行的时间，很多企业关注的是短期的运行效果，部分人为了谋取利益，注重短期的个人绩效，没有准确把握目标管理，我国的有些企业连自身发展的周期都难以确定，更不要说目标管理的长远规划了。组织外部环境也有不确定性，各级管理人员难以作出长期稳定的决策。短期目标会导致短期行为，它会阻碍企业的长期发展，为防止这种现象的发生，总决策者必须从长远利益出发，设置各级管理目标要求更加具体化，并对可能出现的外部问题作出灵活的判断。

（二）机械制造企业项目目标系统构建

1. 制定目标

（1）制定依据

根据企业的经营战略目标，制定公司年度整体经营管理目标。

（2）目标分类

根据不同的标准，有不同的分类。结合我们的企业实际，主要制定三类目标。

①按照作用不同分为经营目标和管理目标，如经营目标包含销售额、费用额、利润率等指标，管理目标包含客户保有率、新产品开发计划完成率、产品合格率、料体报废控制率、安全事故控制次数等。

②按照管理层级分为公司目标、部门目标和个人目标。

③按评价方法的客观性与否分为定量目标和定性目标，如定量目标包含销售额、产量等，定性目标包含制度建设、团队建设和工作态度等。

这些目标往往有交叉，如公司年销售额是经营目标、公司目标、定量目标，也是客观目标、关注结果的目标；人力资源制度完善是管理目标、部门目标、定性目标，也是主观指标、关注过程的指标。

因此，根据企业发展的成熟程度不同选择合适可行有效的目标。一般中小型公司主要选择销售额、费用率、利润率等来设计经营目标，以经销网络拓展、采购成本控制、新产品开发成功率、产品质量合格率、制度建设、团队建设等来设计管理目标。

（3）制定方法

制定方法符合 SMART 原则。

S（Specific）是指要具体明确：尽可能量化为具体数据，如年销售额 5000 万元、费用率 25%、存货周转一年 5 次等；不能量化，尽可能细化，如对文员工作态度的考核可以分为工作纪律、服从安排、服务态度、电话礼仪、员工投诉等。

M（Measurable）是指衡量性：要把目标转化为指标，指标可以按照一定标准进行评价，如主要原料采购成本下降 10%，即在原料采购价格波动幅度不大的情况下，同比去年采购单价下降 10%；完善人力资源制度等。

A（Achievable）是指可达成的：要根据企业的资源、人员技能和管理流程配备程度来设计目标，保证目标是可以达成的。

R（Realistic）是指实际的：各项目标之间有关联，相互支持，符合实际。

T（Time-constrained/Time-related）是指有完成时间期限：各项目标要订出明确的完成时间或日期，便于监控评价。

（4）沟通一致

制定目标既可以采取由上到下的方式，也可以采取由下到上的方式，还可以两种方式相结合。并且要全面沟通，认可一致。

公司总经理要向全体员工宣讲公司的战略目标，向部门经理或关键员工详细讲解重要的经营目标和管理目标，部门之间相互了解、理解、认可关联性的目标，上司和下属要当面沟通、确认下属员工的个人目标。

2. 分解目标

公司整体目标分解成部门目标，部门目标分解为个人目标，并量化为经济指标和管理指标。根据公司的现状，我们首先可以在营销部门、生产部门、采购部门实施全员目标管理，其他后勤支持部门先推行部门级目标管理。如把公司销售额目标分解成销售大区、省、市、县的销售额目标成本；公司成本下降目标分解到采购成本下降指标、生产成本下降指标、货运成本下降指标或行政办公费用下降指标等；采购成本下降指标又可以再分解成原料成本下降指标、包材成本下降指标、促销助材成本下降指标等。这样，建立企业的目标网络，形成目标体系图，通过目标体系图把各部门的目标信息显示出来，就像看地图一样，任何人一看目标网络图就知道工作目标是什么，遇到问题时需要哪个部门来支持。

3. 实施目标

要经常检查和监控目标在实施过程的执行情况和完成情况。如果出现偏差，及时从资源配置、团队能力和管理系统等方面分析原因，及时补充或强化，确有必要前提下才调整目标。

4. 信息反馈处理

在考核之前，在进行目标实施控制的过程中，会出现一些不可预测的问题。例如，目标是年初制定的，年中爆发了不可控事件，那么年初制定的目标就不能实现。因此在考核时，要根据实际情况对目标进行调整和反馈。

5. 检查实施结果及奖惩

按照制定的指标、标准对各项目标进行考核，依据目标完成的结果和质量与部门、个人的奖惩挂钩，甚至与个人升迁挂钩。目标管理的八个步骤如下。

（1）从战略制定到战略目标的过程

企业经营战略为首，没有战略就没有发展。目标管理首要的是目标的制定，而这个目标必须围绕战略需要进行科学设定。从战略到目标是一个从意图到明确的过程，没有这个过程，战略只能是一种意图、一种打算，在一定程度上没有目标支撑的战略也只能是设想。有了目标，战略就有了清晰的目的和方向。因此，制定目标的依据必须是战略。没有脱离战略的目标，也没有没有目标的战略。两者既是从属的关系，又是相辅相成的关系，缺一不可。

（2）从战略目标到战略计划的过程

一般来说，凡是战略目标都有简单明了的特点。作为战略目标，这只是一个“纲”。要想“纲举目张”，还必须把简单的战略目标用计划的形式将其相对具体化。这个具体的过程就是战略计划的制订。计划相比目标而言更具体，有组织、有时间、有步骤、有途径、有措施，甚至有方法。这是一个把目标“翻译”成“实施”的转变。这一过程要考虑的事情很多，最重要的是资源配置。离开资源问题，计划再详细也是无法实施的。

（3）从战略计划到目标责任的过程

计划有了，谁来执行？这是计划实施的关键，但是，有人执行没有责任也是枉然。因此，最关键的还是目标责任以及目标责任人的问题。目标责任就是对目标达成与否的功过承载，责任人就是承载这种功过的具体人。没有责任体系和责任保障，再好的计划也会落空。因此，计划一旦制订，随之而来的就是一定要落实责任人。这个责任体系应该是全员、全方位、全过程的。正所谓“千斤重担人人挑，人人身上有指标”。

（4）从目标责任到目标实施的过程

责任落实到位以后，就是带着责任进行目标的实施了。应该引起高度注意的是，在责任一实施的转换中过程中，要讲求把责任量化成一个个可操作、可实现、可考量的具体目标，这种目标的设定和实施，一定要突出以下要点：目标是具体的；可以衡量的；可以达到的；具有相关性的；具有明确的截止期限的。

（5）从目标实施到目标督导的过程

在目标实施中，为了确保目标的达成，还必须加强实施过程的督导。督，就是对实施情况予以监督；导，就是在实施中予以必要的指导。要相信实施部门和人员的自主管理，但是，没有必要的监督、大撒手、放任不管也是不行的。监督的目的在于督办、督查、督促；在于催办、帮办、协办；在于强化对目标管理的执行力度。要知道，一个由数百人、数千人的个人行动所构成的公司，经不起其中 1% 或 2% 的行动偏离目标的。光有监督也不行，还必须有指导，指导的目的在于实现途径的引导、思想情绪的疏导、不良行为的训导、偏执行为的劝导、知识能力的教导。一句话，就是要最大限度地挖掘潜力、激发热情，使管理过程、人员、方法和工作安排都围绕目标运行；进而发挥人的积极性、主动性和创造性。

（6）从目标督导到目标实现的过程

目标的实现，按组织层级分类可以划分为整体目标部门目标、班组目标、个人目标。按专业系统分类可以划分为管理目标、生产目标、营销目标、财务目标、技术目标等。按时间阶段分类可划分为愿景目标、长期目标、中期目标、短期目标、突击目标等。如果说督导的过程是以人为本的目标管理，那么，目标实现的过程分类就是客观实际的科学保证。

（7）从目标实现到目标评价的过程

目标实现之后，并不等于过程的完结，还必须进行另一个过程——从目标实现到目标评价。这里有三点必须进行评价：一是评价实现目标的各种资源使用情况，比如多少、优劣等；二是实现的目标是否还有弹性空间，比如是否可以当作基准、是否可以更加先进、是否可以保持相对稳定等；三是所实现的目标对于可持续发展能否带来推动和促进作用。

（8）从目标评价到目标刷新的过程

以终为始是目标管理的最高境界。因此，从成果评价到目标刷新，也是一个自我超越的过程。经过评价的目标成果，正是新的目标管理的开始。它是依据，是基准，是下一个目标的平台。能否超越原来已经实现的目标，这在很大程度上反映了一个企业、一个领导者的雄心。增加或递进，都要根据企业的实际来进行选择性的刷新。

（三）机械制造企业项目目标管理与控制

1. 抓好对员工管理，有效地运用激励手段

这具有一定的挑战性，让员工参与制定，规定完成期限。目标管理中的“激励”和“自主管理”的产生，目标设定阶段由“命令”到“合作”的转变，所以目标管理中最重要的是目标必须能够量化，不仅给下级下达准确的任务，由他们参加设立明确的目标，而且要授予他们推行目标所需要的权限，要做到权限与目标相结合，同时上级对下级的实施情况要及时处理，下级根据上级的目标和期望，积极拟定自己的目标。及时发现问题，运用灵活的管理手段来达到企业的发展目标。良好的激励手段可以大大提高员工的积极性，注重才人的培养，管理要科学、民主。真正把职工利益与企业效益结合起来，使职工自觉、踊跃地参加目标管理，提高企业的经济效益。

2. 在目标管理运行中做好控制工作

目标管理推行的过程包括确定实行控制的标准，掌握目标计划的基本过程和最终目的。在目标管理运行中可以充分展现出自己的生存价值与需要，了解到每个人的处事方式，企业目标对员工来说要成为员工奋斗的目标，大力发掘员工的潜力，调动积极性，

强调目标的重要性，把实绩与标准进行比较控制好运行中的工作，在工作中开展客观评价，纠正实际执行中产生的偏差，使其正常运作，员工个人不能过度加大工作量，也不可投机取巧，要保证目标的有序进行，形成完整的运行系统，从而保证管理活动向目标方向发展。

第二节 机械制造企业项目计划与范围管理

一、机械制造企业项目计划管理

机械制造企业计划管理是项目的主计划或称为总体计划，它确定了执行、监控和结束项目的方式和方法。项目计划管理以项目管理为核心，及时分析项目可能产生的风险，更好地规避项目的风险，提高项目的投资收益率。

（一）机械制造企业项目计划与计划管理

企业的生产计划是企业生产管理的依据，它对企业的生产任务作出统筹安排，规定着企业在计划期内产品生产的品种、质量、数量和进度等指标，是企业在计划期内完成生产目标的行动纲领，是企业编制其他计划的重要依据，是提高企业经济效益的重要环节。要使企业有较强的竞争能力和应变能力，且使企业的生产与市场需求相适应并能引导和开发潜在的市场需求，就必须加强企业的机械制造企业项目计划管理。

1. 机械制造企业项目计划管理的特点

在市场经济条件下，机械制造企业项目计划管理的特点主要包括以下几个方面。

（1）具有“价值型”的特点

随着市场经济的发展，市场需求也在日益不断地向更高层次发展，不断地对企业的产品提出更高的要求。这就需要我们根据市场需求，不断地调整好产品结构，保证产品质量，增加适销对路产品的生产，增加品种生产，以使企业立于不败之地。

（2）具有“宏观性”和“战略性”的特点

在市场经济条件下，满足市场需求，追求利润最大化固然非常重要，但也不能忽视企业的长期利益和社会总体利益及环境保护等问题，要把企业的综合经济效益放在一个重要位置，不能盲目崇拜市场，要结合生产、环保、人力、物力、财力的实际情况，制订出生产计划指标。

2. 机械制造企业项目计划管理的作用

生产计划对合理均衡地组织生产，提高企业经济效益有着极其重要的作用。具体来说有如下几点。

（1）生产计划是日常生产活动的依据，可使企业各生产环节和全体员工统一、协调动作，充分利用人力和设备，使企业各环节有组织地、系统地进行。

（2）可使企业均衡的、有节奏的组织生产。均衡稳定的生产，是提高劳动生产率，保证产品质量，降低产品成本，保证安全生产的重要手段。组织均衡生产是生产计划的原则和任务，各生产环节只有按作业计划组织生产，才能使生产均衡地进行，同时编制生产计划也可以综合反映企业的技术和管理水平。

（3）生产计划是联系供、产、销、运等日常工作和日常生产技术准备工作的纽带，通过它可以把企业日常生产经营活动组织起来。

（4）生产计划是组织企业生产活动不断平衡的手段。企业在生产活动过程中，各部门、各生产环节之间会经常出现新的情况、新的矛盾，即经常会打破原来建立起来的相对平衡关系。生产计划是短期计划，它可以根据这些新情况、新矛盾和新问题来安排生产环节的任务，建立起新的相对平衡关系，保证生产的顺利进行。

生产计划工作的基本任务是，通过生产计划的编制和实施，以及在计划实施过程中对生产技术的控制挖潜和充分利用企业资源，全面完成生产经营任务，并实现企业的均衡生产。

3. 机械制造企业项目计划管理的要点

经济体制改革的深入和现代企业制度的建立，对机械制造企业项目计划管理提出了更高要求。只有充分发挥机械制造企业项目计划管理的职能，才能有效地促进企业生产经营工作。

在实际工作中，应着重抓好如下几项工作。

（1）根据市场与计划的互补性，实现两者的有机结合

市场有助于合理配置资源，并能给经济发展以有力的刺激和推动。因为在市场竞争的条件下，企业只有锐意改革，降低成本，改善质量，增加产量，开发新技术新产品，才能在市场竞争中立于不败之地。但市场也有其弱点，它比较注重短期和局部利益，忽视长期和总体利益，而计划在一定程度上可以弥补市场的弱点。因为计划具有事前调节的主动性，它比较注重短期利益与长期利益的结合，还能迅速将现有资源用于短线产品的生产。但计划也有消极作用，如计划工作人员和决策者若素质不高、掌握的资料不全、市场信息不通，就会使制订出的计划不切实际甚至出现错误。这就需要充分研究市场，

把计划的作用与市场调节的作用有机结合起来，充分发挥市场可以及时提供信息，而不花费很大开支的优势，实现两者的有机结合，促进企业稳定发展。

（2）进一步加强生产的科学管理

领导层进行的科学决策，需要通过生产来实现。因此生产的科学管理是提高企业效益的核心。要采取科学的生产计划与控制方法，使生产单位中原材料、技术设备以及人力资源达到合理配置，使生产系统中物流和能力均达到平衡。要积极借鉴一些先进的机械制造企业项目计划管理模式，逐步建立起真正适合本企业的生产计划与控制方法，进行科学的生产管理。

（3）针对市场经营的特点，充分发挥综合平衡的作用

首先，要在客观条件许可范围内充分发挥主观能动性，积极协调好各方面客观因素，对综合平衡中出现的薄弱环节，要积极开展挖潜创新，使生产计划建立在可靠的基础上。其次，对在计划执行过程中出现的新问题、新的不平衡，要及时采取应变措施，不断解决新问题，不可急功近利、盲目冒进，要量力而行，统筹安排，使计划具有科学性。对产量指标、设备能力的估计要留有一定的余地，使安排的计划有一定弹性，以适应客观条件的变化，考虑生产能力，要留有超产的余地。在供应和销售方面，要留有超产后原燃材料供应和产品销路保证的余地等。

（4）生产计划考核力度应进一步加强

列入生产计划的指标都要加以考核，同时应该体现在经济责任制的考核中，这样才能体现计划的严肃性，真正使机械制造企业项目计划管理落到实处。

（5）进一步加强生产计划的统计分析

要充分利用现代化手段，加快分析速度，提高分析的广度和深度，以进一步提高生产计划的科学性，发挥生产计划在企业生产中的指导作用。

（二）机械制造企业项目计划编制

机械制造企业项目是根据项目本身特点，按照科学程序和方法制订计划的过程。具体可分为定义产品、确定任务、开发优先秩序图表、分配时间等步骤。常用工具是工作分解结构图、线性责任图及项目行动计划表三种。遵循的原则包括目的性、系统性、动态性、职能性、完整性、相对稳定性。用于制订项目计划的方法主要为计划评审技术、甘特图、关键路线法和里程碑系统。

1. 机械制造企业项目计划编制的依据

在机械制造企业项目计划编制过程中，需要输入的相关性文件很多，主要有以下几个依据。

（1）相关的计划，如工作分解结构；

（2）历史资料，如估算数据库、过去项目绩效的记录；

（3）组织政策，即与项目相关的正式的和非正式的组织政策；

（4）制约因素，即影响项目绩效的那些限制因素；

（5）假设条件，即因项目存在着未知因素而建立的假设。

2. 机械制造企业项目计划编制的内容

在机械制造企业项目计划编制过程中，所提供的输出文件也很多，它们都是项目执行工作的依据，其中，最主要的计划文件如下。

（1）范围计划

其确定了项目所有必要的工作和活动的范围，在明确了机械制造企业项目的制约因素和假设条件的基础上，进一步明确了机械制造企业项目目标和主要可交付成果。机械制造企业项目的范围计划是将来项目执行的重要文件基础。

（2）工作计划

其说明了应如何组织实施项目，研究怎样用尽可能少的资源获得最佳的效益。具体包括工作细则、工作检查及相应的措施。工作计划中最主要的工作就是项目工作分解和排序，制定出项目工作分解结构图，同时分析各工作单元之间的相互依赖关系。

（3）人员管理计划

其说明了项目团队成员应该承担的各项工作任务以及各项工作之间的关系，同时制定出机械制造企业项目成员工作绩效的考核指标和方法及人员激励机制。人员管理计划通常是自上而下地进行编制，然后再自下而上地进行修改，由项目经理与项目团队成员商讨并确定。

（4）资源供应计划

其明确了机械制造企业项目实施所需要的各种机器设备、能源燃料，原材料的供应及采购安排——此计划要确定所需物资的名称、质量技术标准和数量：确定物资的投入时间和设计、制造，验收时间；确定项目组织需要从外部采购的设备和物资的信息，包括所需设备和物资的名称和数量的清单，获得的时间，设备的设计、制造和验收时间，设备的进货来源等。

（5）进度报告计划

其主要包括进度计划和状态报告计划。进度计划是表明项目中各项工作的开展顺序、开始及完成时间以及相互关系的计划，此计划需要在明确项目工作分解结构图中各项工作和活动的依赖关系后，而对每项工作和活动的延时作出合理估计，并安排项目执行日程，确定项目执行进度的衡量标准和调整措施，状态报告计划规定了描述项目当前进展情况的状态报告的内容、形式以及报告时间等。

（6）成本计划

其确定了完成项目所需要的成本和费用，并结合进度安排，获得描述成本—时间关系的项目费用基准，并以费用基准作为度量和监控项目执行过程费用支出的主要依据和标准，从而以最低的成本达到项目目标。

（7）质量计划

质量计划，即为了达到客户的期望而确定的项目质量目标、质量标准和质量方针，以及实现该目标的实施和管理过程。

（8）变更控制计划

其规定了当机械制造企业项目发生偏差时，处理机械制造企业项目变更的步骤、程序，确定了实施变更的具体准则，但是项目发生的偏差性质未必完全相同，在一定的程度和范围内，是可以接受的，这时只需采取一定的纠偏措施；当超出了一定的范围之后，就可能是计划不当造成的，这时便需要按照变更控制计划规定的标准，步骤、准则对计划进行变更。

（9）文件控制计划

文件控制计划，即对机械制造企业项目文件进行管理和维护的计划，它保证了机械制造企业项目成员能够及时、准确地获得所需文件。

（10）风险应对计划

其主要是对项目中可能发生的各种不确定因素进行充分的估计，并为某些意外情况制订应急的行动方案。

（11）支持计划

支持计划，即对机械制造企业项目管理的一些支持手段，包括软件支持计划、培训支持计划和行政支持计划。软件支持计划指使用自动化工具处理项目资料的计划；培训支持计划是对机械制造企业项目团队成员进行培训的计划；行政支持计划是为机械制造企业项目主管和职能经理配备支持单位的计划。

二、机械制造企业项目范围管理

（一）机械制造企业项目范围与范围管理

机械制造企业项目范围管理，实质上是指一种功能管理，是对机械制造企业项目所要完成的工作范围进行管理和控制的过程和活动。

1. 项目范围的意义

项目范围不好控制，项目的范围会经常变化，所以很多人经常会抱怨“计划赶不上变化”。在实际工作中常会见到公司的产品还处于研发中，但是市场、用户、资源等各个因素都时时发生变化，甚至会出现产品上市后，产品现用户与当初设立的目标用户不同，这些因素的变化都会导致项目定位、需求、方向等要素变化。当然，项目管理不只是单纯告诉你“计划赶不上变化”这回事。

那么是不是不做计划，就不会出现“计划赶不上变化”的局面？

明白的人都清楚越是计划赶不上变化的情况下，越是要加强计划的制订，应当认清楚不做计划风险越大。那么做计划的前提基础，要先提明确项目范围，项目过程中哪些活该干，哪些不该干。如果从一开始连项目中什么该做什么不该做都搞不清楚，那么这个项目做成功的概率是非常小的。

所以项目范围管理的重要性，是在于我们在给我们的工作内容圈定范围，以保证我们的工作人员与项目相关的人，都在做这个范围内的事情，保证相关人员都在做范围内的事情，避免干了半天都在做不关项目的活，既浪费大家时间，还浪费公司资源。

项目管理的特点是目标导向非常强的一种管理模式，它本来就是临时性，就是为了短期临时去完成一个目标，只有当我们把所有的关注和资源全心投入这个目标相关事情上面才能最快最好地完成这个目标，不要去做与目标无关的其他事情。

2. 收集需求

常见的需求来源如下。

（1）公司内部（老板 / 其他部门）。

（2）产品经理（策划 / 挖掘）。

（3）外部（用户 / 客户）。

在实际工作中，根据项目章程和项目干系人的分析，我们会发现老板、相关监管部门，以及不同的职能部门的需求占大部分。

因此，在收集需求过程中我们需要去收集所有干系人的需求，然后从这些需求里面分析哪些需求是可行的哪些需求是不可行的，这是圈定项目范围的第一步。

（二）界定机械制造企业项目范围

当把需求收集工作做好后，接下来就要去定义机械制造企业项日范围，定义机械制造企业项目范围是为了保证什么该做什么不该做。

定义范围的时候，需要对收集来的需求进行分析，哪些需求是该做、能做，哪些不能做或者后期在做，白纸黑字地记录下来，我们知道需求并不能证明最后工作量，其实需求解决的问题是我们最后要交付哪些东西。跟所有干系人确定需求列表后，就能很好地定义机械制造企业项目范围哪些工作该做，哪些工作不该做。

在定义机械制造企业项目范围过程中，要先把交付的产品弄清楚。

1. 产品结构——产品分解

要把整个产品拆分成子产品，每个子产品要完成哪些工作。定义产品的话相对于定义每个子产品，所以要列出产品清单。通常产品清单会由不同模块组成，产品清单并没有唯一的模板。

对于一个机械制造企业项目，更要定义清楚范围，讲清楚产品产出与交付是什么。

产出一个系统具体是指什么？如 CRM 系统，那什么叫 CRM 系统，系统背后是一个集合。

当把 CRM 系统交付进行分解，可能会有软件、硬件、用户说明书、培训课件教程。不同企业的 CRM 系统还会出现不一样，有的里面有销售运营报表，有的有用户清单等。所以每个点都能逐层进行分解，才不会落东西。实际工作中，我曾经遇到过，运营活动快上线了，才说没有预热；产品上线了，才发现缺少产品日志等。

所以前期的产品分解，分解得越清晰，越不会落下东西。因此，一开始如果不能定义好要交付的产品，后期会造成很大麻烦。

有了机械制造企业项目分解后，要定义一份机械制造企业项目范围说明书，主要包括以下几个内容。

（1）机械制造企业项目范围描述（我们要交付哪些产品）。

（2）产品验收标准（验收标准与验收人）。

（3）机械制造企业项目可交付成果。

（4）机械制造企业项目的除外责任（有哪些情况下，某些东西做错不负责任，如有些假设条件出现不可控的情况，负责人不担责）。

（5）机械制造企业项目制约因素。制约因素是受制于既定行为或不行为的状态、特性或感觉。可以是来自机械制造企业项目内部或外部的，会影响机械制造企业项目或过程绩效的限制因素。制约因素是已经客观存在的，往往对机械制造企业项目的范围、成本、进度、时间、资源等方面起限制与约束作用。

例如，施加于机械制造企业项目进度的、会影响进度活动时间安排的任何限制或约束的，都属于进度制约因素，一般表现为固定的强制日期。如果机械制造企业项目是根据合同实施的，那么合同条款通常也是制约因素。

2. 机械制造企业项目假设条件

机械制造企业项目假设条件是一个将来概念，就是事情还没有发生，到底会出现什么情况谁都不知道。但是在机械制造企业项目管理中，你要对你现在的机械制造企业项目作出假设，假设会出现什么事情影响你的机械制造企业项目，然后提前作出准备，减低不必要的损失。就比如一个户外活动定在周六，结果周六出现暴风雨天气，那么其实在机械制造企业项目开展前就要准备好顶棚之类的东西。

第三节 机械制造企业项目过程与进度管理

一、机械制造企业项目作业过程

(一)机械制造企业项目作业过程概念

机械制造企业项目作业过程是指工作事项的活动流向顺序。机械制造企业项目作业过程包括实际工作过程中的工作环节、步骤和程序。机械制造企业项目作业过程中的组织系统中各项工作之间的逻辑关系，是一种动态关系。在一个机械制造项目实施过程中，其管理工作、信息处理，以及设计工作、物资采购和生产都属于机械制造企业项目作业过程的一部分。全面了解机械制造企业项目作业过程，要用机械制造企业项目作业过程图来完成。

1. 机械制造企业项目作业的三要素

（1）任务流向：指明任务的传递方向和次序。

（2）任务交接：指明任务交接标准与过程。

（3）推动力量：指明流程内在协调与控制机制。

2. 机械制造企业项目作业的组织

管理和规划机械制造企业项目作业过程，需要机械制造企业项目作业过程组织来完成。

（1）概述

机械制造企业项目作业过程组织可反映一个组织系统中各项工作之间的逻辑关系，是一种动态关系。在一个建设工程项目实施过程中，其管理工作的流程、信息处理的流程，以及设计工作、物资采购和生产的流程组织都属于机械制造企业项目作业过程组织的范畴。

（2）分类

①管理机械制造企业项目作业过程组织：投资、进度控制，合同管理流程，设计变更等。

②信息处理机械制造企业项目作业过程组织，如月度报告的数据处理。

③物质流程组织：钢结构深化设计机械制造企业项目作业过程、外立面生产机械制造企业项目作业过程。

注意：设计变更和设计机械制造企业项目作业过程的性质不同。

（二）机械制造企业工程项目作业过程

任何一种产品或服务都必须经过一定的作业流程才能生产出来，但所生产的产品或服务的性质不同，需要采用的作业流程的类型也各不一样。我们可以将生产作业流程按生产的连续程度和批量大小划分为以下四类。

1. 单件生产

单件生产的基本特点是，所生产产品的品种多，每种产品的产量单一或很少，除个别品种不定期重复生产外，其他品种一般只生产一次。单件生产系统每次制造的产品（或每次完成的项目、每次提供的服务）都是可以单独区分开的，彼此之间相似性很小，产品标准化程度很低。艺术家的作品就是典型的单一产品制造的例子。工厂生产的产品虽然不会像艺术品那样独一无二，但诸如军舰船篷的建造，大型发电设备、重型机械和专用设备的制造，自动化生产线的安装，摩天大楼的建设等，都接近于生产一件单一的产品。与这种技术复杂的大件产品或“项目”生产相似，其他按顾客要求制作的小件产品，如定制服装和宣传广告，或者按顾客要求进行的汽车、家电、设备修理业务和医疗保健服务等，其每次的任务都不一样，工作的步骤和内容也各异。由于许多任务在一次完成后便不再重复，有的虽然要重复，但属不定期的，所以，单件生产的稳定性和专业化程度很低，通常只能采用通用结构设备和工业装备，并要求工人具有较高的激素水平和广泛的生产知识，以适应多品种生产的需要。

单一产品生产系统是高度劳动密集型的，作业活动通常按同性质的工艺阶段来予以阻止。这就是把工作划分为若干性质相同的阶段，按每一阶段的特殊要求召集所需的技术工人组成小组，并对工作人员进行系统的训练，使之能胜任该阶段的全部工作。由于进行了工作的专业化分工，工作人员虽然不是名副其实的造船能手，但依靠他们掌握的阶段技术和相互间的协作配合，使造船任务得以顺利完成。而且因为工厂能排出工作流程进度表，从而使造船周期大大缩短。从这个例子可以看出，单一产品生产系统的组织与传统的手艺行业的组织有着根本的不同。在手艺行业中，一个木匠干全部的木匠活。与之对比，现代的单一产品生产企业已基本上不再是按手艺技术而是按阶段技术来组织各项工作，尤其是那些技术复杂的工作。

2. 成批生产

成批生产系统每次生产一定数量的产品，批与批之间可以在品种上进行变换，故生产的重复性和稳定性较单件生产系统强。成批生产除了像单件生产那样，按生产阶段或"工艺专业化"原则组织外，还可以将产量较大、劳动量大的工作对象，包括产品、部件或同种零件，按"对象专业化"原则进行组织。成批生产系统可根据生产批量的大小和工艺难易程度，在部分生产系统内采用自动化、半自动化设备，专用设备和专用工艺装备，从而提高生产的机械化与自动化程度。成批生产按照生产的产量规模和重复程度，可分为小批生产、中批生产和大批生产三种类型。其中，中批生产是典型的成批生产，集中地反映了成批生产的性质和特点；小批生产接近于单件生产，但有一定的生产重复性，有一定的批量，因而部分地反映了成批生产的特点；大批生产与其他成批生产相比，具有产量较大、品种变化较少、生产稳定性和重复程度都较高等特点，因此，接近大量生产。属于成批生产的企业有机床厂、起重机厂、中小型电机厂、食品加工厂以及报刊社等。以罐头生产为例，一家工厂可以加工若干种水果，这一批处理菠萝，另一批处理荔枝，再一批处理鸭梨或苹果。所有这些的制作可能都经过一个洗净、筛选、去皮、切片、调制和装罐的过程。尽管生产过程是相似的，但由于不同批次之间需要对设备进行清洗和调整，这既耗费时间和成本，也给生产进度安排增加了难度，因此，成批生产企业能处理的品种多样性总是有限的，其产品的标准化程度介于单件生产和大量生产之间。

3. 大量生产

大量生产类型的特点是，产品产量大而品种少，经常重复生产一种或少数几种类似的产品，生产的稳定性高，生产过程机械化、自动化水平也比较高，可采用高效率的专用设备和专用工艺装备，对工人的技术水平要求不高，但对操作熟练程度要求高。大量生产一般按照"对象专业化"原则加以组织，并经常采取装配线、流水生产线或自动生产线的组织形式。典型的大量生产例子如轴承厂、电子设备制造厂、家用电器生产厂和汽车厂等。

大量生产与成批生产，就像单件生产与小批生产一样，相互间的界限并不那么明确，它们的生产组织在许多方面也很相似。所以，实际工作中常将间断性生产分为单件小批生产、成批生产和大批量生产三种。

对于大批量生产，按照其产品品种变化的程度，可以进一步划分为固定大批量生产和弹性大批量生产。我们知道，在单件小批生产中，其产品是专门化的，但工具和材料却都是标准化的。大批量生产除了工具、材料标准化以外，其组成产品的零件也是标准化的，而且通常由标准化的零件组装成为标准化、统一的最终产品。

4. 连续生产

连续生产的最显著特点是，生产系统以化学式的方法长时间昼夜不停、持续不断地生产一种或少数几种产品，且其产品往往是由生产流程设计事先决定的。例如，一家炼油厂从投入原油开始到最终生产出用于各种不同用途的几种产品，整个生产流程是连续的，无法分成几个阶段或部分，且只能生产原来设计提炼的石油制品，并按原订的配比方案进行提炼。如果想得到新的提炼品或对各种提炼品比例作出重大调整，那就要改建炼油厂。这说明连续生产的流程是极为固定的，尽管其形成的最终产品可能有若干种，但都是与流程设计高度结合在一起的。其他如化肥厂、制糖厂、制药厂、玻璃厂和牛奶加工厂等，其基本生产系统也都属于连续生产类型。

连续生产要求有一定的产量规模，产品的标准化程度高，生产系统属高度资本密集型，机械化、自动化水平高，资本投资大，流程设计时需要有极高的技术，且对市场的发展有准确的判断。连续生产系统无法在其生产过程中对生产量做适量调整，只有在市场需求出现大幅度变化时，通过新建或关闭生产线，才能使产量发生跳跃式的增减。同样地，也只有通过改变和设计新的生产流程，才会有新产品生产出来。可以认为，连续生产是一种技术最进步，但极为缺乏弹性的生产方式。

二、机械制造企业项目进度计划

（一）机械制造企业项目进度计划概念

机械制造企业项目进度计划是生产组织设计的关键内容，是控制工程生产进度和工程生产期限等各项生产活动的依据，进度计划是否合理，直接影响生产速度、成本和质量。因此，生产组织设计的一切工作都要以生产进度为中心来安排。

1. 机械制造企业项目进度计划的作用和任务

机械制造企业项目进度计划是生产组织设计的中心内容，它要保证建设工程按合同规定的期限交付使用。生产中的其他工作必须围绕并适应机械制造企业项目进度计划的要求安排生产。

2. 机械制造企业项目进度计划的记录

最广为接受的生产进度记录形式是每日生产报告，它由驻地项目代表，或者如果生效的话，由承包商的质量控制代表逐日填写，即使在生产现场的某天并未开工，也应该这么做。这种报告通常会被制成多份复印件或者直接在复写纸上打印以生成必需的多份复印件。

作为工程进度记录，制作每日报告很有必要。它与工程监理人员的日志相结合，保证了两种类型的独立文档记录。在这种方式下，只限于在日志中加以记录的专有信息越多，在每日生产进度报告中的生产进度就越真实，因为它反映的信息更广泛更完整。

3. 机械制造企业项目进度计划的种类

机械制造企业项目进度计划的种类和生产组织设计相适应，分为总进度计划和单位工程机械制造企业项目进度计划。生产总进度计划包括建设项目（企业、住宅区等）的机械制造企业项目进度计划和生产准备阶段的进度计划。它按生产工艺和建设要求，确定投产建筑群的主要和辅助的建筑物与构筑物的生产顺序、相互衔接和开竣工时间，以及生产准备工程的顺序和工期。单位工程机械制造企业项目进度计划是总进度计划有关项目生产进度的具体化，一般土建工程的生产组织设计还考虑了专业和安装工程的生产时间。

（二）机械制造企业项目进度计划依据

1. 机械制造企业项目进度计划的编制原理依据

机械制造企业项目进度计划的编制原则是：从实际出发，注意生产的连续性和均衡性；按合同规定的工期要求，做到好中求快，提高竣工率；讲求综合经济效果。

机械制造企业项目进度计划的编制是按流水作业原理的网络计划方法进行的。流水作业是在分工协作和大批量生产的基础上形成的一种科学的生产组织方法。这样既保证了各生产队组工作的连续性，又使后一道工序能提前插入生产，充分利用了空间，又争取了时间，缩短了工期，使生产能快速而稳定地进行。利用网络计划方法编制机械制造企业项目进度计划则可将整个生产进程联系起来，形成一个有机的整体，反映出各项工作（工程或工序）的工艺联系和组织联系，能为管理人员提供各种有用的管理信息。

2. 机械制造企业项目进度计划的编制步骤

（1）划分生产过程。

（2）计算工作量。

（3）确定劳动量和机械台班数量。

（4）确定各生产过程的持续生产时间（天或周）。

（5）编制机械制造企业项目进度计划的初始方案。

（6）检查和调整机械制造企业项目进度计划初始方案。

（三）机械制造企业项目进度计划方法

1. 机械制造企业项目进度计划方法种类

当今社会存在着各种不同的机械制造企业项目进度计划方法，在此，可以选择以下三种方法。

（1）甘特图

甘特图又称横道图，主要表明工作计划中各“事件”之间在时间上的相互关系，强调成本和时间在计划和控制中的重要性和作用。由于甘特图简单、直观，较多用于小型机械制造企业项目管理。但是在大型机械制造企业项目中，甘特图也是高层管理层了解全局进度和基层进度时有用的工具。

（2）里程碑计划

它是一个目标计划，即表明为了达到特定的里程碑，去完成一系列的活动。里程碑计划通过创建里程碑和检验各里程碑的到达情况，来控制机械制造企业项目工作的进展和保证总目标的实现。里程碑计划一般分为管理级和活动级。里程碑的建立必须连带交付物，而这交付物必须让客户确认。里程碑计划的特点是制订时间较短，所需费用较低。

（3）网络计划技术

网络计划主要有关键线路法和计划评审方法。它需要工作的三个时间评估：最短时间即乐观时间；最长时间即悲观时间、最可能时间；计算期时间。它更多地应用于研究与开发机械制造企业项目，特别是过程复杂、花费时间费用较多、不可预知因素较多的，或者从未做过的新机械制造企业项目。

2. 机械制造企业项目进度计划方法的具体选择

在选择机械制造企业项目进度计划的方法时，需要考虑的因素主要有以下几项：机械制造企业项目的规模不同（很明显，小型机械制造企业项目应该采用比较简单的进度计划方法，反之则相反）；机械制造企业项目的复杂程度不同（需要强调的是，规模和复杂程度不一定成正比。例如，修建一条长公路，规模虽然巨大，但是工程比较简单；但是如果研制一个精密的电子仪器，规模很小，却需要许多专业理论知识和复杂的研究步骤）；对机械制造企业项目细节掌握的程度机械制造企业项目的紧急性，有无相应的技术力量和机器设备，客户的要求，预算等。进度计划形式的选择直接影响到生产计划的有效性，机械制造企业项目进度形式主要有甘特图计划、网络计划等。因此，编制合适的进度计划，需要综合考虑以上各种因素。

三、机械制造企业项目进度优化

(一)机械制造企业项目进度优化概念

项目是指在总体上符合具有预定的目标；具有时间、资本、人力和其他限制条件；具有专门的组织等要求的唯一性的任务（计划）。机械制造项目管理作为管理科学的一个重要分支，正日益引起各个国家建设者的广泛重视，它是一种运用系统科学原理对工程建设项目进行计划、组织和控制的系统管理方法。

目前机械制造市场竞争激烈，企业众多，国营、私营并存，存在着恶意竞争，因而机械制造企业、项目经理部在工程建设中的工期压力往往是很大的，也就是说为了按合同工期完成生产任务，考虑生产重点往往是工期如何保证，对于成本也只是在投标时简单地估算一下报价和工程结束后进行一下收支对比，而且由于各种原因工程结算的滞后和拖欠款等，使得工程结束也很难及时作出准确的成本分析。因而对于质量、成本的控制往往停留在口号上，无合适的方法、手段制订详细的能指导生产的质量、成本计划并在生产过程中进行控制的。

而在机械制造管理中，进度控制一般有以下步骤：项目描述、项目分解、工作描述、工作责任分配表制订、工作先后关系确定、绘制网络图、工作时间估计、进度安排。我们会按照不同的机械制造的特点，如项目的规模大小、项目的复杂程度、项目的紧急性、对项目细节掌握的程度、总进度是否由一两项关键事项所决定、有无相应的技术力量和设备等要素，来选用进度管理的方法，如关键日期法、甘特图法、关键路线法、计划评审技术。

在制订了进度计划、采取一些方法来控制进度后，对于进度的优化也是非常关键的。在机械制造实施实践中，项目管理人员需要根据生产合同满足工期和质量要求，同时又要满足企业成本控制要求。在市场激烈竞争中，由于业主要求尽快见到产出效益，因而所签订的工期除很短之外，往往附上项目延期罚款的条款，且在实际项目建设中，由于事前估计的偏差项目的内部或外部环境的变化，通常很难保证规定的项目目标全按计划实现，常常会出现对原定目标值的正负偏差，这就需要项目管理人员根据实际情况充分考虑质量、成本后采取有效的措施进行纠偏。

(二)机械制造企业项目进度优化依据

机械制造企业项目进度优化大多依据工程契约、成本、品质、资源等方面的需求，在项目进行过程中持续地加以科学地改进、调整，到项目完工验收且交付运用截止。从这可以知道，进度管理是项目管控的主要组成部分。项目进度管理指的是项目的目标、建设时间、投入资金和品质有效融合的总体，另外还包含项目实体、资源的科学配备。经过检查方案实施状况，剖析导致进度方案产生差异的因素，对影响要素加以剖析和评定，且整体使用多种方式，采用科学的改进举措，在均衡投资、质量的同时，把生产时间管控在恰当范畴，且持续加以健全，以提早达成项目目标。

（三）机械制造企业项目进度优化方法

1. 时间优化

初始网络计划图的关键路线长度，如果小于或大于规定的完工期限，应对网络图进行调整，即对网络图进行时间优化。当关键路线的长度小于规定的工期时，意味着各工序的机动时间还可以增加，它可用来增加某些关键工序的延续时间，从而可使资源需要量的峰值降低，并减少单位时间资源需要的强度，以降低工程费用。

比较常见的情况是关键路线的长度大于规定的期限，所以时间优化的主要方向是缩短处于关键路线上各工序的完工时间，其主要措施如下。

（1）采取组织措施增加关键工序的人力、物力投入。例如，改一班作业为二班或三班作业，改单机作业为多机作业，采取适当的技术组织措施、提高效率。

（2）采用新设备、新工艺，提高效率。

（3）在关键工序上采用平行作业和交叉作业。

（4）在非关键路线的一些有机动时间的工序中挖潜，从其中抽出一些人力、物力支援关键工序，这样既可使关键工序提前完工，又不会影响本工序的按时完工。在缩短关键路线的总工期时，非关键路线可能上升为关键路线。因此，在调整时也要注意非关键路线的时差，注意是否有新的关键路线出现。

在采取各种措施缩短工期的过程中，可能出现几种都满足规定工期的不同方案，这时应通过技术经济比较来选优。如果采取各种措施后，新得到的工期仍然大于规定的期限，则应报请上级有关机构，要求合理地改动规定的期限，并根据实际情况提出关于合理工期的建议。

2. 时间—资源优化

在进行初始网络图的时间优化时，往往是从完成项目所需要的资源不受限制这一条件出发的。实践中，项目很多都不能满足这一条件。

不受人力、设备、动力、材料、资金等条件限制的大型项目是不存在的，很多情况下由于资源不能满足“峰值”的需要而不得不使某些工序推迟。

初始工序流线图所需要的各种资源在时间上的分布往往极不均匀，因而给项目的进行造成困难，并增加成本，所以要对网络图进行时间—资源优化。

优化的方法是利用非关键工序上的单时差，延长某些工序的操作时间，或在其单时差范围内前后移动其开工和完工时间，使其劳动力的需要量连续、均衡。另外，也可采用横道网络图方法经“削峰补谷”法平衡资源。

3. 时间—成本优化

实施任何一个项目都要注意经济效果，既要使项目在规定的期限内完成，又要使其成本最低，这就是时间—成本优化问题。

一般来说，完成整个项目的总费用是由直接费用和间接费用两部分组成的。通常为了使工期比正常工期缩短，总要采取一些技术上或组织上的措施，如采用新技术、新工艺，增加设备和人员等。因此，当工期比正常工期缩短时，其直接费用是要增加的，而间接费用却减少。

(四)机械制造企业项目进度优化结果

一个项目往往是由若干个相对独立的任务链条组成的，各链条之间的协作配合直接关系到整个项目的进度，利用系统、网络化的管理方法及项目管理软件进度猫的配合，可以优化整个项目的进度计划。

1. 公司与各供应商的项目进度统一，将保证项目的进度

大多数企业对企业内部的项目团队有较强的管理，很难保证外协企业的项目进度，这就需要企业在与供应商谈判时就强化他们的进度意识，将项目的进度写进合同，或作为附件与合同具有同等效用。

2. 监控关键环节，实现动态平衡

项目的进度管理并不是一个静态的过程，项目的实施与项目的计划也是互动的，在项目进度的管理过程中，需要不断调度、协调，保证项目的均衡发展，实现项目整体的动态平衡。

3. 明确每个成员的责任

对于项目中相对独立的任务组采用任务划分的方式，设立子项目，即定任务、定人员、定目标，进一步明确责任，确保关键任务的进度。

四、机械制造企业项目进度控制

(一)机械制造企业项目进度控制概念

项目是一个特殊的将会被完成的有限任务，它是在一定时间范围内，满足一系列特定目标的多项相关工作的总称。进度控制管理是采用科学合理的方法确定进度目标，编制进度计划和资源供应计划，进行进度控制，在与各要素相互协调的基础上，实现工期

目标。但是由于进度计划实施过程中虽然目标明确，而资源有限，不确定因素较多，干扰因素较多，这些因素有客观的、主观的，由于主客观条件的不断变化，计划也随之改变，因此，在项目生产过程中必须不断掌握计划的实施状况，并把实际情况与计划相互对比分析，必要时采取相应有效措施，使项目进度可以按预定的目标进行，来确保目标的实现。进度控制管理是动态的、全过程的管理，其主要方法是规划、控制、协调。

项目进度计划控制，是指在项目实施过程中，针对项目进展情况进行检验、比对、分析、调整，以确保项目进度计划总体目标得以实现的过程，即在实施过程中经常检查实际进度是否按照计划要求顺利进行，对出现的偏差分析缘由，采取纠正措施或调整、修改原计划，直至竣工，交付使用。

（二）机械制造企业项目进度控制依据

1. 动态控制原理

即项目进度控制是一个动态的控制过程，不断循环的过程，随着项目的开始，工程项目进度管理就开始了，但是实际进度和计划进度往往会有偏差，有偏差了就要进行调整，调整之后在以后的发展中又会出现新的偏差，又要不断循环调整。

2. 系统原理

无论是控制对象，还是控制主体；无论是进度计划，还是控制活动，都是一个完整的系统，进度控制实际上就是用系统的理论和方法解决系统的问题。

3. 封闭循环原理

项目进度控制的全过程是一种循环性的活动，它的活动内容有编制计划、实施计划、检查、比较分析、确定调整措施、修改计划，形成了一个封闭的循环系统。

4. 信息原理

项目进度控制要有信息为依据。首先，项目进度计划的相关信息自上而下传递给项目实施的相关人员；其次，项目实施的实际情况自下而上反馈给相关部门和人员，这样才能保证项目的准确实施。所以，建立信息系统来进行信息的传递和反馈是很有必要的。

5. 弹性原理

项目的工期一般很长，所以就会掺杂许多不确定因素，这就要求计划的编制人在制订计划的时候留有一定的弹性。

6. 网络计划技术原理

网络计划技术不仅可以用来编制进度计划，而且可以用于计划的优化、管理和控制。

（三）机械制造企业项目进度控制方法

1. 制订进度计划

项目进度计划是生产项目中各个单位工程或各个分项工程的生产顺序、开工和竣工时间以及相互衔接关系的计划。项目投标时虽然已按照招标文件的要求编制了初步进度的计划。但在中标后，还应该按照现场生产的具体的条件和合同中的工期等具体要求编制出更为翔实的进度计划。

2. 进度计划的实施

要保证实现材料、人力和设备等资源的最优配置，生产过程中要及时检查、发现和记录影响进度的问题，努力找出问题发生的原因，根据其发生的原因采取相应的组织和技术措施，以便做好剩余工程的进度计划，保证项目各项工作按照计划要求进行。

3. 生产进度检查

项目进度检查与计划实施往往同时进行。生产进度计划的检查是进度控制中最关键的一步，它是将实际进度与计划进度进行比对，找出存在的偏差，采取相应的措施来进行调整，以保证工期目标的顺利实现。偏差一般通过与网络计划和横道图计划进行比较来确定。

4. 计划进度的调整

在进度控制中，一般是利用网络计划的方法来对项目计划进行纠偏，当发现实际进度与计划进度不相符时，改变关键路线上工作执行的时间，对非关键路线上的工作资源进行重新配置，以保证最合理的资源配置，进而保证工期目标的顺利实现。

（四）机械制造企业项目进度控制结果

1. 实施措施

计划要起到应有的效应，就必须采取措施，使之得以顺利实施，实施主要有组织措施、技术措施、经济措施、管理措施。

组织措施包括落实各层次的控制人员、具体任务和工作责任；建立进度控制的组织系统，确定事前控制、事中控制、事后控制、协调会议、集体决策等进度控制工作制度；监测计划的执行情况，分析与控制计划执行情况等。

经济措施包括实现项目进度计划的资金保证措施，资源供应及时的措施，实施激励机制。

技术措施包括采取加快项目进度的技术方法。管理措施包括加强合同管理、信息管理、沟通管理、资料管理等综合管理，协调参与项目的各有关单位、部门和人员之间的利益关系，使之有利于项目进展。

2. 动态监测

项目实施过程中要对生产进展状态进行观测，掌握进展动态，对项目进展状态的观测通常采用日常观测和定期观测方法。日常观测法是指随着项目的进展，不断观测记录每一项工作的实际开始时间、实际完成时间、实际进展时间、实际消耗的资源、目前状况等内容，以此作为进度控制的依据。定期观测是指每隔一定时间对项目进度计划执行情况进行一次较为全面的观测、检查；检查各工作之间逻辑关系的变化，检查各工作的进度和关键线路的变化情况，以便更好地发掘潜力，调整或优化资源。

3. 比较更新

进度控制的核心就是将项目的实际进度与计划进度进行不断分析比较，不断进行进度计划的更新。进度分析比较的方法主要采用横道图比较法，就是将在项目进展中通过观测、检查、收集到的信息，经整理后直接用横道图并列标于原计划的横道线一起，进行直观比较，通过分析比较，分析进度偏差的影响，找出原因，以保证工期不变、保证质量安全和所耗费用最少为目标，制订对策，指定专人负责落实，并对项目进度计划进行适当调整更新。调整更新主要是关键工作的调整、非关键工作的调整、改变某些工作的逻辑关系、重新编制计划、资源调整等。

第四节　机械制造企业项目成本与效益管理

一、机械制造企业项目成本估算与预算

（一）机械制造企业项目成本与成本管理

机械制造企业项目成本管理是指机械制造企业生产经营过程中各项成本核算、成本分析、成本决策和成本控制等一系列科学管理行为的总称。成本管理一般包括成本预测、成本决策、成本计划、成本核算、成本控制、成本分析、成本考核等职能。

1. 机械制造企业项目成本的概念

成本是指在企业的生产经营过程中，为了达到预期的经济目的而付出的可以计量的并以货币形式表现的各种付出的经济资源的付出。机械制造企业项目成本是指为了达到机械制造企业项目的目标，而发生的所有机械制造企业项目资源的全生命周期的各种付出。机械制造企业项目成本主要有以下几个特征。

（1）目的性

机械制造企业项目成本的支出只是各机械制造企业项目相关资源为了达到机械制造企业项目目的而在机械制造企业项目实施过程中的各种消耗，具有明确的目的性。

（2）综合性

机械制造企业项目成本是机械制造企业项目经营管理水平的综合反映。

（3）可计量性

机械制造企业项目成本一般情况下是以货币形式表现的，并可以计量的机械制造企业项目在实施过程中发生的总费用。

（4）相关性

机械制造企业项目的成本支出与机械制造企业项目的经营活动息息相关，与机械制造企业项目无关的支出不会构成该机械制造企业项目的成本。机械制造企业项目成本根据标准的不同有不同的分类。根据成本控制的不同标准，例如根据成本与产品生产的关系，可以划分为产品成本和期间成本等。

2. 机械制造企业项目成本管理的概念原则、内容

（1）机械制造企业项目成本管理的概念

机械制造企业项目成本管理是指用各种科学的方法，在企业的生产经营过程中，以所有的支出为对象，进行的各种记录、分析、预测等行为的总和。机械制造企业项目管理的目的是在限制的资源条件下为实现机械制造企业项目目标而发生的支出进行最小化的处理，归根结底是效益最大化。机械制造企业项目成本管理的主要方法有很多种，包括成本考核、成本估算、成本控制、成本分析等方面，成本管理无处不在，只要发生经营活动的区域均存在，它贯穿于整个机械制造企业项目的生命周期中，是在为了完成机械制造企业项目的目标而进行的，对整个机械制造企业项目实施过程中的经济活动的支出进行管控的活动。它的最终目的是在完成既定的机械制造企业项目目标的前提下，以最小的投入换取最大的效益。现代的机械制造企业项目成本管理的目标已经不再像传统的机械制造企业项目成本目标那样以节约为目的了，更全面的全生命周期的管理目标是当前的新形势。

（2）机械制造企业项目成本管理的原则

①责权利相统一的原则。机械制造企业项目成本管理的责任在于完成既定的目标，在这个前提下，需要给予相应的权利，并赋予一定的奖惩办法，以激发全员成本管理动力，提高机械制造企业项目利润水平。

②点面结合的原则。机械制造企业项目成本管理需要抓住主要矛盾，突出重点，这

样不会有太大闪失，但是同样需要兼顾机械制造企业项目成本管理中的每一个环节，不留死角。

③全员参与，以人为本的原则。机械制造企业项目成本管理不是一两个人的事情，而且涉及经营过程中的每个环节，跨越整个生命周期，所以必须全员有责，共同参与机械制造企业项目的成本管理。

④科学化管理的原则。机械制造企业项目成本管理要规范化、精细化和个性化，应将自然科学、人文科学中的相关理论、技术以及方法运用到其中。规范化的目的在于在总结成功经验的基础上做到同一方向，促进发展；精细化主要指的是在机械制造企业项目管理中要注重细节，立足专业，科学计量；个性化则要遵循提倡创造性的原则。

⑤制度化管理的原则。在机械制造企业项目成本管理过程中，企业必须建立明确的机械制造企业项目成本管理制度，针对机械制造企业项目实施过程中所发生的各种消耗要建立明确的机械制造企业项目目标成本责任制度。

（3）机械制造企业项目成本管理的内容

①机械制造企业项目资源的规划

机械制造企业项目资源的规划是指机械制造企业项目资源的确定和计划。资源涉及环境、材料、人力、机械设备等，以为完成机械制造企业项目的目标为目的所耗费的。必须确定资源的种类数量及投放时间，据此制订相应的资源计划。

②机械制造企业项目成本的估算

估算是对机械制造企业项目需要支出的大体估计，它的依据是资源计划及价格信息。机械制造企业项目成本估算是从费用角度对机械制造企业项目的一个规划，它的关键的核心任务是确定各项费用是多少，内容包括人力资源、材料等直接费用以及间接费用。机械制造企业项目成本的估算是机械制造企业项目成本的预算基础。它的方法主要有计算机工具辅助法、自下而上估算法、WBS 全面详细估算法、专家判断法、因素估算法、自上而下估算法、参数估算法等。鉴于机械制造企业项目成本受到各种因素的影响，机械制造企业项目成本的估算在使用之前需要进行优化并进行调整。

③机械制造企业项目成本的预算

它是一项制订机械制造企业项目成本控制标准的机械制造企业项目管理工作，是比较细化的测算，是一项为了确定每个人物单元的实际目标而把控制订额分配到各项具体工作中去的管理行为。机械制造企业项目预算的结果是形成成本基准计划和成本定额。

④机械制造企业项目成本的控制

机械制造企业项目成本控制工作是一项综合管理工作，是机械制造企业项目实际成本的管理控制过程，前提是需要在机械制造企业项目的预算范围内，主要分事前控制、事中控制及事后控制三个方面。按照具体的控制内容来看，主要包括：确保在费用预算计划中所有有关变更均被准确地记录，监视成本执行并查找与成本计划的偏差，核准后的变更要通知到机械制造企业项目相关人员。

⑤成本核算与分析

机械制造企业项目成本核算是指企业利用自身的核算系统对机械制造企业项目的生命周期中所发生的各项消耗进行分类、计量、计算、记录，并采用专业方法，进而反映出实际成本的过程。成本控制所需的所有结果均在核算的内容中反映，成本核算是成本控制效果的评价最基本的依据。机械制造企业项目成本分析是分析目标成本计划的执行情况，主要依据是历史数据、机械制造企业项目成本核算数据等，判断机械制造企业项目成本的执行情况，分析其中的原因或经验。机械制造企业项目成本分析常用的方法包括目标成本差异分析方法、专项成本分析方法、综合成本分析方法等。

（二）机械制造企业项目资源需求计划

机械制造企业项目资源计划是指通过分析和识别机械制造企业项目的资源需求，确定机械制造企业项目需要投入的资源种类（包括人力、设备、材料、资金等）、机械制造企业项目资源投入的数量和机械制造企业项目资源投入的时间，从而制订出机械制造企业项目资源供应计划的机械制造企业项目成本管理活动。

1. 编制依据

机械制造企业项目资源计划编制的依据：机械制造企业项目工作分解结构；历史机械制造企业项目信息；机械制造企业项目范围说明书；机械制造企业项目资源描述；机械制造企业项目组织的管理政策；活动工期估算。

2. 编制方法

（1）专家判断法

专家判断法指由机械制造企业项目成本管理专家根据经验和判断去确定和编制机械制造企业项目资源计划的方法。

（2）统一定额法

统一定额法指使用国家或民间统一的标准定额和工程量计算规则去制订机械制造企业项目资源计划的方法。

（3）资料统计法

资料统计法，即使用历史机械制造企业项目的统计数据资料，计算和确定机械制造企业项目资源计划的方法。

（三）机械制造企业项目成本估算

1. 机械制造企业项目成本估算的概念和依据

（1）机械制造企业项目成本估算的概念

它是对即将实施机械制造企业项目所需费用的一个大体估计，是机械制造企业项目计划中的一个非常重要组成部分。它是机械制造企业项目成本控制的前提。它的范围涉及机械制造企业项目的全方位及全过程。一般情况下，估算的内容可以以定额标准或历史数据为依据。它只是一个大体的估计，此外还须考虑机械制造企业项目自身的因素，包括外部宏观的机械制造企业项目相关文件、进度计划安排、经济环境、资源消耗率。

（2）机械制造企业项目成本估算的依据

机械制造企业项目成本估算工作的依据主要有下面几项内容。

①机械制造企业项目范围说明书

它是在机械制造企业项目管理过程中的一个书面文件，里面的内容是否完整直接关系到机械制造企业项目是否完美。

机械制造企业项目范围说明书一般包括以下内容：技术规范机械制造企业项目、机械制造企业项目合理性说明、机械制造企业项目目标、可交付成果。

②机械制造企业项目工作结构分解

机械制造企业项目工作结构分解与因数分解是一个原理，逐级分解成若干个相对独立的工作单元，把工作单元再分解成一项项工作，直到分解不下去为止，以便于有效地组织机械制造企业项目。基本程序基本上是机械制造企业项目一任务一工作一日常活动。它的导向是可交付的成果，它定义机械制造企业项目的工作范围，分解级别越低则意味着越细致具体的工作。机械制造企业项目工作结构分解总是处于计划过程的中心，它是各种计划的重要前提。

③机械制造企业项目资源计划

机械制造企业项目资源计划中需要分析和辨别机械制造企业项目所需要的资源需求。

④机械制造企业项目历时估算

对机械制造企业项目完成所需时间的预计，对时间段的估算，在机械制造企业项目成本估算之前，简单的时间进度的制订很有必要。

2. 机械制造企业项目成本估算的方法

机械制造企业项目成本估算的方法非常多，比如自上而下估算法、参数估算法等。现就其中主要的几种估算方法进行介绍。

（1）自上而下估算法

自上而下估算法又称作类比估算法，是一种通过比照已完成的类似机械制造企业项目的实际成本，去估算出新机械制造企业项目成本的方法。自上而下估算法适合评估一些与历史机械制造企业项目在环境及应用领域和复杂度方面类似的机械制造企业项目。估算结果的精确度依赖于历史机械制造企业项目数据的完整性、行业发展的水平、准确度以及现行机械制造企业项目与类似机械制造企业项目的近似程度。

（2）自下而上的估算方法

自下而上法是先分别估算机械制造企业项目每一组成部分的成本，这是在 WBS 已经提交的前提下完成的，再将各末级单元估算综合起来得到整个机械制造企业项目的成本估算的一种方法。自下而上的估算方法有更详尽的基础，比其他方法稳定，还能培养责任感，精确度比较高，但是需依赖大量的人力，工作量非常大。

（3）自上而下与自下而上相结合的估算方法

此种方法主要是先自下而上地依据该机械制造企业项目的某一个末级单元，进行详细的高精度的成本估算，然后再以该估算额为依据，自上而下测算同级别层次的其他单元的成本，最后根据各单元的估算额汇总成总成本，意即机械制造企业项目的估算额。此种方法比较适合于初步设计已经完成，机械制造企业项目目标已经确定的机械制造企业项目。从以上各种方法来看，没有哪一种估算方法具有绝对的优点，各种方法互有补充，因此，在实际的机械制造企业项目成本估算应用中，我们应该综合考虑各种估算方法，反复比较各种方法下的估算成果，并结合机械制造企业项目的实际情况，综合分析并衡量，以便作出更为准确的估算结果。

3. 机械制造企业项目成本估算的内容

机械制造企业项目成本估算的内容主要基于机械制造企业项目的工作结构分解，在生产行业的机械制造企业项目管理中，主要内容包括直接工程费、措施费、设备购置费、风险、税金、利息、管理费等。

（1）直接工程费

直接工程费是指在建筑安装过程中直接消耗在机械制造企业项目上的各种活劳动和物化劳动，包含人工费、机械费、材料费和其他直接费以及现场经费。

（2）措施费

措施费是指为实施并完成工程机械制造企业项目，消耗的机械制造企业项目实施前和实施过程中非机械制造企业项目实体的费用，由技术措施费和组织措施费组成。技术措施费包括设备进出场费、模板支架费、脚手架及排水降水费用。组织措施费包含安全、文明、环保、临时设施、二次搬运及夜间生产等费用。

（3）设备购置费

设备购置费是指为生产机械制造企业项目所购置的能达到固定资产标准的各种设备、工具、器具的费用，包括为购置设备而发生的运输费、保险费、税金、保管费、手续费及利息等。

（4）资金占用成本资金

占用成本主要指在机械制造企业项目的实施过程中以及前期的调研、后期的维护过程中所占用的并需要垫付的流动资金。根据流动资金的占用时间来定义，一般是指在1年内或者超过1年的机械制造企业项目周期内被耗用的或者可以变现的资产。

（5）期间费用

期间费用是指在生产机械制造企业项目的生命周期内所发生的不能直接计入工程实体的，但是又因为工程机械制造企业项目而发生的，没有直接关系的成本支出，包括管理人员的工资、保险费、差旅费、工程保险、汇兑损失、办公费用、银行手续费、利息支出等。另外，投标中的期间费用还包括市场开发费用、上交二级公司的管理费用等。

（四）机械制造企业项目成本预算

1. 项目成本预算概述

（1）项目成本预算的概念

项目成本预算是根据工作分解结构及项目进度计划将资源计划落实到各个工作单元的一项管理工作，同时也是一项制订项目成本控制标准的项目管理工作，它是建立目标成本计划的一个过程。

（2）项目成本预算的基本特征

它是对有限资源的一种计划分配。把有限的资源投入实施过程中，以利益为主要出发点，促使现有的资源进行整合。它具有时间敏感性。项目成本预算应该是随着项目的情况变化而变化，是动态的，它的管理贯穿于整个项目管理过程。项目成本预算为项目成本控制提供了基础。项目成本项目管理在项目资源规划使用指标方面的基本标准。要实现最大的经济效益，企业应尽可能在规定时间内完成节约资源的前提。

（3）项目成本预算编制的原则

成本预算在编制时必须遵循以下方面：应具有适当的灵活性百分比。有必要保留一定的余地，使之能够适应各种变化并具有相应的灵活性。以项目的目标为出发点，充分考虑与实现这一目标相关的费用。项目进度越快，项目成本越高，时间价值的重要性越低，项目进展越慢，时间价值的重要性越大。

（4）项目成本预算与估算的区别与联系

项目成本估算基于项目工作范围和资源条件等而进行的，以估计每项活动的持续时间和成本。项目成本预算根据工作分解结构和项目进度，将估计总成本分配到工作单元中去，是确定衡量项目成本预算执行情况的基准成本。

成本估算的精确程度以工作包为基础；成本预算输出的是成本基准计划亦即经过批准的成本预算；预算的制订是汇总所有工作单元的估算成本，建立成本标准的过程（核心是建立成本标准）。

项目成本估算是估算项目的总成本和相应的误差范围，而成本预算是分配给各项工作任务单元的项目的总成本；项目成本估算是一个项目的准备工作，以完成近似成本估算的工作，项目成本估算根据工作分解结构文档将整个项目的估计成本分配到活动和组件，以确定成本基础测量项目的实际执行情况。项目成本估算基于工作分解结构，资源状态，活动信息。项目成本估算基于成本估算，WBS 和项目进度计划。

2. 项目成本预算的依据和方法

项目成本预算是比较详细的，可进行成本控制操作的对项目成本进行的测算。作为项目成本管理的一部分，它的前提是项目成本估算，它是成本控制的依据，起到承上启下的作用。

它的依据是项目成本估算、项目结构分解文件等。

（1）项目成本预算的基础

①项目进度计划。项目进度计划表示对项目的开始到记录的时间文件，项目成本预算需要把各分项分配到项目进度计划的每一个时间段，为了避免不必要的时间浪费，项目进度计划主要是控制的时间要求，项目成本预算制订的前提必须是项目进度计划，只有这样才能基于每个活动单元对各预算进行时间分配。

②项目成本估算文件。项目成本估算文件是项目成本预算的起点，是项目成本估算的延伸和细化，以估算文件为基础。项目的工作结构分解文件。它是设立成本单元的基础性文件，根据项目工作结构分解，是在确认需要分配成本的所有活动的基础上形成的，进一步分析和确定项目工作和活动在成本估算中的合理性。

（2）项目成本预算的方法

主要有参数模型、自上而下预算、计算机辅助预算、自下而上预算等，具体情况如下。

①参数模型方法。先分析项目的相关因素，并建立一个计算成本的数学模型。考虑到相关因素，重要性原则是坚持原则。

②自上而下预算。项目成本的中上层管理者对项目的总成本进行初步估算，将这些

估计结果传递到下层管理层。

③自下而上预算法又称 BOM 方法。由基层管理人员或技术人员发起，逐级上报并汇总，最终由最高层级作出总预算。

二、机械制造企业项目成本优化

（一）机械制造企业项目成本优化概念

一般而言，成本优化以项目生产质量满足用户要求为前提，通过计划、控制、协调等手段，确定项目生产质量成本各项主要费用的合理比例，采用组织、经济、技术及合同等管理措施，将项目成本控制于计划范畴内，实现对项目生产成本的优化，将项目生产质量成本总额降到最低。项目生产具有工期长、耗资大、要求高、条件艰苦的特点，项目成本优化是项目管理的不可或缺的环节，注重项目生产成本控制的各个阶段和最佳时机，实施成本优化的有效措施，将最大化地保障项目生产的经济效益。

（二）机械制造企业项目成本优化方法

1. 转变管理观念，健全管理制度

伴随着经济的发展，企业之间的竞争越来越激烈，为了提升机械制造企业的整体竞争力，必须高度重视生产管理过程中的成本控制。首先，企业管理者应该转变职工管理观念，结合企业发展的实际状况，以满足现代市场的需求为目标，分析和研究最新的成本管理方法。其次，企业需要建立健全的成本管理制度，将成本管理工作渗透到机械制造的始终，将成本管理的职责细化到每个部门、每位职工手上，引导职工正确认识成本管理工作的重要性。

2. 降低材料成本，减少人工费用

降低材料成本，减少人工费用是强化机械制造企业生产管理中成本控制的重要手段。为了提高企业的经济效益，机械制造企业应该安排专业人员进行材料选购。选购人员应该在明确市场材料基本价格的前提下，多方面调查，选择最优的生产厂家。选购材料时，需要对材料的质量合格证书以及出厂证明进行检查，确保材料质量合格后签订购买合同。另外，企业还应该对人工成本进行控制，减少生产过程中人工成本的投入量，确保人工投入成本的实用性，优化企业的成本控制。

3. 改进产品设计，提高自动化水平

优化机械制造企业生产管理过程中的成本控制还需要企业改进产品设计。机械制造企业应该从生产工艺的优化着手，从企业发展的实际状况着手，提高生产工艺的同时，减少因生产浪费产生的成本投入。改进产品设计还需要企业结合现代科技改进产品生产设备，对生产工序进行调整，从而降低生产管理中的成本投入。另外，企业还应该提高机械自动化水平，综合运用信息化管理系统，从企业发展的实际状况出发，建立先进的管理模式，为机械制造企业生产管理中成本控制提供技术保障。

4. 强化现场控制，加强经济核算

现场控制是优化机械制造企业生产成本控制的重要手段。企业应该安排专业技术人员对生产现场进行有效管理，提高生产现场生产过程的质量。现场控制过程中如果发现问题及时采取应急措施，减少因生产错误产生的经济浪费。另外，企业还应该加强经济核算，重点关注生产过程中各种开销状况，要求各部门制订开销流程单，了解各部门费用支出的原因，减少因利益需求产生的成本投入。

三、机械制造企业项目成本控制

（一）机械制造企业项目成本控制概念

为了机械制造企业项目成本在机械制造企业项目预算内得到控制，通过监测和检查机械制造企业项目成本并控制机械制造企业项目的实际成本。机械制造企业项目成本控制涉及三个方面：预控制、过程控制和事后控制。

（二）机械制造企业项目成本控制依据

机械制造企业项目成本控制依据主要有以下几个方面。

1. 项目成本管理计划

这是项目成本管理的非常重要的指导文件，涉及如何管理和控制项目成本。

2. 项目变更请求

对项目成本所做的任何更改，无论是谁作出，都必须在项目实施过程中批准。项目的变更可能会造成项目成本的计划外支出，不及时记录及索赔，会造成各种项目合同纠纷甚至亏损。

3. 项目成本实际完成报告

它是项目成效的真实反映，是一种实际绩效评价报告。本报告通常给出项目成本预算金额，差额金额和实际金额，是项目成本控制工作和跟踪依据，必须具有准确性、适用性、及时性等特点。

（三）机械制造企业项目成本控制方法

1. 机械制造企业项目变更控制系统方法

机械制造企业项目变更控制系统方法是指建立和使用项目成本控制方法的项目变更控制系统。它包括从建议的项目变更请求到更改获得审批的请求，直到整个过程控制的项目成本预算的最终修订。项目变更是项目计划的修订，如果初始项目计划有缺陷或有问题，则必须更改。有两种方法来解决项目更改的问题：一是科学规避方法，可以正确地定义项目目标和计划，并在项目实施阶段进行项目审查和反馈，因此，可以解决项目更改的问题。二是通过遵循变更管理制度、加强沟通与协调、合理利用信息技术手段以及持续改进变更管理，可以有效地解决机械制造施工中的项目变更问题，确保项目能够按时高效地完成。

2. 积极控制方法

做好预警分析，以便能做到事前控制，对各种项目变更进行有效的评估和优化。项目成本实际情况测量方法：实际成本，这是项目成本和综合控制方法持续时间的非常有价值的信息。这种方法的基本思想是帮助项目成本管理分析项目的成本和项目的持续时间，通过引入一个中间变量（挣值），给出项目的实际成本的信息。

3. 机械制造企业项目成本预测和补充计划方法

机械制造企业项目成本预测和补充计划方法是基于已知项目信息和项目知识来估计未来成本的情况，人们可以通过项目绩效信息来预测。项目计划方法的额外成本是通过新的预算方法来有效控制项目成本，即在不可预见的情况下，项目经理可以使用应急计划来满足项目管理储备金。

（四）机械制造企业项目成本控制结果

实际成本的发生情况反映了机械制造企业项目成本控制的结果，无非两种情况：成本节约或成本超支，但是最终目的是提高经济效益。衍生出来的控制结果会产生机械制造企业项目控制文件。

1. 机械制造企业项目成本估算更新

机械制造企业项目成本控制结果可以作为经验或教训的积累数据，为其他工作提供信息帮助。同时，它可以为机械制造企业项目的估算起到信息反馈作用，它能反映之前机械制造企业项目成本估算的准确性和合理性，促使机械制造企业项目原始成本估算的修订和更新，可用于下一个机械制造企业项目成本控制。

2. 机械制造企业项目成本预算文件更新

机械制造企业项目成本控制的结果可以反映很多问题，对于机械制造企业项目成本预算具有执行反馈的作用，两者相互影响，既能反映机械制造企业项目预算的准确性和合理性，还能促使机械制造企业项目成本预算文件的修订与更新。

3. 机械制造企业项目活动方法改进文件

其实通俗来讲这个文件就是措施次序改进的文件，由于机械制造企业项目成本控制结果所反映的信息，机械制造企业项目的执行者会根据信息反馈情况，将影响机械制造企业项目活动的行为或方法进行修正。机械制造企业项目成本预测：机械制造企业项目成本控制带来的是结果，无论好坏，均对后续的工作带来影响，根据已发生的事实数据可以预计机械制造企业项目成本未来的发展趋势，并相应地采取有利于成本控制的措施，为决策者提供决策依据，为机械制造企业项目提供规划建议。

4. 经验教训

从事后控制的角度来看，机械制造企业项目控制的结果可能会显示多种情况，给大家带来的或许是成功的经验，或许是失败的教训，无论从哪一方面，都会为我们后续的工作带来对应的措施。

第七章　现代机械制造工艺及管理

第一节　成组技术

一、成组技术的特点及加工工艺

成组技术（Group Technology，GT）被公认为是一种针对多品种、小批量生产规模，能够有效提高劳动生产率、缩短生产周期、降低产品成本，获得规模收益和改善经营管理的有效方法。

传统的中小批量生产方式存在着生产准备工作量大、生产效率低，工作计划难以协调和生产难以组织管理等缺陷。如何改变传统中小批量生产方式的落后面貌，实现中小批量生产方式的现代化？成组技术的出现，成功地解答了这个问题，从根本上解决了生产时产品多、产量小带来的矛盾。成组技术突破了局限于单一产品的批量概念，以成组批量代替单独批量。除加工过程外，成组技术已渗透到生产过程中的每个环节，包括产品设计生产准备、生产计划管理等，并成为现代数控技术、柔性制造系统和高度自动化的集成制造系统的基础。

成组技术是从成组工艺中发展起来的，成组工艺就是把结构相似的零件，组成一个零件族（组），按零件族进行制造，从而扩大了生产批量，大大提高了生产效率。而成组技术就是对零件的相似性（几何形状，结构及加工工艺）进行标识、归类和应用的技术。

在成组技术中，把生产的不同零件，按照其尺寸、形状等的相似性（基本相似性）和生产过程工艺、管理等的相似性（二次相似性）进行分类，把具有相似性的零件归并成组。因此，零件的相似性是成组技术得以应用的首要条件。

成组技术不仅可用于零件加工、产品装配等制造工艺方面，而且在产品零件设计、工艺设计、工厂设计、生产准备、企业管理等各方面都能得到应用，成为企业生产全过程的综合性技术。由于成组技术中需要对零件分类编码、形成成组工艺等，这些工作需要强大的信息处理能力，需要用计算机辅助完成，因此成组技术也是计算机辅助制造系统的重要组成部分。

实施成组加工工艺的基本步骤如下：产品零件按零件分类编码系统进行分组分类；制定零件的成组加工工艺过程；设计成组工艺装备，包括机床设备、成组夹具、成组刀具、成组量具等；建造成组加工生产线，包括设计成组输送装置、成组装卸装置、仓库等。

二、零件的分类编码系统

零件的分类编码就是用数字或字母来描述零件的几何形状、尺寸和工艺特征。最常用的、最方便的是用数字表示零件的分类编码，即零件的数字化，便于计算机的处理和管理。机械零件特征主要包括结构特征（形状、尺寸）、工艺特征（精度、表面粗糙度）、材料特征、生产组织与计划特征。

零件分类编码系统可分为刚性分类编码系统和柔性分类编码系统。刚性分类编码系统的编码位数和每一码所代表的信息容量都是固定的。根据生产实践过程，发现刚性分类编码系统存在不能很好满足零件结构特征和加工过程中多方面、多层次的需求。柔性编码系统则其编码位数和每一位所代表的信息可以根据描述对象的不同而产生相对柔性的变化。柔性编码系统主要由起到传统编码作用的固定码和可以详细描述零件各部位的形状要素、几何要素和工艺要素的柔性码组成。

对零件分类编码系统的基本要求是：无多义性、永久性、可扩充性；便于计算机处理。

零件的分类法在世界上有几十多种。下面简要介绍零件分类编码系统的基本原理和一些分类编码系统。

三、零件的分类编组

零件编码后，利用零件代码，按一定的准则，将零件归并成零件族（组），称为零件的分组。分组可以由人工进行，也可以利用计算机来进行。

零件分组的主要依据是工艺相似性，因此相似程度的确定对零件组的划分影响很大。例如对于按奥匹兹系统编码的零件，如果 9 位代码完全相同的零件划分为一组，同一组的零件相似性程度就高；但零件的组数必然很多，每个组内的零件数就会很少，起不到扩大批量的作用，难以获得成组加工工艺的经济效果；反之如果划分过粗，例如把所有回转体零件（即第一码位的码值在 0 ～ 5）划分为一组，而把非回转体零件（即第一码位的码值在 6 ～ 9 之间）划分为另外一组，结果是组数太少，每组内的零件过多。虽然扩大了批量，但同组内零件的相似性太差，同样无法获得良好的效果。

在实际零件分类中，无分类编码系统的简单零件的分组可以采用人工视检法和生产流程分析法等。对于有分类编码系统的较复杂零件的分组常用特征数据法和码域法。

（一）人工视检法

人工视检法是根据零件的图纸和零件加工过程，凭借经验直觉来判断零件的相似性，并对零件进行分类成组。它的基本过程如下。

（1）收集零件的资料，包括图纸、工艺、加工计划和使用条件。

（2）按零件结构粗分，如盘、套、轴、齿轮、壳体和杂件等。

（3）按加工方法相似性细分，如同样的毛坯材料，相似的外形。

（4）分析处理例外情况：把少数结构形状不同，但加工方法相同的零件按工艺相似原则插入各组中。

（5）考虑生产批量、工时、负荷、外协等情况进行综合平衡。

人工视检法的特点是：人为因素大，分类效率低，分类效果较为粗糙；适用于零件简单、品种少的情况。目前，人工视检法一般作为辅助分类方法，对零件进行粗分类。

（二）生产流程分析法

生产流程分析法是通过分析全部零件的工艺流程来划分零件组。分析有关零件的主要工序及其设备，即体现在工艺路线上的工序、机床和生产数据，识别出客观存在的零件工艺相似性。生产流程分析法的一般步骤如下。

（1）收集零件资料，包括各种零件的工艺过程信息、批量和工时。

（2）工艺过程编码，如核心机床设备或工序的代码。若采用机床代码，则规格相近的同型号机床可用同一代码，不同性质或先后的工序对应不同的代码。对于不需要特殊设备或采用廉价设备的辅助工序，如画线、钳工及检验工序等，可不予编码。使用生产流程分析法可以找出相似的零件集合与加工设备集合之间的对应关系，既可以确定零件组，又能得到加工该零件的生产流程设备组。

（三）特征数据法

特征数据法是以矩阵形式来表示零件的各种特征，由计算机进行识别、统计、储存，供零件分组和各种统计工作用，也是计算机辅助工艺编制或数控编程等计算机辅助制造的重要数据文件。

（四）码域法

码域法是根据全部零件结构特征分布状况、设备加工范围与负荷、工艺装备等条件，限定若干特征代码范围，作为零件分组依据的一种分组方法。所规定的代码范围成为码域。

四、成组加工工艺规程编制

成组加工工艺规程是实施成组工艺的指导性文件，相当于传统的机械加工用的工艺规程（包括工艺过程卡和工序卡等）。与传统工艺规程的区别在于，它不是针对某一特定零件编制的，而是针对工艺方法相似的一组零件编制的。它不但可以用于当前生产的零件，而且可用于未来新产品中与其工艺相似的零件。

编制工艺规程的方法有两种，即综合零件法和综合路线法。

(一)综合零件法

综合零件（复合零件）通常是指具有一类零件组全部结构特征的零件。它可能是零件组中的一个实际零件，但更多的情况是靠人工综合的假想零件。获得综合零件法常采用叠加方法，即从零件组中找出一个包含结构要素较多的零件，以此为基础，逐个比较其他零件，将不同的结构要素添加到此综合零件上，最终得到该零件组的综合零件。综合零件法常用于编制形状比较简单的回转零件的成组工艺过程。

(二)综合路线法

当零件形状不规则，不易于绘制综合零件时，可以采用综合路线法确定综合零件。综合路线法是在零件分类成组的基础上，分析比较全组所有零件的工艺路线，通过叠加和整理，从中选出能够覆盖所有组内零件的代表性工艺路线，并以它为基础来编写详细的工艺规程。

五、成组生产的组织形式

(一)成组单机加工或多工位成组专用组合机床

成组单机加工是有一台设备完成零件组全部加工过程，例如在转塔车床或自动车床上成组加工小型回转体零件。成组单机加工零件时机床的布置，在形式上与机群式生产类似，在生产方式上则是用一个加工方式加工一个相似零件组并在一个工作地点或一张机床上完成的，与机群式加工有着本质的区别。采用成组单机加工的优点是：投资少、易实行；能较快取得成效；可以预先给工作地装备必要的专用工装、货架、工作箱等装置；操作人员可以较快掌握复杂机床和刀具的调整，而不需配备专用的调整工人。但成组单机加工是成组技术的最初形式，受到经济效益低的影响，而不能更大地发挥成组技术的突出功效。不过随着数控机床和加工中心的广泛应用，成组单机加工又有着较为广泛的前景。

（二）生产单元

生产单元是指一组（或几组）工艺上相似的零件，按其工艺流程合理排列出完成该组零件工艺过程所需要的一组设备，构成车间内一个小的封闭生产系统，这就形成一个生产单元。它可概括为与零件组全部工艺过程相对应的一组设备。与传统的机群式排列加工形式不同，生产单元加工形式可以完成具有相似性的零件组的全部工艺过程。

生产单元加工的工艺流程是可调整的，具有可变性，各个工序的生产节奏也不同，可以灵活安排各个加工顺序。根据工艺流程来布置生产设备，零件可以以件为单位在工序中输送，大大缩短了零件的在制时间和减少了在制品的数量。

生产单位是成组技术在加工应用中最典型的形式，尤其在多品种、中小批量的生产形式中被广泛使用。它具有的优点是：可以缩短工序的运输距离，减少在制品的库存量；缩短零件的生产周期，提高设备利用率，降低生产成本；加工质量高，加工人员趋于专业化。但是生产单位主要利用普通机床，不能全面发挥出成组技术的潜力，生产单位内设备负荷的均衡性也受到生产任务的影响。

（三）成组加工流水线

成组加工流水线是在生产单位的基础上，将各工作设备安装具有相似性的零件组的加工顺序固定布置的生产形式，它是严格地按照零件组的工艺过程组织起来，其各工序的节拍是一致的，它的工作过程是连续而有节奏地进行。较生产单位而言，成组加工流水线是成组加工系统中实现加工过程合理性的较高的生产组织形式。

成组流水线与普通流水线的主要区别在于：生产线上流动的不是一种零件，而是一组相似的零件。成组流水线具有对大批量生产性质的合理性和优越性，它既可以用于形状复杂的零件组，如曲轴流水线，也可以用于形状简单的零件组，如法兰盘等盘类零件。

成组加工流水线的优点是：零件运输路线短；工艺具有较好的适应性。

（四）柔性制造系统

一般所指的柔性制造系统，是把若干个工区（或称加工站）用自动传动系统连接起来，并置于计算机的统一控制之下而形成一个制造系统的整体。它一方面允许自动化生产，另一方面又允许对相似零件组中不同零件，经过少量调整实现不同工序的加工。世界上已有三十多个各种不同形式的柔性制造系统在美国、日本、德国和俄罗斯运行。

（五）全盘无人化工厂

为了适应国际生产技术发展趋势，日本不仅在大力发展以成组技术为基础的柔性制造系统，同时在政府的协助下，还正在实施世界上第一个以成组技术为基础的全盘无人化工厂的宏伟规划。从毛坯制造到部件装配的全部工艺过程，都将采用成组技术。

六、成组技术的优越性

成组技术将针对单一零件的加工转化为对具有相似性的一类零件加工，是一种面向多品种、中小批量的生产方式的技术，因此它具有明显的优越性。

（一）提高了生产率，大大增加了零件的生产批量

由于扩大了同组零件的数量，在加工方面，使得中、小批量的生产可以采用更加先进且高生产率的设备和加工工艺，更加经济而有效；在设计方面，通过利用原有产品的图纸和设计方案，使零件更加标准化、规格化，减少了零件品种的多样性；在机械装备的准备和布置过程中，相较于传统的加工方式，缩短了在制零件库存量和运输时间，大大提高了生产率。

（二）保证产品质量

利用成组技术，消除了相似零件工艺不必要的多样性，工艺方案更加合理，使得零件的质量更加稳定而可靠。对于加工人员而言，生产单位或流水线式的生产方式使得工序过程更加专业化，保证了工人的熟练度和专业性。对于生产管理而言，加工生产组的全体组员对零件质量完全负责，生产责任化。对于机械设备而言，使用成组技术更适合自动化程度高的装备，减少了人为因素，降低了废品率。对于零件的库存和运输过程，降低了零件的磕碰和划伤概率。综合上述因素使得产品的质量得到保证。

（三）产品零部件标准化、合理化

传统的产品设计由专门人员负责，各种产品间少有传承性，复杂繁多的设计图纸难以查询记忆。而使用成组技术，将具有相似几何形状、结构和工艺的零件进行分类，并建立产品零件分类编码系统，新产品的设计可以根据分类编码系统有效参考老产品的设计，极大地减少了设计成本，缩短了设计周期。

（四）有利于管理的现代化

传统多品种、中小批量生产企业存在生产杂乱、分散和落后的状况。利用成组技术，减少零件设计的不必要性，对生产单元和生产流水线生产带来了方便。利用零件分类编码系统，为计算机管理生产打下了基础。

（五）缩短了零件的生产周期

由于使用先进的生产形式，且管理方式更加合理，改变了中小批量生产中杂乱分散的生产状况。

综上所述，成组技术凭借以上优点得到了迅速的发展。

第二节 计算机辅助工艺过程设计

一、计算机辅助工艺过程

（一）基本概念

工艺规程设计是一种需要大量时间和经验的工作。随着产品设计和产品制造中采用了计算机辅助手段如 CAD 和 CAM 技术，作为连接产品设计和制造的中间环节——工艺规程的设计也必须实现自动化才能与之相适应。

通过向计算机输入被加工零件的原始数据、加工条件和加工要求，由计算机自动地进行编码、编程直至最后输出经过优化的工艺规程卡片的过程，称为计算机辅助工艺规程设计（Com-puter Aided Process Planning，CAPP），即 CAPP 是利用计算机来制定零件的加工工艺过程的技术。CAPP 的编制方式包括两种：一种是制定工艺路线，即加工方式和安排工序的顺序；另一种是工序设计，包括加工机床和刀具、夹具、量具的使用，切削参数的确定和计算工时定额。

（二）发展背景及趋势

在机械制造领域，由于工艺设计所涉及的因素多、随机性大，很难使用准确的数学模型来描述和分析，因此工艺设计长期处于手工操作、效率低下的状况。计算机辅助设计技术、数控技术直到 20 世纪 60 年代初才逐步应用于生产实践。

20 世纪 90 年代，中国开始了 CAPP 方面的研究和应用，最早开发的 CAPP 系统是同济大学的 TOJICAP 系统和西北工业大学的创成式 CAOS 系统。其后，CAD/CAPP/CAM 智能集成化系统和 FA-CAD/CAPP/CAM 智能集成化系统分别被开发应用。

目前，CAPP 技术的研发热点问题集中在：产品信息模型的生产与获取；CAPP 体系结构研究及 CAPP 工具系统的开发；面向并行工程的 CAPP；基于分布式人工智能技术的分布式 CAPP；人工神经网络技术与专家系统在 CAPP 中的综合应用；面向企业的实用化 CAPP；CAPP 与自动生产调度系统的集成；基于 Web 技术的 CAPP 开发与研究。

CAPP 的发展趋势主要是集成化、工具化、智能化、面向并行工程和网络化等方面。

CAPP的集成化就是在并行工程思想的指导下实现CAD/CAPP/CAM的全面集成，进一步发挥CAPP在整个生产活动中的信息中枢和功能调整作用。CAPP的工具化具有应用面广、适应性强的特点。它具有先进的系统结构、功能强大且使用方便的信息获取表达与管理平台、灵活可靠的工艺决策推理控制策略等功能。具有智能算法的CAPP在获取、表达和处理知识上具有灵活性和有效性，并且具有大量累积的工艺数据和知识为具有智能决策功能的CAPP开发提供了良好的条件和基础。面向并行工程的CAPP是信息集成的中枢，同时也是并行环境下各个子系统功能调节的枢纽，它能根据自动化制造系统的制造环境、生产调度、质量检测和毛坯设计制造等模块的反馈信息生产适应性加工工艺，并及时对产品设计过程提供咨询信息，为产品提供可加工性、可装配性、可检测性、加工经济性等方面的评估。基于计算机网络技术、数据库技术的CAPP系统具有开发应用面广、实用性强的特点。

（三）CAPP的意义

在生产实践中，工艺规程设计作为生产技术准备工作中的第一步，是属于工厂工艺部门的一项经常性的技术工作。由于工艺规程设计处于产品工艺设计和制造之间的环节，需要全面而周密地分析大量的信息，包括：产品设计方面的零件尺寸、形状、材料、公差、批量等内容；制造生产方面的加工方法、加工设备、生产条件、加工成本、工时定额等内容。

1. 传统的手工工艺设计存在的问题

传统的手工工艺设计一般是由工艺人员根据自己多年的经验来制定，存在着以下问题。

（1）工艺设计的效率低

设计信息无法直接使用，产品信息重复输入，绘制工艺简图烦琐；信息检索效率低；制造工艺数据计算速度难以提升。

（2）工艺设计资源利用率不高

机械装备和工艺参数的选择依赖手册；工艺资源不透明，难以查询。

（3）工艺信息汇总落后，产品设计难以直接利用

工艺清单依赖手工统计，效率低，不利于计算机管理；零部件工艺信息无法准确地提供给产品数据管理和企业资源计划部门。

2. CAPP技术的利用，对于制造过程的影响

（1）CAPP技术能缩短生产准备周期，提高工艺文件收录质量，提高工艺工程师的工作效率，避免了不必要的重复性工作，使工艺工程师从烦琐重复的编制工作中解脱出

来，为以后的工艺工程师提供了可继承的宝贵经验。

（2）提高工艺过程设计质量。

（3）减少工艺过程设计费用及制造费用。

（4）在计算机集成制造系统中，CAPP 是连接 CAD 和 CAM 的桥梁。

（5）CAPP 技术使生产信息计算机化，为先进制造技术和科学管理技术提供了数据库，是生产过程中各环节信息集成和数据共享的必备条件和基础。

（6）CAPP 技术为并行工程各子系统之间实现各环节之间的双向信息通信提供了基础，使得设计环节可以考虑到产品整个生命周期的因素。

（四）CAPP 系统的基本结构

在机械制造过程中，CAPP 系统作为 CAD 和 CAM 的桥梁，从 CAD 中获取产品设计信息，包括几何形状、拓扑信息和机械特征信息等，将其转换为加工信息，包括工序安排、刀位文件和生产管理信息等。而 CAD/CAM 系统作为 CAD/CAPP/CAM 的集合系统也随着技术和理论的发展，向着集成化和智能化的方向发展。而工艺设计工作作为机械生产的前期工作，它的主要任务是为被加工零件合理选择加工方法、加工顺序和工具、夹具、量具，以及计算切削条件，使被加工零件可以按照设计要求成为合格的成品零件。工艺设计工作主要包括以下内容：选择加工方法和采用合适的机床、刀具、夹具和其他设备；合理安排加工顺序；选择基准，确定加工余量和毛坯，计算工序尺寸和公差；合理选择切削量；计算时间定额和加工成本；汇总设计内容，编制工艺文件。

根据以上工艺设计工作的内容，CAPP 系统一般由以下模块组成：控制模块、零件信息获取模块、工艺过程设计模块、工序决策模块、NC 加工指令生产模块、输出模块、加工过程动态仿真模块。

（五）分类系统

1. 检索式 CAPP 系统

检索式 CAPP 系统是将企业现行的各类工艺文件，根据零件编码或图号存入计算机数据库中。进行工艺设计时，可根据零件编码或图号在工艺文件库中检索类似零件的工艺文件，由工艺人员采用人机交互方式进行修改、编辑，由计算机按工艺文件要求进行打印输出。

检索式 CAPP 系统实际上是一个工艺文件数据库的管理系统，其功能较弱，自动决策能力差，工艺决策完全由工艺人员完成，由此有人认为它不是严格意义上的 CAPP 系统。但实际上，任何一个企业的产品或零部件都有很多的相似性，因而其工艺文件也有很多的相似性，因此在实际中采用检索式 CAPP 系统会大大提高工艺设计的效率和质量。此外，检索式 CAPP 系统的开发难度小、操作方便、实用性强，与企业现有的设计方式相一致，故具有很高的推广价值，已得到很多企业的认可。

2. 派生式 CAPP 系统

派生式 CAPP 系统是建立在成组技术基础上的 CAPP 系统，即利用成组技术的原理将零件分类成组，设计成组典型工艺，并将其存入计算机数据库中。在设计一个新的零件工艺规程时，只要输入零件的有关信息，计算机对零件进行编码（或直接输入零件代码），计算机软件自动按此代码检索出相应的零件组典型工艺。最后根据零件结构及工艺具体要求，进行适当修改编辑，从而派生出所需要的工艺规程。派生式 CAPP 系统结构简单、开发周期短、见效快，早期开发的 CAPP 系统多属于这一类型。目前派生法生成工艺规程的方法比较成熟，应用十分广泛。其缺点是柔性差，只针对企业具体零件产品的特点进行开发，移植不方便，不能用于全新结构零件的工艺设计。

3. 创成式 CAPP 系统

这种系统中不存在派生式系统中的典型工艺，不能直接对相似零件的工艺文件进行检索和修改，其工艺规程是由软件中决策模型生成的，因此称为创成式系统。创成式 CAPP 系统结构原理是首先工艺人员输入零件信息，然后系统根据输入的零件信息，依靠系统中工程数据（加工资源库）和决策模型自动生成零件的工艺过程，最后根据要求输出相应设计工艺文件。创成式系统从理论上讲是一种比较理想的方法，但系统复杂、开发量大，所以目前完全用于实践的这类系统还不多见。

4. 综合式 CAPP 系统

它将派生式和创成式 CAPP 系统结合起来（如工序设计中用派生式，工步设计中用创成式），具有两种类型系统的优点，部分克服了它们的缺点，效果较好，因此，应用十分广泛。例如，须对一个新零件进行工艺过程设计时，先通过计算机检索该零件所属的零件组的标准工艺，若存在，则根据零件的具体情况修改标准工艺；若不存在，则采用自动决策产生。我国研制的一些 CAPP 系统大多采用这种类型。

5. 专家式 CAPP 系统

专家式 CAPP 系统是一种基于人工智能技术的设计方法，又为智能式 CAPP 系统。它以结合推理机和知识库为特征，强调工艺设计系统中工艺知识的表达、处理机制，以及决策过程的自动化。专家式 CAPP 系统的核心是由专家知识库、工艺知识库和推理机组成的。其中，知识库和推理机是互相独立的。专家式 CAPP 系统不像一般 CAPP 系统，在程序运行中直接生成工艺过程，而是输入零件信息时频繁地访问知识库，并通过推理机中的控制策略，从知识库中搜索能够处理零件当前状态的规则，并执行规则，同时把每次执行规则得到的结论按顺序记录下来，最后得到零件的工艺过程。

二、CAPP 的零件信息描述与输入方法

在生产过程中，零件信息主要包括几何信息和工艺信息两个部分，通常用图形、字母、数字以及特殊符号表示，难以原样地被计算机系统接收、识别和处理。零件信息的描述问题关键在于对零件特征信息的识别即代码化。零件信息的输入问题关键在于如何设计友好的人机互换界面和数据存储系统。

（一）零件信息描述方法

对于零件信息描述方法，国内外的 CAPP 系统常采用以下描述方法。

1. 零件分类编码描述法

零件分类编码描述法采用零件分类编码系统，对已有的零件进行编码，将零件图上的信息代码化，把零件属性数字化，便于计算机的识别。企业也可以根据自己的情况开发适合于自己产品的专用分类系统。

2. 零件形面要素描述法

零件形面要素描述法是将一个零件视为若干个基体的几何要素组成，并分为基本形面要素、复合形面要素和形面域要素，每一个形面口可以用一组特征参数进行描述。基本形面包括圆柱面、圆锥面和平面等。复合形面分为螺旋、花键、沟槽、滚花和齿轮等。型面域是指零件上那些功能、结构、工艺特点和精度要求类似的形面，例如退刀槽、箱体凸缘、台阶面和螺钉孔等。

3. 体素描述法

体素描述法是将零件看成所用表面或面积要素包围而成的最基本的三维几何体，通过用顶点来表示零件的几何表面要素，用边表示相邻表面的连接情况，零件的结构通过图加以描述。这种方法涉及零件表面元素的分解，对用户的技术要求较高。

当输入零件特征信息时，首先检索标准零件图形文件，寻求可供使用的标准零件图形，将标准图形调入内存后，对其输入各体素的具体尺寸信息，最后显示输入的实际零件图形。当检索不到标准零件图形时，可直接从体素模型中调用体素，按零件实际尺寸和相互位置关系进行拼接。这种方法适用于结构较为简单、形状较为规则的回转零件。

4. 拓扑描述法

拓扑学是一种定量处理图形的拓扑不变性的几何学。从拓扑学来看，三维的零件包括有限数量的元素，称为单元，即点、线、面、体。将一个零件用一组单元来表示，可以详尽地描述零件的结构形状。这种方法由于描述起来不方便，同时不能提供 CAPP 所

需的高层工艺信息，故使用较少，一般用于 CAD 系统。

5. 特征识别法

由于现有的 CAD 系统主要基于几何和拓扑信息来定义零件，难以为 CAPP 提供零件的高层制造方法，其输出的信息无法直接被 CAPP 所用。为了解决这种问题，特征识别法是从通用 CAD 系统给出的信息提取特征信息。这种方法在 CAD 和 CAPP 之间通过特征识别模块提取特征信息，其运算复杂，同时无法提取 CAD 系统中不存在的工艺信息。

(二)零件信息输入方法

在确定了 CAPP 的零件描述方法后，据此可确定零件的输入方法，从而编制相应的输入模块程序。一般而言，CAPP 零件的输入方法有以下两种。

1. 人机交互式输入法

人机交互式输入法是通过友好的人机界面，根据显示屏显示，通过键盘或鼠标以人机对话的方式进行信息输入。这种方法存在过程较为烦琐、效率低下和出错率高等问题，一般用于零件的表头信息或部分总体信息的输入，而零件的几何信息通常不采用这种方法输入。

2. CAD 系统直接输入法

CAD 系统直接输入法的各种信息来源于 CAD 系统。它具有避免烦琐的手工输入、效率高、出错率低等优点。在一般的集成系统环境中均采用这类方法，采用特征设计和基于产品数据交换标准的产品建模法来进行零件信息的描述。

三、CAPP 数据的管理方式

计算机辅助工艺规程系统的设计与开发是十分复杂的，它不仅要设计单纯的数值计算，还要处理图像、字符、表格等复杂数据。因此处理这种类型的数据需要进行正确有效的组织和管理。一般数据的主要管理方法有两种，分别是文件管理方式和数据库管理方式。

(一)文件管理方式

文件管理方式是将数据存放于一个独立于程序的数据文件中，将数据和程序独立开来。在程序运行时，通过打开数据文件进行检索。它的优点是应用程序简洁，占用的内存少，数据便于更改。它的缺点是文件之间相互孤立，无结构信息，因此，数据共享范围有限，不便于维护。

(二)数据库管理方式

数据库管理方式是基于更高级的数据库技术。通过数据库管理系统对数据进行操作，可以从整体观点处理数据，具有冗余度小、易扩充、使用灵活、数据共享性好等特点。数据库管理对数据进行统一管理，保证了数据的正确性，而且用户可实现对多项数据的多条件查询，灵活性好。因此对于复杂的应用系统，数据库的设计是系统设计的核心内容。在 CAPP 系统中，工艺数据主要包括静态数据（工艺图表、线图等）和动态数据，如过程数据、工序图、数控（Numer-ical Control，NC）代码等。这些工艺数据库的内容如下。

1. 材料数据

各种材料规格及属性的数据，毛坯特性，刀具—工件组合特性等。

2. 刀具数据

刀具号、刀具成组分类信息，刀具尺寸及几何形状，刀具应用条件等。

3. 机床数据

各种机床名称、型号、规格、控制系统类型、用量范围、精度等。

4. 夹具和量具数据

各种夹具和量具类型、重要尺寸及精度等。

5. 加工标准数据

加工标准数据包括加工余量、切削用量及时间定额的有关要求。

6. 系统判别和决策数据

系统判别和决策数据采用派生式系统，包括标准工艺规程及成组分类特征数据；采用创成式系统，包括各种逻辑原则和资料数据。

7. 动态工艺设计信息

动态工艺设计信息包括零件图形数据、工序图形数据、最终工艺规程、NC 代码等。

第三节 现代机械制造系统和模式简介

一、计算机集成制造系统(CIMS)

计算机集成制造（Computer Integrity Manufacture，CIM）是一种概念、一种哲理。CIM 是把人和经营知识及能力，与信息技术、制造技术综合应用，以提高制造企业的生产率和灵活性，由此将企业所有人员、功能、信息和组织诸方面集成为一个整体。

计算机集成制造系统是在 CIM 思想指导下，逐步实现企业全过程计算机化的综合人机系统。其特点包括：“全局集成规划指导”；“逐步实现”与“一种进程”；“人的集成”。

CIMS 的基本构成包括两个支撑系统：数据库（DB）和通信网络（NET）；四个应用分系统：信息管理系统（MIS）、工程设计自动化系统（CAD/CAPP/CAM）、质量保证系统（QAS）和制造自动化系统（MAS）。

二、柔性制造系统（FMS）

柔性制造系统（Flexible Manufacture System，FMS）指具有柔性且自动化程度高的制造系统，是集数控技术、计算机技术、机器人技术及前代生产管理技术为一体的现代制造系统。

按 FMS 规模划分为：柔性制造单元（FMC）、柔性制造系统、柔性制造线（FML）、柔性制造工厂（FMF）。FMS 主要由加工系统、运输系统、计算机控制系统和软件系统构成。

三、智能制造系统（IMS）

智能制造系统（Intellectual Manufacture System，IMS）指在制造工业的各个环节以高度柔性和高度集成的方式，通过计算及模拟人类专家的智能活动，并对人类专家的制造智能进行收集、存储、完善、共享、继承和发展，在制造中延伸人类的脑力劳动的智能系统。

“中国制造 2025”计划专门将智能化制造推广作为其主要方向，重点是新一代信息技术在制造业中的深度整合，包括智能化产品、智能化生产、智能化服务、智能化制造云和工业互联网及智能系统集成等。

智能制造系统的特征有：自律能力、人机一体化、虚拟现实（Virtual Reality）技术的使用、自组织能力与超柔性、学习能力与自我优化能力、自我修改能力和强大的适应能力。IMS 研究范围包括：智能设计、智能机器人、智能调度、智能办公系统、智能诊断和智能控制。

四、并行工程（CE）

并行工程（Concurrent Engineering，CE）的概念于 20 世纪 80 年代被提出。它是指在新产品设计阶段就引进生产准备工作，并行地进行产品设计、工艺和生产准备，串行、并行工程。

并行工程的运行特性有：并行特性；整体特性；协同特性，多功能协同组织机构，协同的设计思想，协同的效率；集成特性：人员集成，信息集成，功能集成，技术集成。

五、精良生产（LP）

精良生产（Lean Production，LP）起源于日本，它提倡从生产操作、组织管理、经营方式等各方面，找出一切不能为产品增值的活动和人员，予以革除。精良生产的观念认为，浪费包括资源、人力、时间、空间等。通过减少达到撤销非增值的人员、岗位，可以彻底消除各种浪费。

精良生产中还采用主查大项目负责人制度，并实行集体协作，改变单调枯燥重复的工作方式，激发工人的工作主动性。从推动方式转变为拉取方式，同时，在开发中广泛运用同步开发、在企业间采用长期协作配套等手段，提高产品开发和生产效率。

六、敏捷制造（AM）技术

敏捷制造（AM）是一种结构，在这个结构中每一个公司都开发自己的产品和实施自己的经营战略，构成这个结构的基石是三种基本资源：有创新精神的管理结构和组织，有技术、有知识的高素质人员，先进制造技术（FMS 和 IMS）。AM 源于这三种制造资源的有效集成。

AM 的基本原理是：采用标准化和专业化的计算机网络和信息集成基础结构，以分布式结构连接各类企业构成虚拟制造环境；以竞争作为原则，在虚拟制造环境内动态选择成员，组成面向任务的虚拟公司进行快速生产；系统运行目标是最大限度地满足用户的需求。

七、绿色制造

制造业在为人类提供巨大财富的同时，也在不断地产生污染物，对环境造成严重的负面影响。日趋恶劣的环境与资源的匮乏，使得绿色制造越来越重要，它将是 21 世纪制造业的重要特征。

绿色制造的体系结构包括绿色生产技术和绿色商品。在生产过程中采用各种高新技术，使生产过程中尽可能少地消耗各种资源和减少对环境的污染（绿色生产技术）。对用于制造产品的原材料进行慎重的选择，使产品可回收再利用，不污染环境（绿色商品）。

绿色生产技术包括：降低制造过程中的能量消耗；降低原材料的消耗；降低制造过程中对环境的污染。绿色商品包括：节省能源；节省资源；减少污染；用后回收再利用。

绿色制造不仅是一种制造模式，更是一种思想、理念。对企业来说，通过改善管理、降低物资和能源的消耗，提高资源的利用率，从而提高企业的经济效益。然而，绿色制造更多的是创造社会效益，保护地球环境，最终受益的还是人类。

第四节　机械检测与质量管理

一、机械检测概述

（一）机械产品检测方法

1. 机械产品的检测方法

（1）基于机械测量的检测方法

①外观检测。外观检测主要是对机械加工物件的初步检测，以确定产品的外观符合设计要求、满足产品使用性能，主要依赖于检验人员对设计要求的掌握，以及其对质量管控尺度的把握，具有较大的随意性。因此，在实际的检测过程中，应有配套的检验工艺，明确检验标准，尽量减小因人为因素带来的检验误差。

②表面检测。表面粗糙度指的是机械物件在机械加工后被加工面的微观不平度，对于不同的应用场合应选择不同的粗糙度。表面粗糙度检测通常采用样块比较法和显微镜比较法。

③几何量检测。机械产品的几何量，包括几何形状、尺寸公差、形位公差等是机械零部件的基本参数量，直接关系到产品是否合格，是否能够满足应用等，因此，几何量的检测至关重要。检测中应选用适合的量具及测量方法，测量分为直接测量法和间接测量法。直接测量法即用量具直接测量所测物件的尺寸，简便直观，无须烦琐的计算，同时也更加精准；间接测量法用于某些无法直接测量的尺寸，有时需要经过烦琐的函数计算，因此，测量时应对每一个间接量精准测量，尽量减少误差积累。主要有以下几何量检测工具：一是钢直尺。钢直尺是最简单的长度量具，有150mm、300mm、500mm、1000mm四种规格，主要用于测量零件的长度尺寸，测量结果不精准，误差较大。二是塞尺。塞尺又称厚薄规或间隙片。主要用来检验紧固面。塞尺是由许多层厚薄不一的薄钢片组按照塞尺的组别制成一把一把的塞尺，每把塞尺中的每片具有两个平行的测量平面，且都有厚度标记，以供组合使用。测量时，根据结合面间隙的大小，用一片或数片重叠在一起塞进间隙内。三是游标卡尺。游标卡尺是一种常用的量具，具有结构简单、使用方便、精度中等和测量的尺寸范围大等特点，可以用它来测量零件的外径、内径、

长度、宽度、厚度、深度和孔距等，应用范围很广。游标卡尺由主尺和附在主尺上能滑动的游标两部分构成。主尺一般以毫米为单位，而游标上则有10个、20个或50个分格，根据分格的不同，游标卡尺可分为十分度游标卡尺、二十分度游标卡尺、五十分度格游标卡尺等。四是螺旋测微量具。螺旋测微仪具有以下特点：硬质合金测量面，耐磨性好；具有测力装置，使测量面与被测工件接触时，保持恒定的测量力；具有千分螺丝锁紧装置。

④机械性能检测。产品的机械性能试验是按规定程序和要求对产品的基本功能和各种使用条件下的适应性及其能力进行检查和测量，以评价产品性能满足规定要求的程度。通常包括功能试验、结构力学试验、载荷试验、耐久性试验、环境试验等。

（2）基于自动化技术的检测方法

近年来，随着自动化技术、信息技术、传感技术等学科的快速发展，机械产品的检测手段越来越多，设备越来越精确，改变了传统的手工、物理检测方法，在提高劳动效率的情况下大大提高了检测质量。例如，在对物件表面粗糙度的检测中，出现了电动轮廓仪比较法、光切显微镜测量法及干涉显微镜测量法。采用触针或光学传感原理进行检测并自动记录，通过光学显微镜的检测方法还可将检测过程进行拍照，以便评定时使用，大大提高了检测的准确性，多用于对精度要求较高的场合，例如计量室等。对于机械产品的硬度检测可采用洛氏硬度计，以单片机作为控制器件，通过光栅位移传感器实现位移的准确测量，并转换为相应硬度值，可实现数字显示，检测人员只需对应操作并读取相关数据记录即可。

一般来看，由数据采集模块、测控模块、显示模块组成，采用光、声、压力、接触等传感器采集各类信号，传递给控制模块进行数据分析判断，并自动转换为相应数据，同时物件的检测过程由步进电机控制，实现自动上料检测。

2. 机械产品检测技术的发展趋势

（1）自动化

随着自动化技术的发展，机械产品的检测会越来越少地依靠人力、人工手段进行，取而代之的是自动检测产品，可实现在加工过程中的检验，及时发现质量问题，避免流入下一道工序带来资源浪费。另外，自动化的检测装置采用传感技术、通信技术等采集传输数据，提高了检测精度，并大大提高了检测效率。

（2）智能化

智能化的发展源自自动化技术的进步，主要是在自动采集传输数据的基础上进行智能的计算分析，由计算机预先编制好的程序对数据进行统一分析判断，对存在质量误差的产品报警，实现无人值守作业。

（3）一体化

目前的机械产品检测设备通常是一物一用，即分别具有独立的、不同的功能，未来必将实现功能的集成，即一台检测设备可实现多项检测功能，甚至可通过流水线完成机械产品的全检测过程，最后出具产品检测报告。

（4）精细化

未来随着经济和科学技术的发展，各行业对产品的质量要求越来越高，一些高端机械行业对于精度的要求更是日益增长，因此，要求未来的机械产品检测技术精细化程度越来越高，研制高精度的检测仪器来满足检测要求。

（二）机械设备检测与误差分析

1. 机械设备检测内容

一般而言，机械设备的检测内容主要包括四个方面，即零件的耐磨性、机械设备的表面粗糙度、耐腐蚀性以及其他方面的内容。具体分析如下。

（1）零件的耐磨性

影响零件耐磨性的因素主要表现在几个方面：摩擦副材料、润滑条件以及零件自身表面的制造质量，其中前两者是基础，如果二者可以确定，则第三者的对零件的耐磨性起到了至关重要的作用。

从实践来看，零机械零部件的摩擦损坏主要发生在以下几个阶段，即初期磨损阶段、正常摩擦阶段以及急剧摩擦阶段。对于初期摩擦阶段而言，由于摩擦工作的过程中，相互接触的零件之间，尤其是接触面之间就会互相接触，早期该种相互接触仅仅存在于二者之间的波峰上，因此，二者之间的真正接触面积非常小，不可能出现大面积的磨损。当该零件受到外在的作用力以后，尤其是波峰等接触位置就会产生强大的压强，此时机械零部件上的磨损病害就会明显地表现出来。当这种状态保持一段时间以后，就会自动进入第二个阶段，即正常磨损阶段。在正常磨损阶段，机械零部件会表现出最优耐磨性，并且该阶段的持续时间非常长，直到机械零件的表面波峰磨平为止，此时零件的表面也不会那么粗糙，其参数值自然也会降低，变得非常小。如果这种情况发生，则结果就会非常糟糕，不但会对润滑油存储产生非常不利的影响，而且还可能会加大机械零件的摩擦阻力。当这一漫长的时间过去以后，就会进入最后一个阶段，即急剧磨损阶段。通常情况下，摩擦副初期磨损遭受表面粗糙度的桎梏是比较大的，然而零件表面的粗糙参数并不能真正地决定机械零件自身的耐磨性，而且机械零件的纹理必然会对其产生巨大的影响。当机械零件处于低载的条件下，如果两个零件的表面运动方向相同，则二者之间的磨损就会最小；如果二者的运动方向是相反或者垂直的，则其磨损将非常大。当机械零件处于重载的条件下，在压强及润滑液存储等因素的影响下，则其磨损状况可能会在上述情况的基础上有所偏差。实践中我们可以看到，通过加工硬化可以有效地增加零件表面的承载强度，并且保障其表面不会出现变形，据测算，通过这种方法可以有效地提高机械零件的耐磨性，具体数值可达到原来的一倍。但是需要说明的是，如果一味地想通过加工硬化来提高零件的耐磨性，则会破坏金属组织自身的结构和紧密性，甚至会导致零件出现裂纹或者剥落现象，反而大大降低了零件的耐磨性。

（2）机械设备的表面粗糙度

通常而言，机械刀具的几何形状在刀具运作过程中，会在加工面上留下一个切削面积。根据这一机理我们可以知道，通过减小主偏角、给量、副偏角，增大刀尖运行的圆弧半径，都可以有效地减小刀削面积的高度和大小；同时，通过合理的增大刀具前角可以有效地减小切削塑性时的变形量，选择润滑液、提高刀具的刃磨质量也可以有效地减小零件表面的粗糙度。通过塑性材料的加工实践来看，由于刀具总是会对金属材料发生挤压，因此出现塑性变形，在刀具作用下会使工件和刀屑发生有机分离，此时就会增大工件表面的粗糙度。

（3）零件的耐腐蚀性

机械零件的粗糙度总是在很大程度上对零件自身的耐腐性产生一定的影响，零件越粗糙，则其就越容易导致诸多的腐蚀性物质汇聚在一起，尤其是凹谷位置，其越深则渗透和腐蚀性就越明显。由此可见，通过减小机械零件自身的粗糙度，对于提高该零部件的耐腐性具有非常重要作用。同时，实际检测过程中还要注意该机械零件的残余压力，以保证其表面的密实性，以免腐蚀性的物质进入其中，造成麻烦。

（4）其他方面的问题

通常我们总是以过盈量或者间隙值，来表示两个相互配套的零件之间是否具有良好的配合关系，如果零件之间的配合面不光滑或者存在着一定的摩擦，那么装配之后的零件表面突出位置就会过早地被挤平，从而减少了零件之间的间隙值或者过盈量，导致零件之间的连接减弱，最终将对零件运行的可靠性产生影响。对于间隙配合而言，如果零件之间相互配合的表面出现了光滑的现象，则就会加快机械零件之间的配合性磨损，同时使间隙值不断增加，进而降低机械零件的运行精度。

以上几个方面的问题就是机械设备检测的主要内容，实际检测过程中应加强重视。

2. 误差及其分析

机械设备检测过程中存在着很多的因素，会对检测结果和检测数据的准确性产生严重的影响。通常情况下，机械设备的测量误差主要包括三大类，即随机性的误差、系统性的误差以及粗大性的误差。其中，粗大性的误差主要是指那些非常明显的歪曲测量数值，或者测量结果，这些误差是非常直观的。造成该种误差的主要原因在于测量过程中精力难以集中或者疏忽大意，例如实际检测人员因疏忽大意而误读了测量数值，记录过程中出现了一定的误差，甚至存在着计算误差等问题，最终导致误差的出现。实践中我们总是将那种包含粗大误差值的测量数据称作坏值，可以将其剔除；系统性误差：在同样的条件下，通过重复的测量，某一数值的误差大小，甚至其方向都没有发生任何的改变，即便是测量条件发生了改变，误差也总是按照预定的规律进行变化。引起系统误差的主要原因有量仪刻度不准、校正量具以及量仪的校正工具，这些器具的误差总是会引起精密测量值的偏差。

为了有效地应对这一问题，机械设备检测之前一定要对所有的计量器具作定检，同时还要按照规程修正或者消除系统误差。随机误差：在同样的条件下，对同一量进行检测时，其误差大小以及方向等内容一般会发生变化，但没有任何规律可循，因此被称作是随机性的误差。造成这类误差的原因主要是量具、量仪存在着间隙或者变形，目测、估计判断中存在着一定的误差。可以通过减小温度的快速波动和加强对测量力的控制来解决这一问题。

二、机械检测技术的应用

（一）机械与机械检测技术在生产中的应用

当前，随着我国生产机械的不断发展，生产企业的机械化程度的不断提高，企业对机械的依赖度也越来越高。然而在机械生产的过程中，机械难免会出现一些故障或者存在安全隐患，这就需要生产企业能及时地对机械进行故障检测。因此，机械的故障检测技术在企业的安全生产中就显得尤为重要。

1. 机械在生产中的应用

（1）了解机械在生产中应用的作用

对机械设备的检测需要对机械设备可能出现的故障、出现故障的原因有所了解，因此，这就需要对机械在生产中的应用进行简要的分析。传统的以人力为导向的生产模式正在被取代，机械在生产中发挥着越来越重要的作用，机械化成为现代工业生产发展的趋势。机械发生故障对生产造成的破坏越来越大，为了减少机械发生故障造成的危害，对设备可能出现的故障以及故障发生的原因的研究就必不可少，以此才能实现对机械的检测。

（2）桩工机械在生产中的应用与检测

桩工机械主要应用在建筑工程中，建筑工程中需要进行打桩、打孔等工作，这些工作无法通过人工进行，只能借助桩工机械进行施工。在建筑工程应用桩工机械进行打桩、打孔等工作时，需要保证良好的操作环境，同时，对机械操作人员操作水平的要求也较高。相关机械在用电的过程中需要保证电压的稳定，避免由于电压不稳定造成机械施工故障的情况出现。在施工之前，需要对桩工机械进行检测，保证机械不存在安全隐患，从而避免给工程带来严重的损失。

（3）起重机械在生产中的应用

起重机械的主要作用在于将一些质量较大的物体吊起，让物体移动到需要放置的位置，在起重机械作业的过程中，需要格外注意起重机械的安全使用。起重机械一般有三个部分：制动器、吊钩、钢丝绳，这三个部件中，最常出现故障的就是制动器，造成制动器出现故障的原因非常多，常见的有制动器弹簧脱落、螺丝松动、制动器某部位卡住等。钢丝绳出现故障的原因主要在于钢丝绳长期未得到有效的养护，使得钢丝绳生锈。此外，吊钩在长期的使用过程中，会由于外部磨损破裂，形成锋利的刃口，从而切断千斤绳造成起重机械故障。而由于使用起重机械吊起的物体的体积与质量比较大，一旦起重机械出现故障，就很可能造成较大的损失。因此，对起重机械的检测就显得尤为重要。

2. 机械检测技术在生产中的应用

（1）人工检测法对机械的检测

传统的检测机械是否存在故障的方法就是人工检测法，这种检测方法一般在机械开始生产作业之前进行。人工对机械进行检测时，通过观察机械运行的外在状态，听机械运行时的声音来了解机械是否存在异常。对那些经验老到的检测人员来说，只需要观察机械运行时的状态，听机械运行的声音，就可以判断机械是否正常运行，并且能指出机械存在的故障。使用人工检测法来对机械进行故障检测存在一些弊端，比如机械检测的工作量大、检测时间紧，检测人员难免会出现疏漏，并且对于机械的运行状况只能有大概的了解。当然，由于人工检测法操作简单，一个人就可以胜任大量的机械检测工作，因此，这一检测方法可以在很大程度上节省检测成本，避免人力资源浪费。

（2）专业人员进行机械检测

在机械进行生产时，需要合理地进行分工，安排专业的检测人员进行机械的监测，尤其是大型机械，更需要安排专门的人员进行故障检测与维护，保障机械的安全运行。此外，还需要专业的技术管理人员，对机械操作人员进行操作技术上的指导，让操作人员按照相应的操作规范进行操作，从而降低机械的磨损程度，延长机械的使用寿命，避免设备出现不可控的故障问题。在机械的生产工作完成之后，需要及时对机械进行检测，对存在的故障问题，需要及时排除，从而保证机械的安全运行，使机械在投入使用后可以保持最佳的运行状态。在下一次的机械使用前，需要告知操作人员之前机械出现故障的部位，让操作人员注意避免故障的再次发生。

（3）采用机械检测设备进行检测

使用超声波检测设备或激光检测设备进行检测是当前机械检测的重要检测手段，在我国许多的机械生产领域中，基本上都采用这些高科技设备进行机械检测。采用超声波检测设备或激光检测设备对机械进行检测，需要机械在长期使用或者闲置之后才能进行，这种检测方法比较简单，不需要复杂的操作，并且可以对机械进行全面的检测，了解机械存在的安全隐患，给机械的养护提供相关的依据，从而保证机械的安全运行。此外，通过这种不需要拆卸机械的检测技术，可以有效地延长机械的使用寿命，减少检测占用机械的时间，同时还可以减少日常养护的工作量，为实现机械使用效益的最大化打下了坚实的基础。

（二）检测自动化技术在机械制造系统中的应用

1. 作用分析

（1）实现检测自动化

随着科学技术的不断发展和进步，机械制造行业也在不断进步，并逐渐实现自动化生产。同时，机械制造产品的精度和质量是最关键的两个要素，其关系着机械自动化系统是否能够正常运转，因此，在对机械制造产品和设备进行检测时，也需要通过自动化检测技术来完成。机械制造系统的检测自动化，是通过不同类型的检测设备来进行的，在选择检测设备时，要根据具体的检测对象，合理设置检测参数，并在检测中获取与设备相关的各种参数，以及设备的运行状况信息。比如：机械设备加工时所需要具备的条件、机械产品存在的缺陷等。

（2）提高质量和精度

随着现代信息技术和计算机技术的发展，其被广泛应用于机械制造系统中。在原来的检测中，主要对产品的数据进行检测，而在这些先进技术应用于检测中后，检测范围已经扩展到整个机械制造的生产过程中，并能对整个过程进行控制。产品的质量除受到本身的精度和质量影响外，还会受到加工设备精度的影响。因此，为提高机械产品的质量和精度，许多企业都在大力研发检测技术。随着检测自动化技术的出现，人为原因引起的产品质量问题，以及生成误差都得到了有效改善。并且，随着此技术的运用，机械制造企业的生产效率也有明显提高，检测结果更具科学性。根据检测自动化技术在检测过程中获取的相关参数，还能够加强对产品生产过程的控制，并提高控制的有效性，从而确保机械产品的加工质量。

2. 自动检测系统的结构组成

（1）系统结构

自动检测系统的结构主要包括四个部分：一是自动信号处理电路；二是传感器；三是中间转换装置；四是自动显示记录装置。在整个自动检测系统中，不仅包括敏感元件，还包检测数据的输出系统和测算软件。在此系统中，每个装置和设备都具有较高的灵敏度，分辨率也很高，且具有线性度特点。在利用自动检测技术对机械制造产品进行检测时，可将系统中的每个设备都充分利用起来，对相关的表现信号进行检测，并将这些检测信号收集起来，将其与自然信息对应起来，然后将收集到的信号进行整理，并分别从定量、定性的角度对这些信息进行分析，使检测的结果更加准确。在自动检测技术中，用到的主要装置有三种：一是中间装置；二是显示装置；三是传感器。在这三大装置中，起关键作用的是传感器，不仅能够对不同的信息进行检测，还能起到传递信息的作用，将其传递给中间装置。然后，中间装置会对信息进行分析，并将分析结果传输至显示装置。在整个过程中，需要确保传感器具有很高的符合性，且此符合性是限定在一定时间内的。

（2）检测模型

在检测自动化技术的应用过程中，对设备状态的检测需要通过传感器来完成，当传感器处于工作状态时，在输入情况迅速变化的情况下，不管是运动惯性，还是能量传递，都需要花费一定的时间才能完成。为全面掌握检测系统的性能，需要对传感器的输入信号和输出信号变化情况进行分析，因此，检测自动化技术设计了专门的数学模型来对其进行分析。在检测自动化技术的实际应用中，对运行状态下的机械设备进行非线性校正，难度比较高。因此，在实际的研究中，会将一些不太重要的因素忽略。然后，再结合线性微方程，将检测系统的输入量、输出量描述出来。在数学模型中，系统的阶次是由输出量最高微分阶次来决定的，利用此模型对检测系统进行分析，可将检测系统简化成几个简单的系统。

3. 应用分析

（1）测量装置的应用

在机械制造系统中，测量装置有两种：一是直接测量装置；二是间接测量装置。在机械设备的生产过程中，直接测量装置主要对其尺寸变化进行检测。根据测量表面情况的不同，直接测量装置可被分为四种类型：一是断续表面测量装置；二是圆测量装置；

三是孔测量装置；四是平面测量装置。一般情况下，间接测量装置是在生产前就编写好的程序，或者是根据生产要求，事先设定好的一些辅助装置，其主要作用是控制机械制造系统中的刀具运行情况，而在间接检测装置中设计有专门的装置，能够对设备的尺寸进行检测，如接扳机、带锯机等。

（2）实现动态检测

在传统的机械制造检测中，检测是在事后进行的，这样就会降低检测的有效性。科学技术的不断进步使得检测逐步实现自动化，利用自动化检测技术能够对机械制造进行动态化的实时监测。比如，在建立应用项目的过程中，可将数码柔性坐标测试技术充分利用起来，提高项目检测的科学性与合理性。同时，利用自动化检测技术了解机械制造系统的运行情况，可以避免安全事故发展，从而提高各种机械产品的质量。此外，在建立实际的检测项目时，通过从整体上对设计结构进行分析，并结合系统的实际测试要求，能够利用直接测试装置，对机械加工工件进行定量的分析，且分析过程是全自动化控制的。

三、机械检测与质量管理的关系

生产的主要动力在于机械设备，机械设备的完善性和科学性决定着企业生产的效率及其在市场中的竞争能力，而机械的检测与产品质量管理是企业生产过程中不容忽视的重要环节。虽然目前企业不断提高对机械检测的重视程度，但仍存在着一些问题，企业的机械检测水平和质量管理能力还有待提高。

（一）机械检测与质量管理对生产发展的重要意义

1. 机械检测与质量管理有利于提高生产质量

生产质量是企业的生存之本，目前，我国逐渐提高了对企业产品质量的重视程度，加强了对企业产品的安全性、稳定性等方面的管理。虽然企业的机械检测和质量管理模式不必非要严格按照国家统一的行业标准和规格进行，一些企业可以在自身长期的经验积累中探索总结自身的机械检测模式，但当企业经验不足、自我约束不严格时，可能会出现质量安全问题，而加强机械检测和质量管理则有利于规范企业生产，通过严格审查、实践检验，规范企业的生产过程，从而增强生产质量的可靠性，促进企业生产发展。

2. 有效的机械检测和质量管理有利于节省费用

机械检测是产品生产的重要环节，通过精准的检测，企业可以生产出高质量、合格的产品，这有利于减轻企业后期的售后压力，减少维修工作和退货现象。在企业长期的经验积累和探索中总结机械检测和质量管理的方式方法，可以减少企业生产的试错机会，也减少了残次品带来的资源浪费和后期处理的时间浪费，从而保证产品的批量生产。另外，当企业的生产设备出现故障时，加强产品生产的机械检测和质量管理可以帮助企业及时选取应对方案，并按照具体的检测结果和质量管理流程具体问题具体分析，及时解决问题，从而保证生产的正常运行，这也在一定程度上避免了企业在维修过程中浪费大量的人力和资源。由此可见，对生产进行有效的机械检测和质量管理是十分必要的。

（二）机械检测与质量管理体系存在的问题

1. 过分依赖质量监管部门

机械检测是产品生产过程中的重要环节，因此，企业有义务、有责任做好产品的检测工作，以确保高质量产品流入社会。然而，一些企业只是把机械检测作为一个程序，甚至一些机械检测只是走个过程来满足质量监管部门的要求。当质量监管部门要求严格时，企业对机械检测的重视程度就高一些；当质量监管部门的要求松一些，企业就降低了对机械检测的重视。由此可见，企业的机械检测和质量管理过分地依赖质量监管部门，所以，增强企业机械检测的自律性和自身的监管能力是十分必要的。

2. 检测技术部门素质不高

为了提高竞争力，大部分企业都更加重视技术研发，然而却忽视了产品生产过程中的质量检测环节，企业对检测的技术部门重视程度不够，要求也不高，导致工作人员的素质较低，不能有效掌握机械检测技术，缺乏对产品质量的监管，影响了产品最终的质量和企业整体的生产效率。因此，企业应提高对机械检测的技术部门的要求，使其不断提高机械检测水平和能力，从而保证产品的生产质量。

3. 企业存在侥幸心理

并不是所有企业对产品都进行全数检测，为了提高生产效率和企业效益，一些企业对产品的机械检测方式是抽样检测，根据产品的规模和类型采用抽样调查或分层调查等方法进行机械检测和质量管理。从某种意义上看，这种检测方式虽然提高了生产效率，但不能确保产品的质量，尤其是当企业在检测过程中比较随意地采取样本时，检验程序就不够合理，达不到机械检测和质量管理的效果。有些企业存在侥幸心理，在抽样检测的基础上进行进一步简化，使其机械检测和质量管理更加简单，缺乏一定的科学性和系统性，从而影响了产品的生产质量，不利于企业自身的发展和社会的整体发展。

（三）完善检测与管理的有效途径

1. 扩大监管范围和环节

完善机械检测和质量管理就要扩大生产的监管范围，加大企业对生产的各个环节的控制。首先，质量管理要从源头做起，对产品的原材料和生产设备的零部件进行检测，确保产品生产从一开始就是符合标准的，从而保证后续生产的顺利进行；其次，对产品进行机械检测和质量管理的相关技术人员也要纳入监管范围，加强质量检测部门的把控，确保质量检测人员具有较强的检测能力，能为企业的高质量生产服务；最后，加强对机械测验结果的检验，对于流水线生产，企业已经习惯了一贯式的检验方式，如果机械检测结果出现误差，可能导致一批成品被淘汰，而加强对机械检测结果的校验可以及时纠正错误，保证产品的质量，因此，对机械检测结果的校验在机械检测和质量管理过程中是十分必要的。

2. 完善检测方法

完善检测方法和检测手段可以提高机械检测的水平，加强对产品的质量管理。抽样检测和全数检测是两种重要的控制抽样方法，也是进行机械检测的常用的两种方法。抽样检测是指在一个大数量的背景下选取一定数量的产品进行检测，考察被抽到的产品的质量来判断整体产品的质量水平，对于抽样检验的方法，抽取到的产品如果不够标准，那么就可能意味着全部产品都存在质量问题，因此，就要进行下一步更加细致深入的检测以确保产品的质量。全数检测则是指对所有产品进行检测，考察所生产的全部产品的质量，当产品数量较大时，进行全数检测的时间就会更长，此时全数检验就不适用于产品质量的控制了，因此，企业要具体问题具体分析，不断完善检测方法。

3. 优化管理机制

完善的管理机制和监督评价体系可以督促机械检测和质量管理的技术人员不断提高检测能力和工作质量，从而提高整体生产的质量管理水平。企业可以通过定期进行培训，鼓励专业人员对机械检测和质量监管进行深入学习；建立完善的评价和考核系统，既表彰在生产工作中以身作则、恪尽职守的技术人员，对在工作中漫不经心、经常出现错误的技术人员进行警告和处分，以增强技术人员的自律性；要建立工作管理系统，完善工作档案体系，对机械检测人员的能力和工作效率进行考核，促使监管人员时刻保持自强自律的工作态度，从而加强企业机械检测的专业队伍建设，为产品质量监管夯实基础。

机械检测从某种程度上来说决定了一个产品的最终质量，无论是从产品的角度还是从法律的角度，抑或是从生活的角度，机械检测和质量管理都有着十分重要的意义，这对于促进中国机械制造领域的发展发挥着重要作用。因此，应克服机械检测领域的现存问题，提高企业机械检测和质量管理水平，使其更好地为我国经济发展服务。

参考文献

[1] 王谦．机械加工工艺 [M]. 北京：北京理工大学出版社，2022.

[2] 王传举．机械加工技术训练研究 [M]. 长春：吉林科学技术出版社，2022.

[3] 李聪波，刘飞，曹华军．机械加工制造系统能效理论与技术 [M]. 北京：机械工业出版社，2022.

[4] 杜素梅．机械制造基础 [M]. 北京：机械工业出版社，2022.

[5] 韩军，常瑞丽．数控程与加工技术 [M]. 北京：北京理工大学出版社，2022.

[6] 郑晓虎．机械工程数字化技术综合实践教程 [M]. 西安:西安电子科技大学出版社，2022.

[7] 李俊涛．机械制造技术 [M]. 北京：北京理工大学出版社，2022.

[8] 李建松，许大华，毕永强．机械制造技术 [M]. 北京：机械工业出版社，2022.

[9] 马晋芳，乔宁宁．金属材料与机械制造工艺 [M]. 长春：吉林科学技术出版社，2022.

[10] 崔井军，熊安平，刘佳鑫．机械设计制造及其自动化研究 [M]. 长春：吉林科学技术出版社，2022.

[11] 陈爱荣，韩祥凤，李新德．机械制造技术 [M]. 3 版．北京:北京理工大学出版社，2022.

[12] 李莉，刘彩琴．机械加工设备 [M]. 北京：北京理工大学出版社，2021.

[13] 郭鹏，李新华．机械加工工艺制 [M]. 北京：北京理工大学出版社，2021.

[14] 张朝国，刘青山．机械加工实训 [M]. 2 版．合肥：中国科学技术大学出版社，2021. 02.

[15] 林江．机械制造基础 [M]. 2 版．北京：机械工业出版社，2021.

[16] 喻洪平．机械制造技术基础 [M]. 重庆：重庆大学出版社，2021.

[17] 易力力．机械精度检测实验指导 [M]. 重庆：重庆大学出版社，2021.

[18] 吴拓．机械制造工程 [M]. 4 版．北京：机械工业出版社，2021.

[19] 张维合．机械制造技术基础 [M]．北京：北京理工大学出版社，2021.

[20] 葛乐清，代金凤．金属车削加工 [M]．北京：机械工业出版社，2021.

[21] 许桂云，袁秋，杨阳．机械制造基础:智媒体版 [M]．成都:西南交通大学出版社，2021.

[22] 邬明禄，赵明，齐飞．机械加工实训教程 [M]．北京：北京理工大学出版社，2020.

[23] 况在友．机械加工项目教程 [M]．西安：西北工业大学出版社，2020.

[24] 杨方．机械加工工艺基础 [M].2版．西安：西北工业大学出版社，2020.

[25] 王振华，蒋世应，楚功．机械零件的数控加工 [M]．北京：中国轻工业出版社，2020.

[26] 梅云，田华，孙英超．机械产品造型设计与加工指南 [M]．北京：北京航空航天大学出版社，2020.

[27] 汪大木．简单机械组件制 [M]．北京：机械工业出版社，2020.

[28] 王大康，高国华．机械设计基础 [M].4版．北京：机械工业出版社，2020.

[29] 徐丽娜．机械设计基础 [M]．北京：机械工业出版社，2020.

[30] 冯立艳，李建功，陆玉．机械设计课程设计 [M]．北京：机械工业出版社，2020.

[31] 汪洪峰．机械制造技术基础 [M]．合肥：安徽大学出版社，2020.

[32] 黄健求，韩立发．机械制造技术基础 [M].3版．北京：机械工业出版社，2020.

[33] 樊百林，蒋克铸，杨光辉．现代工程机械设计基础 [M]．武汉：华中科技大学出版社，2020.

[34] 刘德强，孙志刚．机械基础 [M]．北京：北京理工大学出版社，2020.

[35] 赵海洲．机械加工实训 [M]．西安：西北工业大学出版社，2019.

[36] 项旭东，汪佑思．机械零件数控车床加工项目式教程 [M]．武汉：华中科技大学出版社，2019.

[37] 林颖，范淇元，覃羡烘．机械 CAD/CAM 技术与应用 [M]．武汉：华中科技大学出版社，2019.

[38] 宋绪丁．机械制造技术基础 [M]．西安：西北工业大学出版社，2019.

[39] 杜正春，杨建国，潘拯．机械制造工艺学 [M]．北京：机械工业出版社，2019.

[40] 杨杰．机械制造装备设计 [M]．武汉：华中科技大学出版社，2019.

[41] 蔡安江．机械制造技术基础 [M]．武汉：华中科技大学出版社，2019.

[42] 徐福林，包幸生．机械制造工艺 [M]．上海：复旦大学出版社，2019.